计算机应用基础项目化教程

主　编　白永祥　汪忠印

副主编　李敏宁　王久宏　张进义

参　编　原　渊　张宁仙　马巧丽

北京理工大学出版社

BEIJING INSTITUTE OF TECHNOLOGY PRESS

内容简介

本书以Windows 7和Office 2010为平台，针对高职高专计算机应用基础课程的教学要求，注重高职学生实际应用能力的培养，为适应基于工作过程的教学方法而编写。

全书共分为9个项目，主要介绍了计算机认识与组装、Windows 7系统的安装与设置、Windows 7文件管理、文字录入、Word 2010文档制作与处理、Excel 2010应用、PowerPoint 2010幻灯片制作、Internet的使用、常用工具软件的使用等内容。每个项目通过项目引导、任务分解、知识链接、操作训练、技能训练等过程进行教、学、做，突出对学生操作技能的训练。

本教材内容全面、新颖、图文并茂、通俗易懂，可作为高职高专院校、成人高校各专业的计算机公共课教材，也可作为全国计算机等级考试的参考用书和办公自动化人员的培训教材，还可作为计算机爱好者的自学用书。

图书在版编目（CIP）数据

计算机应用基础项目化教程 / 白永祥，汪忠印主编. —北京：北京理工大学出版社，2013.8（2021.8重印）

ISBN 978-7-5640-8243-7

Ⅰ. ①计… Ⅱ. ①白… ②汪… Ⅲ. ①电子计算机–高等学校–教材 Ⅳ. ①TP3

中国版本图书馆CIP数据核字（2013）第194617号

出版发行 / 北京理工大学出版社有限责任公司

社　　址 / 北京市海淀区中关村南大街5号
邮　　编 / 100081
电　　话 /（010）68914775（总编室）
　　　　　82562903（教材售后服务热线）
　　　　　68944723（其他图书服务热线）
网　　址 / http://www.bitpress.com.cn
经　　销 / 全国各地新华书店
印　　刷 / 唐山富达印务有限公司
开　　本 / 787毫米 × 1092毫米　1/16
印　　张 / 19.5
字　　数 / 450千字
版　　次 / 2013年8月第1版　2021年8月第9次印刷
定　　价 / 43.00元

责任编辑 / 高　芳
文案编辑 / 高　芳
责任校对 / 周瑞红
责任印制 / 马振武

图书出现印装质量问题，请拨打售后服务热线，本社负责调换

前言

Preface

当今社会，计算机已成为人们工作的基本工具，计算机基本的知识与操作是每位大学生必备的基本能力。教育部《全国高等职业教育计算机应用基础课程教学基础要求》指出，每一名大学生必须具备较高的信息素养。编者在结合一线教师多年教学经验的基础上，以项目化教学模式为基准编写了本教程。

本书主要介绍了目前最流行的 Windows 7 操作系统和办公软件 Office 2010 的基本操作和使用技巧。采用新颖的项目化教学方式，注重培养学生的动手操作能力，在编写过程中力求语言精练、内容实用、操作步骤详细，为了方便教学和学生自学，采用了大量图片和实例，全书共分为 9 个项目，每个项目都有相应的任务，每个任务都是精心选择的一些有针对性、实用性较强的实例，并将各个知识点融会于每个实例中，通过这些实例完成相应的工作任务。全书主要内容包括计算机认识与组装、Windows 7 系统的安装与设置、Windows 7 文件管理、文字录入、Word 2010 文档制作与处理、Excel 2010 应用、PowerPoint 2010 幻灯片制作、Internet 的使用、常用工具软件的使用。

本书由白永祥、汪忠印老师担任主编（负责教材提纲设计和稿件主审），李敏宁、王久宏、张进义老师担任副主编（负责稿件统稿），项目 2 ~ 4 由李敏宁老师编写；项目 5 由原渊老师编写，项目 6 由张宁仙老师编写，项目 7 由马巧丽老师编写，项目 1、8、9 由白永祥老师编写。

由于编者水平有限，再加上时间仓促，书中出现错误与不妥之处在所难免，请使用本书的师生与读者批评指正，以便在修订时改进。在使用本书的过程中，如果有其他意见或建议，恳请向编者提出宝贵意见，我们将不胜感激。我们的联系方式是 wnzyjdgcx@163.com。

编　者
2013 年 7 月

目录 Contents

项目 1 计算机认知与组装

　　计算机的产生和发展是 20 世纪科学技术最伟大的成就之一。自世界上第一台电子计算机 ENIAC（Electronic Numerical Integrator and Calculator）于 1946 年问世以来，伴随着计算机网络技术的飞速发展和微型计算机的普及，计算机及其应用已经迅速地融入到社会的各个领域。从 20 世纪 90 年代起，随着 Internet 的出现，人类开始进入信息化时代。在这样的信息化时代中，计算机应用技术的掌握已成为人才素质和知识结构中不可或缺的组成部分。

　　本项目包含计算机认知、计算机硬件的选购和计算机硬件的组装三个任务，分别从计算机的产生、发展、分类、应用和多媒体技术等相关知识入手，详细介绍了计算机的基本工作原理、计算机系统的组成以及决定计算机性能的技术指标。通过这三个任务，使学生快速掌握计算机应用的相关基础知识。

教学目标

- 了解计算机的产生与发展。
- 掌握计算机的分类及其应用领域。
- 了解多媒体的相关概念。
- 掌握计算机系统的组成。
- 了解计算机的基本工作原理。
- 了解微型计算机的硬件配置。

项目实施

任务 1　计算机认知

任务目标

- 了解计算机的产生与发展。
- 掌握计算机的分类及其应用领域。

任务描述

　　王红是某职业技术学院 2013 级的一名新生，他对于计算机的认识仅局限于玩游戏、聊天和打字等层次上，对计算机产生的时间以及发展过程和发展趋势，还有计算机的分类和应用等知识一概不了解。

目前，计算机应用已经深入到了我们的生活和学习中，因此，只有全面认识计算机，充分了解和掌握它的各项功能及操作，才能使其成为人们的助手，从而更好地协助人们学习、工作和生活。

知识链接

1. 计算机的产生与发展

1）第一台计算机的诞生

在计算机出现之前，主要通过算盘、计算尺、手摇或电动的机械计算器、微分仪等计算工具人工处理数值问题。在第二次世界大战中，美国作为同盟国，参加了战争。美国陆军要求宾夕法尼亚大学莫尔学院电工系和阿伯丁弹道研究实验室，每天共同提供 6 张火力表。每张表都要计算出几百条弹道，这项工作既繁重又紧迫。用台式计算器计算一道飞行时间为 60s 的弹道，最快也得 20h，若用大型微积分分析仪进行计算，也需要 15min。阿伯丁实验室当时聘用了 200 多名计算能手，即使这样，一张火力表往往也要计算两三个月，根本无法满足作战实际要求。

为了摆脱这种被动局面，迅速研究出一种能够提高计算速度的工具是当务之急。当时主持这项研制工作的总工程师是年仅 23 岁的埃克特，他与多位科学家合作，经过两年多的努力，终于在 1946 年，成功制造出了世界上第一台电子计算机 ENIAC（如图 1-1 所示）。

图 1-1　世界上第一台计算机 ENIAC

2）计算机的发展过程

通常以构成计算机的电子元件来划分电子计算机的发展阶段，从第一台计算机诞生到今天，在 60 多年时间里计算机得到了飞速发展，而且每隔数年，在逻辑元件、软件及应用方面就会有一次重大的发展，计算机的发展至今已经历了四代，目前正在向第五代过渡。每一个发展阶段在技术上都是一次新的突破，在性能上都是一次质的飞跃。

第一代，电子管计算机（1946—1957 年）。这一时期的电子计算机使用的主要元件是电子管。1946 年，世界上第一台电子计算机 ENIAC 诞生于美国宾夕法尼亚大学。这台计算机是个庞然大物，共用了 18000 多个电子管、1500 个继电器，重达 30t，占地 170m^2，每小时耗电 140kw，计算速度为每秒 5000 次加法运算，存储容量很小，只能存 20 个字长为 10 位的十进制数，另外，它采用线路连接的方法来编程，每次解题都要靠人工更改连接线，准备时间大大超过实际计算时间。尽管它的功能远不如今天的计算机，但 ENIAC 的研制成功还是为其后计算机科学的发展奠定了一定的基础，并且每改进它的一个缺点，都会给计算机的发展带来巨大影响。ENIAC 作为计算机家族的鼻祖，开辟了人类计算机科学技术领域的先河，使信息处理技术进入了一个崭新的时代。

第二代，晶体管计算机（1958—1964 年）。这一时期的电子计算机的主要元件逐步由电子管改为晶体管，使用磁芯存储器做主存储器，外设采用磁盘、磁带等辅助存储器，大大增加了存储容量，运算速度提高到每秒几十万次。程序设计使用 FORTRAN、COBOL、BASIC 等高级语言。与第一代计算机相比，其体积小、耗电少、性能高，除数值计算外，还能用于数据处理、事务管理及工业控制等方面。

第三代，集成电路计算机（1965—1970 年）。这一时期的电子计算机以中、小规模集成电路为主要元件，内存除了使用磁芯存储器之外，还出现了半导体存储器，这种存储器不仅性能好，而且存储容量更高。因此，计算机的体积进一步缩小，速度、容量及可靠性等主要性能指标大为改善，速度可达每秒几十万次到几百万次。这个时期的计算机设计思想是标准化、模块化、系统化，使计算机的兼容性更好、成本更低、应用更广。

第四代，大规模及超大规模集成电路计算机（1971 年至今）。这一时期的电子计算机以大规模及超大规模集成电路（VLSI）作为计算机的主要元件，采用集成度更高的半导体芯片做存储器，运算速度可达每秒几百万次至几万亿次。计算机的操作系统也得到了不断发展和完善，数据库管理系统得到了进一步提高，软件产业高度发达，各种实用软件层出不穷，极大地方便了用户，加之微型机所具有的体积小、耗电少、稳定性好、性价比高等显著优点，使它很快渗透到社会生活的各个方面。第四代计算机开始进入了尖端科学、军事工程、空间技术、大型事务处理等领域。

20 世纪 80 年代开始，第五代计算机国际会议在日本召开，提出了人工智能电子计算机的概念。它突破原来的计算机体系结构模式，用大规模集成电路或其他新器件作为逻辑元件。不仅可以进行数值计算，还能进行声音、图像、视频等多媒体信息的处理，而且是具有知识、会学习、能推理的计算机。它突破了传统冯·诺依曼机器的概念，例如现在提出的光学计算机、生物计算机、量子计算机和情感计算机等，都属于新一代智能计算机。

1958 年，我国成功研制出第一台小型电子管通用计算机 103 机，这标志着我国步入计算机的发展时代。2009 年我国首台千万亿次超级计算机"天河一号"诞生，使我国成为继美国之后世界上第二个研制出千万亿次超级计算机的国家。

3）计算机的发展趋势

今后计算机的发展方向，大致有以下几种。

（1）微型化。随着微电子技术的发展，微型计算机的集成程度将会得到进一步提高，除了把运算器和控制器集成到一个芯片之外，还要逐步发展对存储器、通道处理器、高速运算部件的集成，使其成为质量可靠、性能优良、价格低廉、体积小巧的产品。目前市场上已经出现的笔记本型、掌上型等个人便携式计算机，其快捷的使用方式、低廉的价格使其受到人们的欢迎。微型计算机从实验室走进了人们的生活，成为人类社会的必需工具。

（2）巨型化。巨型化是指未来计算机相比现代计算机具有更高的速度、更大的容量、更强的计算能力，而不是指体积庞大。它主要用于发展高、精、尖的科学技术事业，如国防安全研究、航空航天飞行器的设计，地球未来的气候变化等。这是衡量一个国家尖端技术发展水平的一项重要技术指标。

（3）网络化。网络是计算机技术和现代通信技术相结合的产物，它把分布在不同地理位置的多个计算机连接起来并进行信息处理。例如，覆盖大多数国家和地区的全球网络Internet就是全球最大的网络。网络化一方面可以使用户互通信息、资源共享，另一方面形成了功能更强大的分布式计算机网络。

（4）智能化。智能化是新一代计算机追求的目标，即让计算机来模仿人类的高级思维活动，像人类一样具有"阅读""分析""联想"和"实践"等能力，甚至可以具有"情感"。智能计算机突破了传统的冯·诺依曼式机器模式，智能化的人机接口使人们不必编写程序，可以直接发出指令，经过计算机加以分析和判断，并自动执行。目前计算机正朝着智能化的方向发展，并越来越广泛地应用于人们的工作、学习和生活中，这将引起社会和生活方式的巨大变化。

2. 计算机的分类

计算机的分类方法有很多种，可以从计算机所处理信息的表示方式、计算机的用途、计算机的主要构成元件、计算机的运算速度和应用环境等方面划分。

1）按照计算机所处理的数据类型来划分

根据计算机中信息表示方式的不同可分为数字计算机、模拟计算机以及数模混合计算机三类。

（1）数字计算机：计算机所处理的信息都是以二进制数字表示的离散量，具有运算速度快、准确、存储量大等优点，适用于科学计算、信息处理、过程控制和人工智能等，具有广泛的用途。我们通常所说的计算机就是指数字计算机。

（2）模拟计算机：计算机所处理的信息是连续的模拟量。模拟计算机解题速度极快，但精度不高，而且信息不易存储，它一般用来解微分方程或用于自动控制系统设计中的参数模拟。

（3）数模混合计算机：数模混合计算机集数字和模拟两种计算机的优点于一身。它既能处理数字信号，又能处理模拟信号。

2）按照计算机的功能来划分

计算机已经在各行各业中得到了广泛应用，不同行业使用计算机的目的不尽相同，但总的来说，可以分为通用计算机和专用计算机两大类。

（1）通用计算机：通用计算机广泛应用于一般科学运算、学术研究、工程设计和数据处理等方面，具有功能多、配置全、用途广、通用性强等特点，市场上销售的计算机多属于通用计算机。

（2）专用计算机：专用计算机是为适应某种特殊需要而专门设计的计算机。它的硬件和软件配置依据解决特定问题的需要而设计，通常增强了某些特定的功能，而忽略了一些次要要求，所以专用计算机能高速度、高效率地解决特定问题，具有功能单一、使用面窄的特点。

3）按照计算机的运算速度来划分

按照由 IEEE 电气和电子工程师协会提出的运算速度分类法划分，可以将计算机划分为巨型机、大型机、小型机、微型机、工作站和服务器等。

（1）巨型机（Super computer）：巨型机是指运算速度超过每秒 1 亿次的高性能计算机，是目前功能最强、运算速度最快、价格最昂贵的计算机。它主要解决诸如国防安全、能源利用、天气预报等尖端科学领域中的复杂计算问题。它的研制开发水平是衡量一个国家综合实力的重要技术指标。我国研制的银河Ⅰ、银河Ⅱ就属于巨型机。

（2）大型机（Mainframe）：它包括我们通常所说的大、中型计算机。这种计算机也有很高的运算速度和很大的存储容量，并允许相当多的用户同时使用。当然，在量级上大型机不及巨型机，结构上也较巨型机简单些，价格也相对巨型机便宜，因此，使用的范围比巨型机更普遍，是事务处理、商业处理、信息管理、大型数据库和数据通信的主要支柱。IBM公司一直在大型机市场处于霸主地位，DEC、富士通公司也生产大型机。

（3）小型机（Minicomputer）：小型机规模和运算速度比大型机要差，但仍能支持十几个用户同时使用，但比大型机价格低廉、操作简单、性能价格比高，适合中小企业、事业单位或某一部门使用，例如高等院校的计算机中心一般都以一台小型机作为主机，配以几十台甚至上百台终端机，以满足大量学生学习程序设计等课程的需要。当然，其运算速度和存储容量都比不上大型机。代表机型是 DEC 公司的 PDP 系列计算机、IBM 公司生产的 AS/400 系列计算机以及我国生产的太极系列小型计算机。

（4）微型计算机（Personal Computer）：微型计算机简称微机，是当今使用最普及、产量最大的一类计算机，体积小、功耗低、成本小、灵活性强，性价格比明显优于其他类型的计算机，因而得到了广泛应用。微型计算机可以按结构和性能划分为单片机、单板机、个人计算机等几种类型。

①单片机。把微处理器、一定容量的存储器以及输入、输出接口电路等集成在一个芯片上，就构成了单片机，可见单片机仅是特殊的、具有计算机功能的集成电路芯片。单片机体积小、功耗低、使用方便，但存储容量较小，一般用做专用机或用来控制高级仪表、家用电器等。

②单板机。把微处理器、存储器、输入、输出接口电路安装在一块印刷电路板上，就成为单板计算机了。一般在这块板上还有简易键盘、液晶和数码管显示器以及外存储器接口等。单板机价格低廉且易于扩展，广泛应用于工业控制、微机教学和实验，或作为计算机控制网络的前端执行机。

③个人计算机。个人计算机称为 PC，其特点是轻、小、价廉、易用。在过去几十年中，PC 使用的 CPU 芯片平均每两年集成度增加一倍，处理速度提高一倍，价格却降低一半。随着芯片性能的提高，PC 的功能越来越强大。如今，微机的应用已遍及各个领域，从工厂的生产控制到政府的办公自动化，从商店的数据处理到个人的学习娱乐，几乎无处不在、无所不用。目前，微机占全部计算机装机量的 95% 以上。

（5）服务器（Server）：随着计算机网络的日益推广和普及，一种可供网络用户共享的高性能计算机应运而生，这就是服务器。服务器一般具有大容量的存储设备和丰富的外部设备，其上运行网络操作系统，要求较高的运行速度，对此很多服务器都配置了双 CPU 或多

CPU。服务器上的资源可供网络用户共享。

（6）工作站（Workstation）：工作站是介于微型计算机和小型计算机之间的一种微型计算机。工作站通常配有高性能 CPU、高分辨率的大屏幕显示器和大容量的内、外存储器，具有较高的运算速度和较强的网络通信能力，有大型机或小型机的多任务和多用户功能，同时兼有微型计算机操作便利和人机界面友好的特点。著名的 SUN、HP 和 SGI 等公司，是目前最大的几个生产工作站的厂家。

3. 计算机的应用

随着计算机的飞速发展，计算机应用已经从科学计算、数据处理、实时控制等扩展到办公自动化、生产自动化、人工智能等领域，逐渐成为人类不可缺少的重要工具。

1）科学计算

进行科学计算是发明计算机的初衷，世界上第一台计算机就是为进行复杂的科学计算而研制的。科学计算的特点是计算量大、运算精度高、结果可靠，可以解决繁琐且复杂，甚至人工难以完成的各种科学计算问题。虽然科学计算在计算机应用中所占的比例不断下降，但在国防安全、空间技术、气象预报、能源研究等尖端科学中仍占有重要地位。

2）数据处理

数据处理又称信息处理，是目前计算机应用的主要领域。信息处理是指用计算机对各种形式的数据进行计算、存储、加工、分析和传输的过程。数据处理不仅拥有日常事物处理的功能，它还是现代管理的基础，支持科学管理与决策，广泛地应用于企业管理、情报检索、档案管理、办公自动化等方面。

3）实时控制

实时控制也称过程控制，是指用计算机作为控制部件对单台设备或整个生产过程进行控制。利用计算机高速运算和超强的逻辑判断功能，及时地采集数据、分析数据、制订方案，进行自动控制。实时控制在极大地提高自动控制水平、提高产品质量的同时，既降低了生产成本，又减轻了劳动强度。因此，实时控制在军事、冶金、电力、化工以及各种自动化部门均得到了广泛的应用。

4）计算机辅助系统

计算机辅助系统的应用可以提高产品设计、生产和测试过程的自动化水平，降低成本、缩短生产周期、改善工作环境、提高产品质量、获得更高的经济效益。

计算机辅助设计（CAD）是指设计人员利用计算机来进行产品和工程的设计，以提高设计工作的自动化程度，节省人力和物力。目前，此技术已经在机械设计、集成电路设计、土木建筑设计、服装设计等各个方面得到了广泛的应用。

计算机辅助制造（CAM）是指利用计算机来进行生产设备的管理与控制。如利用计算机辅助制造自动完成产品的加工、包装、检测等制造过程，极大地缩短了生产周期、降低了生产成本，从而提高产品质量，并改善工作人员的工作条件。

计算机辅助教学（CAI）是指利用计算机帮助教师讲授和帮助学生学习的自动化系统。如利用计算机辅助教学制作的多媒体课件可以使教学内容生动、形象逼真，活跃课堂气氛，达到事半功倍的效果。

计算机辅助测试（CAT）是指利用计算机进行繁杂而大量的产品测试工作。

5）网络与通信

计算机技术与现代通信技术的结合构成了计算机网络，利用计算机网络进行通信是计算机应用最为广泛的领域之一。Internet 已经成为覆盖全球的信息基础设施，在世界的任何地方，人们都可以彼此进行通信，如收发电子邮件、QQ 聊天、拨打 IP 电话等。

6）人工智能

人工智能（Artificial Intelligence，AI）是指利用计算机来模拟人类的大脑，使其具有识别语言、文字、图形和进行推理、学习以及适应环境的能力，以便让计算机自动获取知识、解决问题，它是应用系统方面的一门新的技术。

7）电子商务

电子商务是指在 Internet 与传统信息技术系统相结合的背景下应运而生的一种网上相互关联的动态商务活动。通俗地讲，就是利用计算机和网络进行交易的商务活动。电子货币将传统的货币贸易改变为电子贸易，使人们在网上可进行股票、投资、购物和房地产交易，还可用来对职工工资、失业社会保障、保险业务等进行电子支付。这种电子交易不仅方便快捷，而且现金的流通量也将随之减少，还避免了货币交易的风险和麻烦。它是近年来新兴的、发展最快的应用领域之一。

8）文化教育与休闲娱乐

随着计算机的飞速发展和应用领域的不断扩大，它对社会的影响已经有了文化层次的含义。所以在各级学校的教学中，已经把计算机应用作为"文化基础"课程安排在教学计划中。

利用计算机网络实现了多媒体、远距离、双向交互式的教学方式，改变了传统的教师课堂传授、学生被动学习的方式，使学习的内容和形式更加丰富灵活。多媒体计算机还可用于欣赏电影、观看电视、玩游戏等。

4. 信息化社会

21 世纪是信息化的时代。进入 21 世纪以后，世界各国加速建设信息化，而信息化建设又推动了计算机科学技术的发展。

所谓社会信息化，是以计算机信息处理和传输技术的广泛应用为基础和标志的，影响和改造社会生活方式与管理方式过程的新技术革命。社会信息化指在经济生活全面信息化的进程中，人类社会生活的其他领域也逐步利用先进的信息技术建立起各种信息网络，同时，大力开发人们的日常生活内容，不断丰富人们的精神文化生活，提升生活质量。

社会信息化是信息化的高级阶段，它是指在一切社会活动领域里实现全面的信息化。它是一个以信息产业化和产业信息化为基础、以经济信息化为核心，向人类社会活动的各个领域逐步扩展的过程，其最终结果是人类社会生活的全面信息化。其主要表现为，信息成为社会活动的战略资源和重要财富，信息技术成为推动社会进步的主导技术，信息人员成为领导社会变革的中坚力量。

社会信息化一般包括三个层次，一是通过自动控制、知识密集而实现的生产工具信息化；二是通过对生产行业、部门以至整个国民经济的自动化控制而实现的社会生产力系统信息化；三是通过通信系统、咨询产业以及其他设施而实现的社会生活信息化。其发展阶段包括：建立并普及信息工业阶段；建立与发展先进的通信系统阶段；企业信息化阶段；社会生活的全面信息化阶段。

信息化社会的特点包括：信息成为了重要的资源；信息和知识是推动社会发展的重要动力；知识以"加速度"方式积累（知识爆炸）；信息以多种形式提供给多种感官。

5. 多媒体技术

多媒体时代的来临，为人们勾勒出一个多姿多彩的视听世界。多媒体技术的应用是20世纪90年代以来计算机的又一次革命。它不是某个设备所要进行的变革，也不是某种应用所需要的特殊支持，而是在信息系统范畴内的一次革命。信息处理的思想、方法乃至观念都会由于多媒体的引入而产生极大的变化。

1）多媒体的基本概念

多媒体的英文单词是 Multimedia，它由 media 和 multi 两部分组成，一般理解为多种媒体的综合。它是数字、文字、声音、图形、图像和动画等多种媒体的有机组合，并与先进的计算机通信和广播电视技术相结合，形成一个可组织、存储、操纵和控制多媒体信息的集成环境和交互系统。

2）多媒体技术与媒体分类

多媒体技术应用是当今信息技术领域发展最快、最活跃的技术，是新一代电子技术发展和竞争的焦点。多媒体技术是将文字、图像、动画、视频、音乐、音效等数字资源通过编程的方法整合到一个交互式的整体中，具有图文并茂、生动活泼的动态表现形式，给人很强的视觉冲击力，会给人留下深刻的印象。多媒体技术能够利用多种交互手段，使原本枯燥无味的单向传授变成互动的双向信息交流。它极大地改变了人们获取信息的传统方法，符合人们在信息时代的阅读方式。

媒体应按其形式划分为平面、电波、网络三大类。

（1）平面媒体：主要包括印刷类、非印刷类、光电类等。

（2）电波媒体：主要包括广播、电视广告（字幕、影视）等。

（3）网络媒体：主要包括网络索引、动画、论坛等。

3）多媒体技术的特点

多媒体技术借助日益普及的高速信息网，可实现计算机的全球联网和信息资源共享，因此被广泛应用在咨询服务、图书、教育、通信、军事、金融、医疗等诸多行业，并正潜移默化地改变着我们生活的面貌。多媒体技术总体来说具有以下5个特点。

（1）多样性：是指具有多种媒体表现，多种感官作用，多学科交汇，多种设备支持，多领域应用。

（2）集成性：是指多种媒体是通过一定的技术整合在一起的，而不是简单地把各媒体元素堆积在一起。

（3）交互性：是多媒体的关键特性，在很多时候，当要判断一种媒体是否是多媒体时，首先就要判断其是否具有交互性。

（4）实时性：是指多媒体的传输、交互等要能达到同步效果。

（5）人机互补性：是指多媒体在应用的过程中和人相互配合，以便达到最佳效果。

4）多媒体的关键技术与发展方向

多媒体的关键技术包括压缩/解压缩技术、模拟数据数字化技术、大容量数据存储技术、数据传输技术、触摸屏技术和多媒体创作工具技术。

总的来看，多媒体技术正向两个方向发展，一是网络化，与宽带网络通信等技术相互结合，使多媒体技术进入科研设计、企业管理、办公自动化、远程教育、远程医疗、检索咨询、文化娱乐、自动测控等领域；二是多媒体终端的部件化、智能化和嵌入化，提高计算机系统本身的多媒体性能，开发智能化家电。

5）多媒体计算机系统

多媒体计算机系统是指能把视、听和计算机交互式控制结合起来，对音频信号、视频信号的获取、生成、存储、处理、回收和传输进行综合数字化的一个完整的计算机系统。一个多媒体计算机系统由如下4部分内容组成。

（1）多媒体硬件平台：包括计算机硬件、声音/视频处理器、多种媒体输入/输出设备及信号转换装置、通信传输设备及接口装置等。其中，最重要的是根据多媒体技术标准而研制生成的多媒体信息处理芯片和板卡、光盘驱动器等。

（2）多媒体操作系统：或称为多媒体核心系统（Multimedia Kernel System），具有实时任务调度、多媒体数据转换、多媒体设备的驱动和控制，以及图形用户界面管理等功能。

（3）图形用户接口：是根据多媒体系统终端用户的要求而定制的应用软件或面向某一领域用户的应用软件系统，它是面向大规模用户的系统产品。

（4）多媒体数据开发的应用工具软件：或称为多媒体系统开发工具软件，是多媒体系统的重要组成部分。

6）多媒体技术的应用

多媒体技术是以计算机技术为核心，将现代音像技术和通信技术融为一体，以追求更自然、更丰富的接口界面，同时具有高速运算和大量存储能力的以商用和工业用机器为目标的不断发展的新技术。目前，多媒体技术的发展可谓是日新月异，新产品不断涌现，堪称为计算机技术的一场革命。多媒体技术的开发和应用，使人类社会工作和生活的方方面面都沐浴着它所带来的阳光，新技术所带来的新感觉、新体验是以往任何时候都无法想象的。

多媒体技术的应用领域十分广泛，它对人们的工作、学习和生活都产生了深刻的影响和变化，其主要应用表现在以下几个方面。

（1）商业应用方面：多媒体的商业应用包括商业简报、市场开拓、产品广告、产品演示和视频会议等。

（2）家庭应用方面：近年来随着多媒体技术的快速发展，多媒体逐步走向家庭，从工作、学习、购物到娱乐等各方面得到广泛应用。

（3）教育和培训方面：多媒体丰富的表现形式以及其传播信息的巨大能力，赋予现代化的教育培训以崭新的面貌。多媒体辅助教学软件以图文并茂、绘声绘色的语言、生动逼真的教学环境以及交互式操作给学习者带来极大的兴趣和热情。

（4）电子出版方面：与传统的书本比起来，CD-ROM不但存储量大，而且还能以声音、文字、图像、动画等形式表现出来。除此之外，由于CD-ROM是在计算机中进行阅读的，它还可以利用计算机的功能，如查询和复制等。

（5）网络与通信方面：当前计算机网络已在人类社会进步中发挥着重大作用，电子邮件被普遍采用，在此基础上发展起来的可视电话、视频会议、聊天工具等为人类提供了更好的服务。

（6）其他应用方面：实际上，多媒体的应用还有很多，不可能一一把它们列举出来，例如声光艺术品的创作等。

多媒体技术的应用以极强的渗透力进入了教育、娱乐、档案、图书、展览、房地产、建筑设计、家庭、现代商业、通信、艺术等人类工作和生活的各个领域，正改变着人类的生活和工作方式，成功地塑造了一个绚丽多彩的划时代的多媒体世界。

任务 2　计算机硬件的选购

任务目标

- 了解计算机硬件的主要性能特点。
- 根据需求选购合适的部件。

任务描述

因专业学习需要，小白需到计算机市场上组装一台台式计算机。要求价格适中、性能稳定，并能流畅运行主流游戏。

知识链接

1. 计算机的主要技术指标

一台计算机性能的好坏是由多方面的指标决定的，而主要的技术性能指标包含字长、存储容量、主频、运算速度、存取周期、兼容性、可靠性和可维护性等。

1）字长

字长是指计算机的运算器一次能直接处理的二进制数据的位数，是计算机的重要技术性能指标之一。字长决定了计算机的运算精度，字长越长，运算精度越高，运算速度也就越快。微型计算机的字长主要有 32 位、64 位，表示其能处理的最大二进制数为 2^{32}、2^{64}。

2）存储容量

存储容量是指存储器中所能容纳信息的总字节数。字节（Byte）是计算机信息技术用于计量存储容量和传输容量的一种计量单位，通常以 8 个二进制位作为一个字节，简记为 B。常见的单位还有 KB、MB、GB 和 TB。在计算机中，字长决定了指令的寻址能力，存储容量的大小决定了存储数据和程序量的多少。存储容量越大，所能运行的软件功能越多，信息处理能力也就越强。

3）主频

主频是指在单位时间（s）内发出的脉冲数，也称时钟频率，单位为赫兹（Hz），如 Pentium4 的主频在 1GHz 以上。在很大程度上，CPU 的主频决定着计算机的运算速度，时钟频率越高，一个时钟周期里完成的指令数也越多，即计算机的运算速度越快。

4）运算速度

运算速度指计算机每秒能执行的指令数，一般用百万次每秒来描述。

5）存取周期

存储器完成一次读/写信息所需的时间称为存储器的存取时间，其连续进行读/写操作所允许的最短时间间隔称为存取周期。存取周期是反映存储器性能的一个重要技术指标，存取周期越短，则存取速度越快。

6）兼容性、可靠性和可维护性

兼容性是指协调性，包括硬件上的兼容和软件上的兼容，决定了计算机是否能很好地协调运作。可靠性是指在一定的时间内，计算机系统能正常运转的能力。可维护性是指计算机的维护效率。

此外，还有一些评价计算机的综合指标，例如系统的性能价格比、系统外设配置的完整性、安全性、可用性等。综合评价计算机系统的一个指标是性能价格比，其中性能是硬件、软件的综合性能，价格是整个系统的价格。

2. 计算机系统的组成

计算机系统通常是由硬件系统和软件系统两大部分组成的，如图1-2所示。硬件是指实际的物理设备，包括计算机的主机和外部设备。软件是指实现算法的程序和相关文档，包括计算机本身运行所需的系统软件和用户完成特定任务所需的应用软件。其中硬件的性能决定计算机的运行速度，软件决定计算机可以进行的工作，两者相互渗透、相互促进，只有两者得到了充分结合才能发挥计算机的最大功能。可以说，硬件是基础、软件是灵魂，只有将硬件和软件结合成统一的整体，才能称其为一个完整的计算机系统。

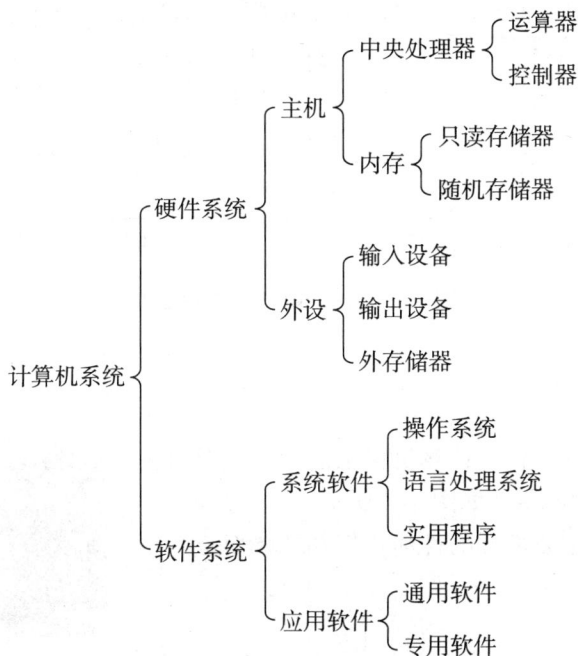

图1-2 计算机系统的组成

3. 计算机基本工作原理

计算机基本工作原理是存储程序与程序控制，如图 1-3 所示。到目前为止，尽管计算机发展了四代，但其基本工作原理仍然没有改变。根据存储程序和程序控制的概念，在计算机运行过程中，实际上有两种信息在流动。一种是数据流，包括原始数据和指令，它们在程序运行前已经预先送至主存，而且都是以二进制形式编码的。在运行程序时数据被送往运算器参与运算，指令被送往控制器。另一种是控制信号，它是由控制器根据指令的内容发出的，指挥计算机各部件执行指令规定的各种操作或运算，并对执行流程进行控制。这里的指令必须是该计算机能直接理解和执行的。

"存储程序控制"原理的基本内容包括如下几点。

（1）用二进制形式表示数据和指令。

（2）指令与数据都存放在存储器中，使计算机在工作时，控制器能够自动，高速地从存储器中取出指令，并分析指令的功能，进而发出各种控制信号。程序中的指令通常是按一定顺序一条条存放的，计算机工作时，只要知道程序中第一条指令放在什么地方，就能依次取出每一条指令。通过取出指令、分析指令、执行指令的操作重复执行，直到完成程序中的全部指令操作为止。

（3）计算机系统由运算器、控制器、存储器、输入设备和输出设备五大部分组成。

计算机的存储程序控制理论是由美籍科学家冯·诺依曼提出的。现代计算机基本还是采用此原理设计制造，因而冯·诺依曼被称为"计算机之父"。

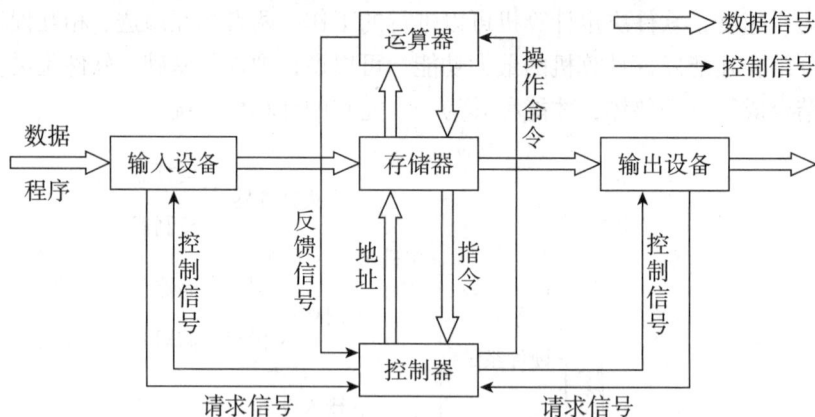

图 1-3　计算机的基本工作原理

4. 计算机硬件系统

从外部结构看，一台台式计算机包括的硬件主要有主机、显示器、键盘、鼠标等，如图 1-4 所示。

计算机硬件系统主要部件的性能指标和选购要点介绍如下。

1）主板

主板，又叫主机板（Mainboard）或母板（Motherboard），

图 1-4　台式计算机

它安装在机箱内，是计算机最基本的也是最重要的部件之一。主板一般为矩形电路板，上面安装了组成计算机的主要电路系统，一般有 BIOS 芯片、I/O 控制芯片、键盘和面板控制开关接口、指示灯插接件、扩充插槽、主板及插卡的直流电源供电接插件等元件，如图 1-5 所示。

计算机的主板对计算机的性能来说，影响是很重大的。曾经有人将主板比喻成建筑物的地基，其质量决定了建筑物的坚固耐用程度；也有人形象地将主板比作高架桥，其好坏关系着交通的畅通力与流速。

图 1-5 主板

主板的性能指标有如下几个。

（1）主板芯片组类型：主板芯片组是主板的灵魂与核心，芯片组性能的优劣，决定了主板性能的好坏与级别的高低。CPU 是整个计算机系统的控制运行中心，而主板芯片组不仅要支持 CPU 的工作，而且要控制、协调整个系统的正常运行。主流芯片组主要分为支持 Intel 公司的 CPU 芯片组和支持 AMD 公司的 CPU 芯片组两种。

（2）主板 CPU 插座：主板上的 CPU 插座主要有 Socket478、LGA775 等，引脚数越多，表示主板所支持的 CPU 性能越好。

（3）是否集成显卡：一般情况下，相同配置级别的机器，集成显卡的性能不如独立显卡，但集成显卡的兼容性和稳定性较好。

（4）支持最高的前端总线：前端总线是处理器与主板北桥芯片或内存控制集线器之间的数据通道，其频率高低直接影响 CPU 访问内存的速度。

（5）支持最高的内存容量和频率：支持的内存容量和频率越高，计算机性能越好。

选购主板时需注意如下几点。

（1）对 CPU 的支持：主板和 CPU 是否配套。

（2）对内存、显卡、硬盘的支持：要求兼容性和稳定性好。

（3）扩展性能与外围接口：考虑到计算机的日常使用，主板上除了有 AGP 插槽和 DIMM 插槽外，还有 PCI，AMR，CNR，ISA 等扩展槽。

（4）主板的用料和制作工艺：就主板电容而言，全固态电容的主板好于半固态电容的主板。

（5）品牌：最好选择知名品牌的主板，目前知名的主板品牌有华硕（ASUS）、微星（MSI）、技嘉（GIGABYTE）等。

2）CPU

中央处理器（CPU）由运算器和控制器组成。运算器有算术逻辑部件 ALU 和寄存器；控制器有指令寄存器、指令译码器和指令计数器 PC 等，CPU 的外观如图 1-6 所示。CPU 的性能指标直接决定了由它构成的微型计算机的系统性能指标。CPU 的性能主要由字长、主频和缓存决定。

图 1-6　CPU

（1）主频：也叫时钟频率，以 MHz（兆赫）为单位。通常所说的某 CPU 是多少兆赫的，就是指 CPU 的主频。主频的大小在很大程度上决定了计算机运算速度的快慢，主频越高，计算机的运算速度就越快。在启动计算机时，BIOS 自检程序会在屏幕上显示出 CPU 的工作频率。

（2）缓存：缓存大小也是 CPU 的重要指标之一，而且缓存的结构和大小对 CPU 速度的影响非常大，实际工作时，CPU 往往需要重复读取同样的数据块，而缓存容量的增大，可以大幅度提升 CPU 内部读取数据的命中率，而不用再到内存或者硬盘上寻找，以此提高系统性能。现在 CPU 的缓存分一级缓存（L1）、二级缓存（L2）和三级缓存（L3）。

（3）字长：计算机技术中将 CPU 在单位时间内（同一时间）能一次处理的二进制数的位数叫做字长。能处理 8 位字长数据的 CPU 通常称为 8 位的 CPU。字长的长度是不固定的，对于不同的 CPU，字长的长度也不一样。8 位的 CPU 一次只能处理 1 个字节，而 32 位的 CPU 一次就能处理 4 个字节，同理，字长为 64 位的 CPU 一次可以处理 8 个字节。字长越长，CPU 的处理速度就越快。

（4）制作工艺：制造工艺的趋势是向密集度高的方向发展。密度愈高的 IC 电路设计，意味着在同样大小面积的 IC 中，可以拥有密度更高、功能更复杂的电路设计。现在主要有 90nm、65nm、45nm 几种，最近 Intel 已经有 32nm 制造工艺的酷睿 i3/i5/i7 系列了。总之，制造工艺越精细，CPU 性能越好。

选购 CPU 时应注意如下几点。

（1）确定 CPU 的品牌，可以选用 Intel 或 AMD，AMD 的性价比较高，而 Intel 的稳定性较高。

（2）CPU 要和主板配套，其前端总线频率应不大于主板的前端总线频率。

（3）查看 CPU 的参数，主要看主频、前端总线频率、缓存、工作电压等，如 Pentium D 2.8GHz/2MB/800/1.25V，Pentium D 指 Intel 奔腾 D 系列处理器，2.8GHz 指 CPU 的主频，2MB 指二级缓存的大小，800 指的是前端总线频率为 800MHz，1.25V 指的是 CPU 的工作电压，工作电压越小越好，因为工作电压越低的 CPU 产生的热量就越少。

（4）CPU 风扇转速，风扇转得越快，风力越大，降温效果越好。

3）内存条

内存又称主存，内存是计算机中重要的部件之一，它是与 CPU 进行沟通的桥梁。计算机所需处理的全部信息都是由内存来传递给 CPU 的，因此内存的性能对计算机的影响非常大。内存（Memory）也被称为内存储器，其作用是暂时存放 CPU 中的运算数据，以及与硬盘等外部存储器交换的数据。当计算机需要处理信息时，是把外存中的数据调入内存，内存条如图 1-7 所示。

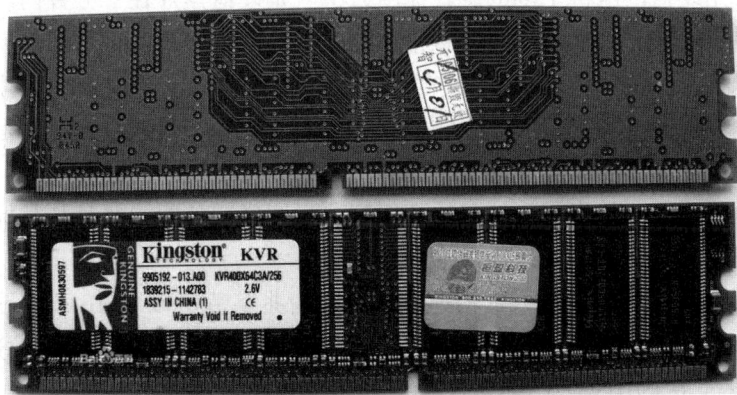

图 1-7　内存条

内存的性能指标有如下几个。

（1）传输类型：传输类型实际上是指内存的规格，即通常说的 DDR2 内存还是 DDR3 内存，DDR3 内存在传输速率、工作频率、工作电压等方面都优于前者。

（2）主频：内存主频和 CPU 主频一样，习惯上被用来表示内存的存取速度，它代表着该内存所能达到的最高工作频率。内存主频是以 MHz（兆赫）为单位来计量的。内存主频越高，在一定程度上代表着内存所能达到的速度越快。目前较为主流的内存频率是 800MHz 和 1066MHz 的 DDR2 内存，以及一些内存频率更高的 DDR3 内存。

（3）存储容量：即一根内存条可以容纳的二进制信息量，当前常见的内存容量有 2GB 和 4GB 等。

（4）可靠性：存储器的可靠性用平均故障间隔时间来衡量，可以理解为两次故障之间的平均时间间隔。

选购内存时应注意如下几点。

（1）确定内存的品牌，最好选择名牌厂家的产品。例如金士顿（Kingston），兼容性好、稳定性高，但市场上假货较多。现代（HY）、威刚（ADATA）、宇瞻（APacer）也是不错的品牌。

（2）内存容量的大小。

（3）内存的工作频率。

（4）仔细辨别内存的真伪。

（5）内存做工的精细程度。

4）硬盘

硬盘是计算机中最重要的外存储器，它用来存放大量数据，由一个或者多个铝制或者玻璃制的碟片组成。这些碟片外覆盖有铁磁性材料。绝大多数硬盘都是固定硬盘，被永久性地密封固定在硬盘驱动器中，如图 1-8 所示。

图 1-8　硬盘

硬盘的性能指标有如下几个。

（1）容量：一张盘片具有正、反两个存储面，两个存储面的存储容量之和就是硬盘的单碟容量，单碟容量越大，单位成本越低，平均访问时间也越短。

（2）转速：是硬盘内电机主轴的旋转速度，也就是硬盘盘片在一分钟内所能完成的最大转数。转速的快慢是表示硬盘档次的重要参数之一，它是决定硬盘内部传输率的关键因素之一，在很大程度上直接影响到硬盘的速度。硬盘的转速越快，硬盘寻找文件的速度也就越快，相对的硬盘的传输速度也就得到了提高。硬盘转速以每分钟多少转来表示，单位表示为 RPM（Revolutions Per Minute，转 / 分钟）。

（3）平均访问时间：是指磁头从起始位置到达目标磁道位置，并且从目标磁道上找到要读写的数据扇区所需的时间。

（4）传输速率：指硬盘读写数据的速度，单位为兆字节每秒（MB/s），硬盘的传输速率取决于硬盘的接口，常用的接口有 IDE 接口和 SATA 接口，SATA 接口传输速率普遍较高，因此现在的硬盘大多采用 SATA 接口。

（5）缓存：缓存（Cache）是硬盘控制器上的一块内存芯片，具有极快的存取速度，它是硬盘内部存储和外界接口之间的缓冲器。一般缓存较大的硬盘在性能上会有更突出的表现。

选购硬盘时应注意如下几点。

（1）硬盘容量的大小。

（2）硬盘的接口类型：硬盘接口的优劣直接影响着程序运行快慢和系统性能好坏，目前流行的是 SATA 接口。

（3）硬盘数据缓存及寻道时间：对于大缓存的硬盘，在存取零碎数据时具有非常大的优势，因此当硬盘存取零碎数据时需要不断地在硬盘与内存之间交换数据，如果有大缓存，则可以将那些零碎数据暂存在缓存中，这样一方面可以减小外系统的负荷，另一方面也提高了硬盘数据的传输速度。

（4）硬盘的品牌选择：目前市场上知名的品牌有希捷（Seagate）、三星（Samsung）、西部数据（Western Digital）、日立（HITACHI）等。

5）显卡

显卡是主机与显示器连接的"桥梁"，是连接显示器和主板的适配卡，作用是控制显示器的显示方式，显示卡分为集成显卡和独立显卡，如图1-9所示为独立显卡。

图1-9 显卡

显卡的性能指标有如下几个。

（1）分辨率：显卡的分辨率表示显卡在显示器上所能描绘的像素的最大数量，一般以横向点数 × 纵向点数来表示，分辨率越高，在显示器上显示的图像越清晰，图像和文字可以更小，在显示器上可以显示出更多的内容。

（2）色深：像素的颜色数称为色深，该指标用来描述显示卡在某一分辨率下，每一个像素能够显示的颜色数量，一般以多少色或多少"位"色来表示。

（3）显存容量：显存与系统内存一样，其容量也是越多越好，因为显存越大，可以存储的图像数据就越多，支持的分辨率与颜色数也就越高，做设计或游戏时运行起来就更加流畅。现在主流显卡基本上配备的是512MB的显存容量，一些中高端显卡则配备了1GB的显存容量。

（4）刷新频率：刷新频率是指图像在显示器上更新的速度，也就是图像每秒在屏幕上出现的帧数，单位为Hz。刷新频率越高，屏幕上图像的闪烁感就越小，图像越稳定，视觉效果也越好。一般刷新频率在75Hz以上时，人眼对影像的闪烁才不易察觉。

（5）核心频率与显存频率：核心频率是指图形处理器（GPU）的时钟频率，显存频率则是指显存的工作频率。显存频率一般比核心频率略低，或者与核心频率相同。显卡的核心频率和显存频率越高，显卡的性能越好。

选购显卡时应注意如下几点。

（1）显存容量和速度。

（2）显卡芯片：主要有NVIDIA和ATI。

（3）散热性能。

（4）显存位宽：目前市场上的显存位宽有64位、128位和256位三种，人们习惯上叫的64位显卡、128位显卡和256位显卡就是指其相应的显存位宽。显存位宽越高，性能越好，价格也就越高。

（5）显卡的品牌选择：目前市场上知名的品牌有七彩虹（Colorful）、影驰（GALAXY）、华硕（ASUS）、双敏（UNIKA）。

6）显示器

显示器属于计算机的 I/O 设备，即输入／输出设备。它可以分为阴极射线管显示器（CRT）（如图 1-10 所示）、液晶显示器（LCD）（如图 1-11 所示）、等离子体显示器（PDP）、真空荧光显示器（VFD）等多种。不同类型的显示器应配备相应的显示卡。显示器有显示程序执行过程和结果的功能。

图 1-10　CRT 显示器　　　　　　　　　　图 1-11　LCD 显示器

目前，购置计算机一般都选择液晶显示器，其性能指标主要有以下几个。

（1）可视面积：液晶显示器所标示的尺寸就是实际可以使用的屏幕范围，而 CRT 显示器不是这样。例如，一个 15.1 英寸的液晶显示器的可视范围约等于 17 英寸 CRT 屏幕的可视范围。

（2）可视角度：液晶显示器的可视角度左右对称，而上下则不一定对称。大多数从屏幕射出的光有垂直方向的分量，而从一个非常斜的角度观看一个全白的画面，可能会看到黑色或是色彩失真。

（3）点距：人们常说到液晶显示器的点距是多大，例如 14 英寸 LCD 的可视面积为 285.7mm × 214.3mm，它的最大分辨率为 1024 × 768，那么点距就等于可视宽度／水平像素（或者可视高度／垂直像素），即 285.7mm/1024=0.279mm。

（4）色彩度：LCD 重要的当然是它的色彩表现度。自然界的任何一种色彩都是由红、绿、蓝三种基本色组成的，高端液晶使用了所谓的 FRC（Frame Rate Control）技术以仿真的方式来表现出全彩的画面，也就是每个基本色（R、G、B）能达到 8 位，即 256 种颜色，那么每个独立的像素有高达 256 × 256 × 256=16777216 种色彩。

（5）亮度和对比度：液晶显示器的亮度越高，显示的色彩就越鲜艳；对比值的定义是最大亮度值（全白）除以最小亮度值（全黑）的比值，CRT 显示器的对比值通常高达 500∶1，因此在 CRT 显示器上呈现真正全黑的画面是很容易的。但对 LCD 来说就不是很容易了，由冷阴极射线管所构成的背光源是很难去做快速的开关动作的，因此背光源始终处于点亮的状态。为了要得到全黑画面，液晶模块必须完全把由背光源来的光完全阻挡，但在物理特性上，这些组件无法完全达到这样的要求，总是会有一些漏光发生。一般来说，人眼可以接受的对比值约为 250∶1。

（6）响应时间：响应时间是指液晶显示器各像素点对输入信号反应的速度，此值当然是越小越好。如果响应时间太长，就有可能使液晶显示器在显示动态图像时，有尾影拖曳的感觉。一般的液晶显示器的响应时间在 20 ～ 30ms 之间。

选购显示器时应注意以下几点。

（1）液晶显示器对比度和亮度的选择。

（2）灯管的排列。

（3）液晶显示器响应时间和视频接口。

（4）液晶显示器的分辨率和可视角度。

（5）品牌：目前比较知名的显示器品牌有三星、LG、AOC、飞利浦等。

7）光驱

光驱，是计算机用来读、写光碟内容的设备，在安装系统软件、应用软件和数据保存时经常用到光驱。目前，光驱可分为 CD-ROM 驱动器、DVD 光驱（DVD-ROM）、康宝（COMBO）和刻录机等，如图 1-12 所示。

图 1-12　光驱

光驱的性能指标有如下几个。

（1）数据传输率：指光驱在 1s 时间内所能读取的数据量，用千字节 / 秒（kbps）表示。该数据量越大，则光驱的数据传输率就越高。双速、四速、八速光驱的数据传输率分别为 300kbps、600kbps 和 1.2Mbps，以此类推。

（2）平均访问时间：又称平均寻道时间，是指 CD-ROM 光驱的激光头从原来位置移动到一个新指定的目标（光盘的数据扇区）位置并开始读取该扇区上的数据的过程中所花费的时间。

（3）CPU 占用时间：指 CD-ROM 光驱在维持一定的转速和数据传输速率时所占用 CPU 的时间。

选购光驱时应注意如下几点。

（1）光驱读写速度。

（2）光驱的纠错能力。

（3）光驱的稳定性。

（4）光驱的芯片材料。

8）音箱

音箱指将音频信号变换为声音的一种设备。通俗地讲就是指音箱主机箱体或低音炮箱体内自带功率放大器，对音频信号进行放大处理后由音箱本身回放出声音，如图1-13所示。

音箱的性能指标有如下几个。

（1）功率。

（2）信噪比：是指功放最大不失真输出电压和残留噪声电压之比。

（3）频率范围。

图1-13　音箱

目前市场上知名的音箱品牌有漫步者（Edifier）、麦博（Microlab）、三星（Samsung）等。

9）机箱

机箱是计算机主机的"房子"，起到容纳和保护CPU等计算机内部配件的重要作用，从外观上分立式和卧式两种。机箱一般包括外壳、用于固定软硬盘驱动器的支架、面板上必要的开关、指示灯和显示数码管等。配套的机箱内还有电源，如图1-14所示。

机箱的性能和选购应注意以下几方面。

（1）制作材料。

（2）制作工艺。

（3）使用的方便度。

（4）机箱的散热能力。

（5）机箱的品牌。

图1-14　机箱

10）键盘和鼠标

键盘是计算机最常用的输入设备，包括数字键、字母键、功能键、控制键等，如图1-15所示。

鼠标的全称是显示系统纵横位置指示器，因形似老鼠而得名"鼠标"，英文为"Mouse"。鼠标的使用是为了使计算机的操作更加简便，来代替键盘繁琐的指令。

图1-15　键盘和鼠标

鼠标按键数分类可以分为传统双键鼠标、三键鼠标和新型的多键鼠标；按内部构造分类可以分为机械式鼠标、光机式鼠标和光电式鼠标三类；按接口分类可以分为COM鼠标、PS/2鼠标、USB鼠标、蓝牙鼠标等。

一般情况下，键盘和鼠标的市场价格都比较便宜，由于键盘、鼠标使用频率较高，容易损坏，建议选择价格适中的产品。

任务3 计算机硬件的组装

任务目标

- 掌握计算机各部件的安装方法。
- 熟悉计算机各设备的连线方法。
- 了解计算机系统的组成。

任务描述

购买各部件后，王某想自己动手，进行组装，锻炼自己的动手能力。

知识链接

1. 在主板上安装CPU

（1）找到主板上安装CPU的插座，稍微向外、向上拉开CPU插座上的拉杆，拉到与插座垂直的位置，如图1-16所示。

（2）仔细观察，可看到在靠近阻力杆的插槽一角与其他三角不同，上面缺少针孔。取出CPU，仔细观察CPU的底部，会发现在其中一角上也没有针脚，这与主板CPU插槽缺少针孔的部分是相对应的，只要让两个没有针孔的位置对齐就可以正常安装CPU了。

（3）看清楚针脚位置以后就可以把CPU安装在插槽上了。安装时用拇指和食指小心夹住CPU，然后缓慢下放到CPU插槽中，安装过程中要保证CPU始终与主板垂直，不要产生任何角度和错位，而且在安装过程中如果觉得阻力较大的话，就要拿出CPU重新安装。当CPU顺利地安插在CPU插槽中后（如图1-17所示），使用食指下拉插槽边的阻力杆至底部卡住后，CPU的安装过程就大功告成了。

图1-16 拉开插座拉杆

图1-17 安装上CPU

2.安装散热器

在安装之前应先确保CPU插槽附近的四个风扇支架没有松动的部分，然后将风扇两侧的压力调节杆搬起，小心将风扇垂直轻放在四个风扇支架上，并用两手扶着中间支点轻压风扇的四周，使其与支架慢慢扣合，在听到四周边角扣具发出扣合的声音后就可以了。最后将风扇两侧的双向压力调节杆向下压至底部扣紧风扇，保证散热片与CPU紧密接触。在安装完风扇后，千万记得要将风扇的供电接口安装回去。

3.安装内存条

（1）安装内存前先要将内存插槽两端的白色卡子向两边扳动，将其打开，这样才能将内存插入。然后再插入内存条，内存条的1个凹槽必须直线对准内存插槽上的1个凸点（隔断）。

（2）再向下按入内存，在按的时候需要稍稍用力，如图1-18所示。

图1-18　安装内存条

4.将主板安装到机箱中

（1）在安装主板之前，先将机箱提供的主板垫脚螺母安放到机箱主板托架的对应位置（有些机箱购买时就已经安装）。

（2）将I/O挡板安装到机箱的背部，然后双手平托住主板，将主板放入机箱中，如图1-19所示。

图1-19　将主板放入机箱中

（3）拧紧螺丝，固定主板。注意，每个螺丝不能一次性就拧紧，以避免扭曲主板。

5. 安装电源

先将电源放进机箱上的电源位，并将电源上的螺丝固定孔与机箱上的固定孔对正。先拧上一颗螺钉（固定住电源即可），然后将剩下的三颗螺钉孔对正位置，再拧上剩下的螺钉即可，如图1-20所示。

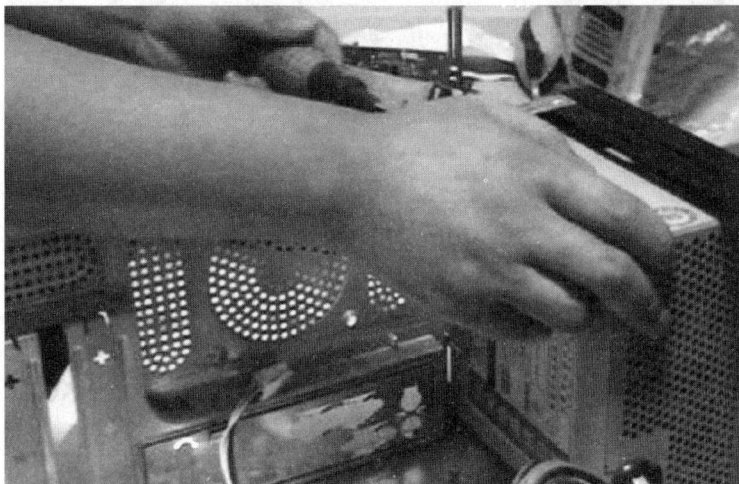

图1-20　电源的安装

6. 安装光盘驱动器

从机箱的面板上取下一个5寸槽口的塑料挡板，出于散热的考虑，应该尽量把光驱安装在最上面的位置。先把机箱面板的挡板去掉，然后把光驱从前面放进去，安装光驱后固定光驱螺丝。

7. 安装硬盘

（1）在机箱内找到硬盘驱动器舱，再将硬盘插入驱动器舱内，并使硬盘侧面的螺丝孔与驱动器舱上的螺丝孔对齐。

（2）用螺丝将硬盘固定在驱动器舱中。在安装的时候，要尽量把螺丝上紧，把它固定得稳一点，因为硬盘经常处于高速运转的状态，这样可以减少噪声以及防止震动。

8. 安装显卡

显卡插入插槽中后，用螺丝固定显卡，如图1-21所示。固定显卡时，要注意显卡挡板下端不要顶在主板上，否则无法插到位。插好显卡，固定挡板螺丝时要松紧适度，注意不要影响显卡插脚与PCI/PCE-E槽的接触，更要避免引起主板变形。安装声卡、网卡或内置调制解调器与之相似，在此不再赘述。

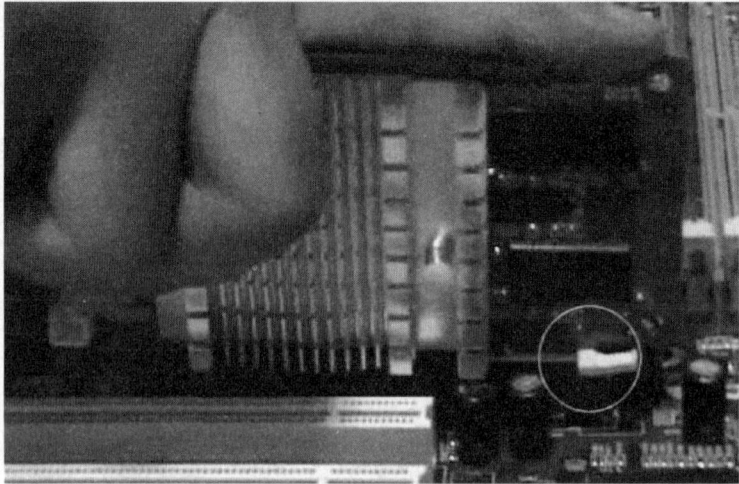

图 1-21 显卡的安装

9. 连接相关数据线

（1）找到插头上标有 AUDIO 的前置的音频跳线。在主板上找到 AUDIO 插槽并插入，这个插槽通常在显卡插槽附近。

（2）找到报警器跳线 SPEAKER，并在主板上找到 SPEAKER1 插槽并将线插入。这个插槽在不同品牌主板上的位置可能是不一样的。

（3）找到标有 USB 字样的 USB 跳线，将其插入 USB 跳线插槽中。

（4）找到主板跳线插座，一般位于主板右下角，共有 9 个针脚，其中最右边的针脚是没有任何用处的。将硬盘灯跳线 H.D.D.LED、重启键跳线 RESET SW、电源信号灯跳线 POWER LED、电源开关跳线 POWER SW 分别插入对应的接口。

（5）连接电源线：主板上一般提供 24PIN 的供电接口或 20PIN 的供电接口，连接硬盘和光驱上的电源线。

（6）连接数据接口：硬盘一般采用 SATA 接口或 IDE 接口，光驱采用 IDE 接口。现在的大多数主板上有多个 SATA 接口，一个 IDE 接口。

10. 连接电源线

为整个主板供电的电源线插头共有 24 个针脚，将带有卡子的一侧对准电源插座凸出来的一侧插进去。

11. 整理内部连线，装机箱盖

机箱内部的空间并不宽敞，加之设备发热量都比较大，如果机箱内线路比较混乱，会影响空气流动与散热，同时容易发生连线松脱、接触不良或信号紊乱的现象。装机箱盖时，要仔细检查各部分的连接情况，确保无误后，把主机的机箱盖盖上，拧好螺丝，主机安装就成功完成了。

12. 连接外设

主机安装完成后，把相关的外部设备如键盘、鼠标、显示器、音箱等同主机连接起来，如图 1-22 所示。

图 1-22 连接外设

至此，所有的计算机设备都已经安装好，按下机箱正面的开机按钮启动电脑，可以听到 CPU 风扇和主机电源风扇转动的声音，还有硬盘启动时发出的声音。显示器上开始出现开机画面，并且进行自检。

综合实训 1

一、填空题

1. 计算机系统是由_____和_____组成的。

2. 计算机是一种对_____数进行加工处理的智能机器。

3. 在微型计算机中，运算器的主要功能是进行_____运算。

4. 根据软件的不同用途，可将计算机的软件系统分为_____软件和_____软件两大类。

二、选择题

1. 世界上第一台计算机的结构由（　　）提出。

　　A. 康拉德·祖恩　　　B. 布尔　　　　C. 冯·诺依曼　　　D. 比尔·盖茨

2. 计算机已经应用于各行各业，而计算机的最早设计是针对于（　　）。

　　A. 数据处理　　　　B. 科学计算　　　C. 辅助设计　　　D. 过程控制

3. 计算机内存比外存（　　）。

　　A. 存储容量大　　　　　　　　　B. 存取速度快

　　C. 便宜　　　　　　　　　　　　D. 不便宜但能存储更多的信息

4. 在计算机的机箱上一般都有一个 RESET 按钮，它的作用是（　　）。

A. 暂时关闭显示器　　　　　　　　B. 锁定对软盘驱动器的操作

C. 重新启动计算机　　　　　　　　D. 锁定对硬盘驱动器的操作

5. 下列存储器中，存取速度最快的是（　　　）。

　　A. 光盘　　　　　　B. 硬盘　　　　　　C. 内存　　　　　　D. 软盘

6. 以下设备中，属于输出设备的是（　　　）。

　　A. 绘图仪　　　　　B. 鼠标　　　　　　C. 光笔　　　　　　D. 扫描仪

7. 微型计算机型号中的 286、386、486、586、Pentium Ⅲ 等信息指的是（　　　）。

　　A. 显示器的分辨率　　B.CPU 的型号　　C. 内存的容量　　D. 运算速度

8. 在计算机内部，信息是以（　　　）方式加工、处理和传送的。

　　A. 十进制　　　　　B. 八进制　　　　　C. 二进制　　　　　D. 十六制

9.RAM 是（　　　）的简称。

　　A. 随机存取存储器　　　　　　　　B. 只读存储器

　　C. 辅助存储器　　　　　　　　　　D. 外部存储器

10. 微机硬件系统由（　　　）两大部分组成。

　　A. 主机和输出设备　　　　　　　　B.CPU 和存储器

　　C. 主机和外部设备　　　　　　　　D.CPU 和外部设置

11. 微机的重要特点之一是将计算机硬件组成中的（　　　）集成在一块芯片上，称为微处理器 CPU。

　　A. 控制器和存储器　　　　　　　　B. 控制器和运算器

　　C. 运算器和存储器　　　　　　　　D. 运算器、控制器和存储器

12. 可以将图片输入到计算机内的设备是（　　　）。

　　A. 绘图仪　　　　　B. 键盘　　　　　　C. 扫描仪　　　　　D. 鼠标

三、实操题

到 IT 市场了解计算机行情，并写一个价格在 4000 元左右的台式机配置单。

项目 2　Windows 7 系统的安装与设置

Windows 7 是 Microsoft 公司继 Vista 之后开发的、具有革命性变化的操作系统，是目前支持硬件最多的、最流行的基于图形界面的操作系统。它几乎能够满足各个领域的需要，通过它可以上网、聊天、收发电邮、观看媒体的现场直播、游戏、娱乐等。

教学目标

- 了解 Windows 7 操作系统的特色。
- 掌握 Windows 7 操作系统的安装方法。
- 知道 Windows 7 操作系统常用功能的设置方法。

项目实施

任务 1　安装操作系统

任务目标

- 掌握 Windows 7 操作系统的安装方法。
- 熟悉操作系统的主要分类，并了解几种主要的操作系统。

任务描述

刘赟是计算机专业的学生，自己组装了一台计算机，想要安装计算机操作系统——Windows 7。她首先到市场上买好了一张 Windows 7 的系统盘，下面是她的准备和安装过程。

知识链接

1. 安装前的准备

在安装操作系统前，必须对 Windows 7 操作系统有一定的了解，熟悉操作系统的功能、特色、对计算机硬件配置的基本要求等，检验 Windows 7 操作系统是否符合用户的需要，以及用户的计算机是否适合安装 Windows 7 操作系统。

1）Windows 7 系统简介

Windows 7 是由微软公司开发的操作系统。Windows 7 可供家庭及商业工作环境、笔记本电脑、平板电脑、多媒体中心等使用。微软 2009 年 10 月 22 日于美国、2009 年 10 月 23 日于中国正式发布了 Windows 7，2011 年 2 月 22 日发布了 Windows 7 SP1（Build7601. 17514. 101119-1850）。Windows 7 同时也发布了服务器版本——Windows Server 2008 R2。同 2008 年 1 月发布的 Windows Server 2008 相比，Windows Server 2008 R2 继续提升了虚拟化、系统管理弹性、网络存取方式，以及信息安全等领域的应用，其中有不少功能需搭配 Windows 7 使用。

与之前的版本相比，Windows 7 系统具有以下特色。

（1）更易用。Windows 7 做了许多方便用户的设计，如快速最大化、窗口半屏显示、跳转列表（Jump List）、系统故障快速修复等。

（2）更快速。Windows 7 大幅缩减了 Windows 的启动时间，据实测，在 2008 年的中低端配置下运行，系统加载时间一般不超过 20 秒，这与 Windows Vista 的 40 余秒相比，是一个很大的进步。

（3）更简单。Windows 7 将会让搜索和使用信息更加简单，包括本地、网络和互联网搜索功能，直观的用户体验将更加高级，还会整合自动化应用程序提交和交叉程序数据透明性。

（4）更安全。Windows 7 包括改进的安全和功能合法性，同时也会开启企业级的数据保护和权限许可。

（5）Aero 特效。Windows 7 的 Aero 效果更华丽，有碰撞效果、水滴效果，还有丰富的桌面小工具。这些都比 Vista 增色不少。但是，Windows 7 的资源消耗却是最低的，不仅执行效率高，笔记本的电池续航能力也大幅增加。

Windows 7 及其桌面窗口管理器（DWM.exe）能充分利用 CPU 的资源进行加速，而且支持 Direct3D 11 API。

2）Windows 7 系统配置要求

（1）最低配置，Windows 7 系统配置的最低要求如表 2-1 所示。

表 2-1　Windows 7 系统配置的最低要求

设备名称	基本要求	备　注
CPU	1GHz 及以上	
内存	1GB 及以上	安装识别的最低内存是 512MB
硬盘	20GB 以上可用空间	
显卡	集成显卡 64MB 以上	128MB 为打开 AERO 的最低配置
其他设备	DVD R/RW 驱动器或者 U 盘等其他储存介质	安装用，如果需要用 U 盘安装 Windows 7，需要制作 U 盘引导
互联网连接/电话	需要联网/电话激活授权，否则只能进行为期 30 天的试用评估	

（2）推荐配置，安装 Windows 7 操作系统的推荐配置如表 2-2 所示。

表 2-2 安装 Windows 7 操作系统的推荐配置

设备名称	基本要求	备注
CPU	64 位双核以上等级的处理器	Windows 7 包括 32 位及 64 位两种版本,如果希望安装 64 位版本,则需要 64 位的 CPU 的支持
内存	2GB DDR2 以上	3GB 更佳
硬盘	20GB 以上可用空间	软件等可能还要占用几个 GB 的空间
显卡	支持 DirectX 10/Shader Model 4.0 以上级别的独立显卡	显卡支持 DirectX 9 就可以开启 Windows Aero 特效
其他设备	DVD R/RW 驱动器或者 U 盘等其他存储介质	
互联网连接 / 电话	需要在线激活,如果不激活,最多只能使用 30 天	

2. 全新安装 Windows 7

(1)插入安装光盘,重启计算机后,进入 Windows 7 的安装界面,选择"要安装的语言"为"Chinese(Simplified)","时间和货币格式"为"Chinese(Simplified,PRC)","键盘和输入方法"为"中文(简体)—美式键盘",如图 2-1 所示。单击"下一步"按钮,在出现的界面中,单击"现在安装"按钮,如图 2-2 所示。

图 2-1 Windows 7 的安装界面

图 2-2　开始安装

（2）确认接受许可条款，单击"下一步"按钮，如图 2-3 所示。

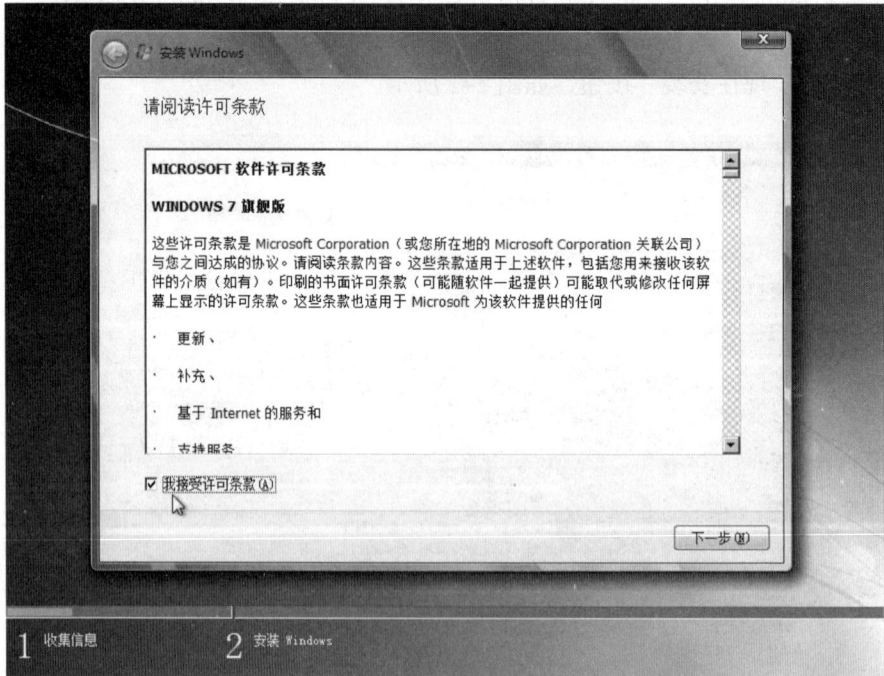

图 2-3　许可条款

（3）选择安装类型，如图 2-4 所示。

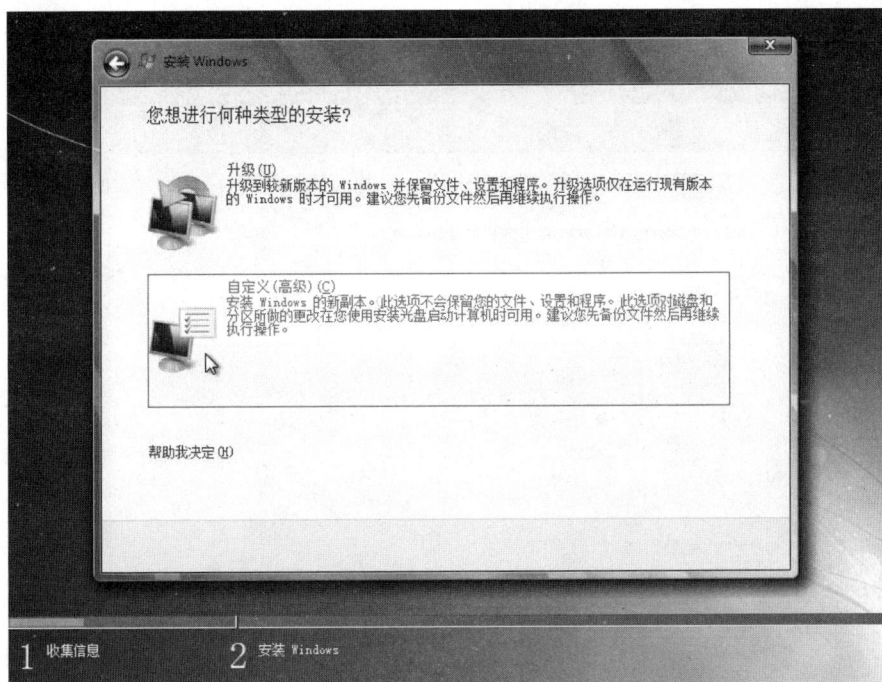

图2-4　选择安装类型

（4）选择安装方式后，需要选择安装位置。默认将Windows 7安装在第一个分区（如果磁盘未进行分区，则安装前要先对磁盘进行分区），单击"下一步"按钮，如图2-5所示。

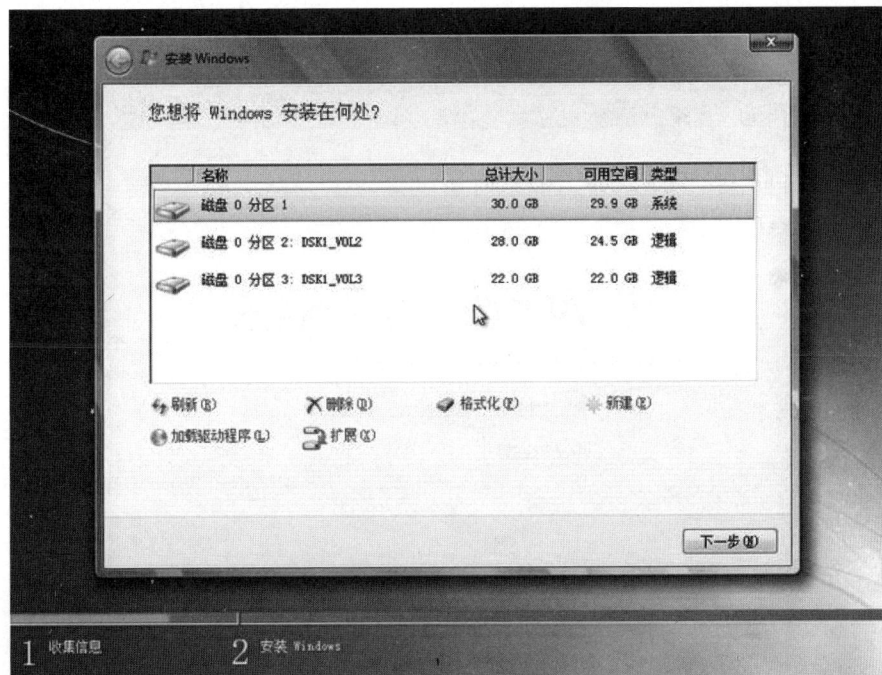

图2-5　分区选择

（5）开始安装 Windows 7，如图 2-6 所示。

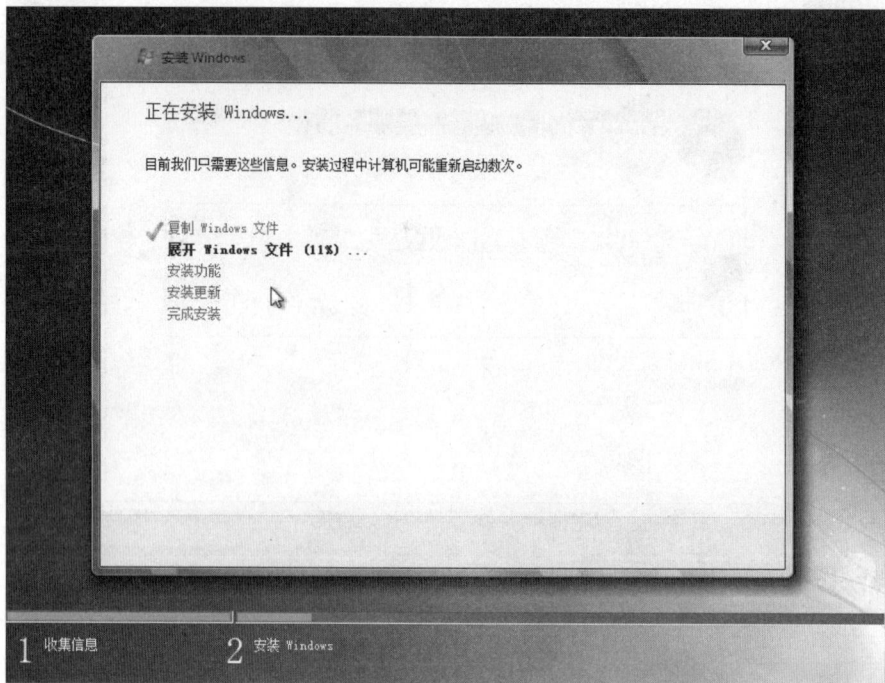

图 2-6　安装过程

（6）计算机重启数次，完成所有安装操作后进入 Windows 7 的设置界面，设置用户名和计算机名称，如图 2-7 所示。

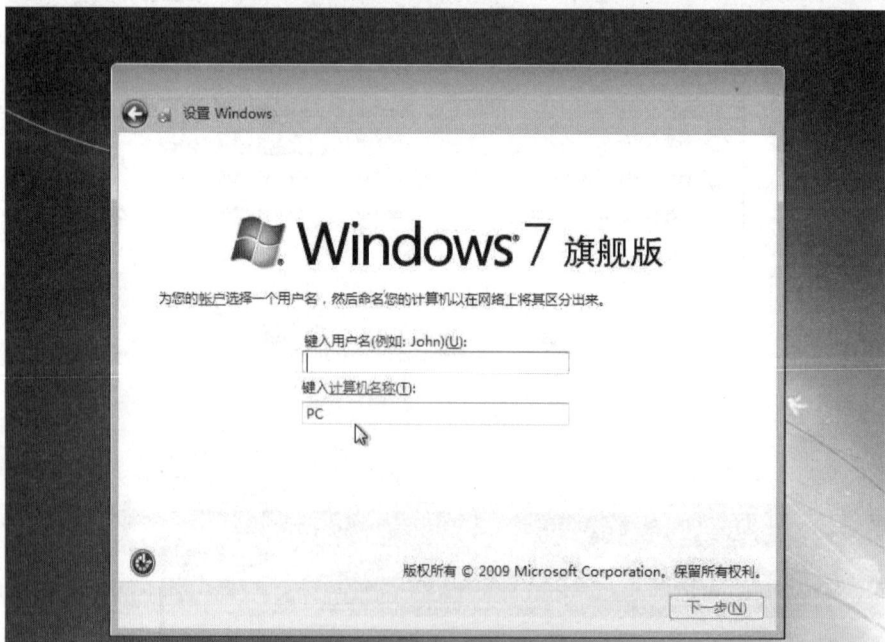

图 2-7　用户名和计算机名设置界面

（7）为 Windows 7 设置密码，如图 2-8 所示。

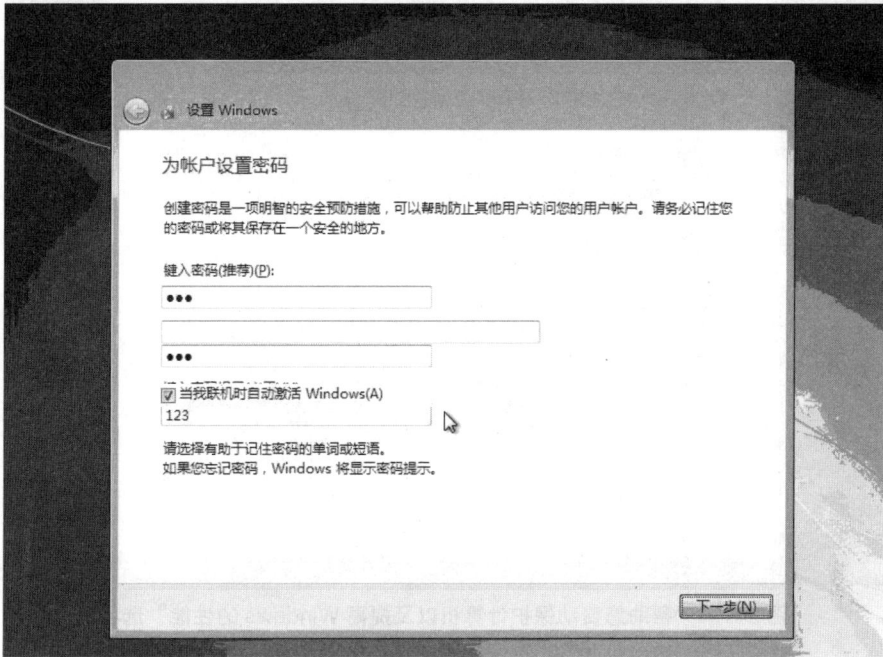

图 2-8　密码设置

（8）输入产品密钥，如图 2-9 所示。

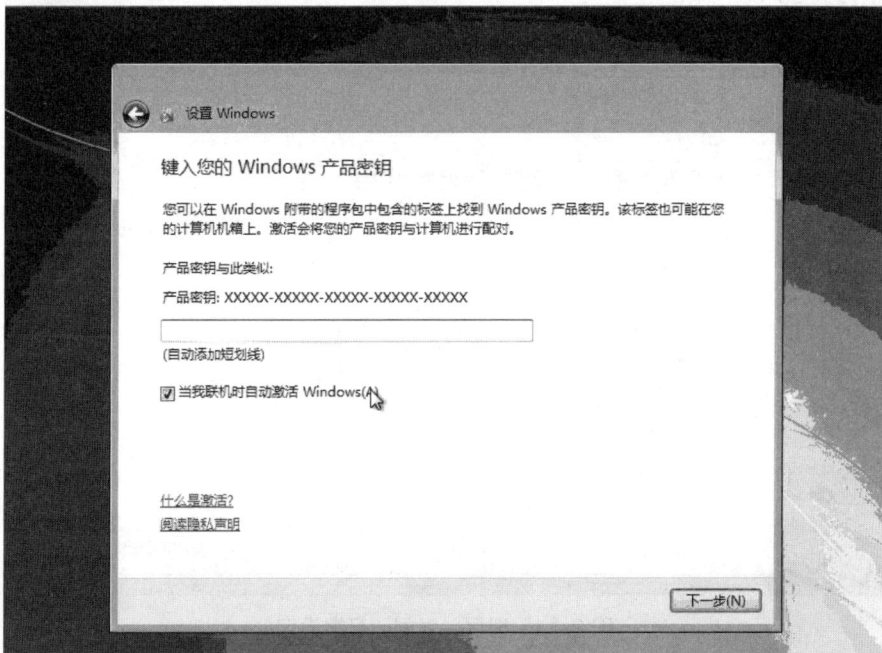

图 2-9　输入产品密钥

（9）选择"帮助您自动保护计算机以及提高 Windows 的性能"选项，如图 2-10 所示。

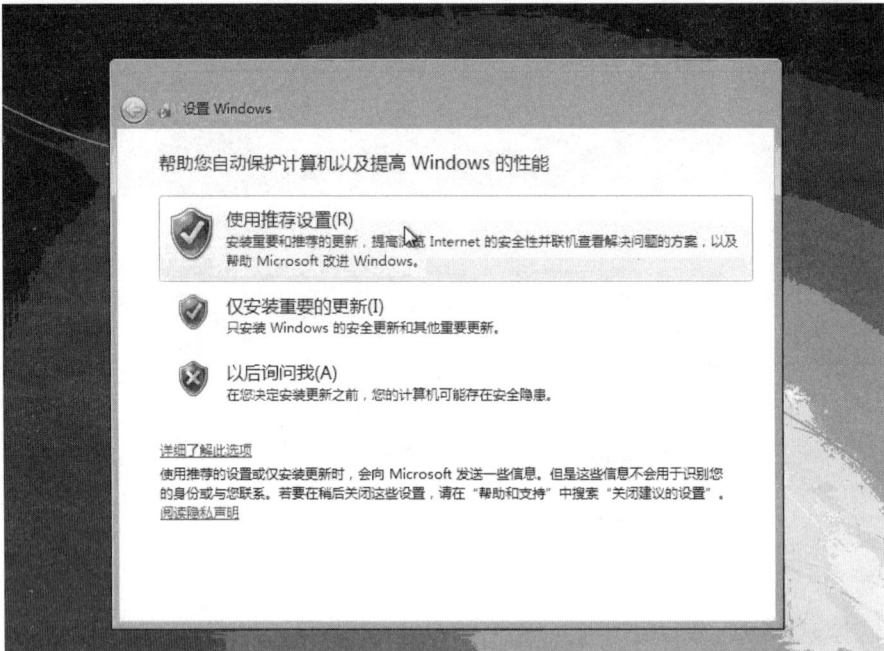

图 2-10 "帮助您自动保护计算机以及提高 Windows 的性能"选项

（10）进行时区、时间、日期设定，如图 2-11 所示。

图 2-11 时区、时间、日期设定

（11）等待 Windows 完成设置，完成安装后，首次登录 Windows 7 的界面如图 2-12 所示。

图 2-12 Window 7 界面

任务 2 Windows 外观和主题的设置

（任务目标）

- 熟悉控制面板的打开方法。
- 掌握利用控制面板对计算机系统进行个性化设置的方法。

（任务描述）

计算机系统安装好后，系统的设置都是默认的，可根据用户个人喜好，对计算机系统做一些个性化的设置。

（知识链接）

1."个性化"和"控制面板"窗口

在 Windows 7 操作系统中，用户设置的自由度和灵活性更大，其中桌面的设置是用户工作环境个性化最明显的体现，具体设置步骤如下。

（1）在桌面空白处右击鼠标，在弹出的快捷键菜单中选择"个性化"命令，如图 2-13 所示。

图 2-13　快捷菜单

（2）弹出的"个性化"的窗口如图 2-14 所示。

图 2-14　"个性化"窗口

（3）也可从"开始"菜单中进入"控制面板"窗口，如图 2-15 所示，"控制面板"窗口如图 2-16 所示。

图 2-15　"开始"菜单

图 2-16　"控制面板"窗口

2. 更改桌面背景

桌面背景即操作系统桌面的背景图案，也称为墙纸。Windows 7 新安装的系统桌面背景是系统安装时默认的，用户可以根据自己的爱好更换。设置桌面背景的方法如下。

（1）打开"个性化"窗口，单击左下方的"桌面背景"选项，进入桌面背景窗口，即可设置桌面背景，如图 2-17 所示。

图 2-17 "桌面背景"窗口

（2）可选择一组图片或一张图片，如果选择的是一组图片则可设置"更改图片时间间隔"和"无序播放"选项，在"图片位置"选项设置图片填充类型。

（3）设置完成后，单击"保存修改"按钮，即完成了桌面背景设置。

3. 更改主题

Windows 7 自带多个系统主题，主题是已经设计好的一套完整的系统外观和系统声音的设置方案。如果要更改主题，用户可打开如图 2-14 所示的"个性化"窗口，单击选择自己喜欢的主题即可。

4. 设置屏幕保护程序

屏幕保护程序（简称"屏保"）是专门用于保护计算机屏幕的程序，使显示器处于节能状态。在一定时间内，如果没有使用鼠标和键盘，显示器将进入屏保状态。晃动一下鼠标或按下键盘上的任意键，即可退出屏保。若屏幕保护程序设置了密码，则需要用户先输入密码才能退出屏保。如果不需要使用屏保，可以将屏幕保护程序设置为"无"。设置方法如下。

（1）单击"个性化"窗口右下角的"屏幕保护程序"选项，进入"屏幕保护程序设置"对话框，如图 2-18 所示。

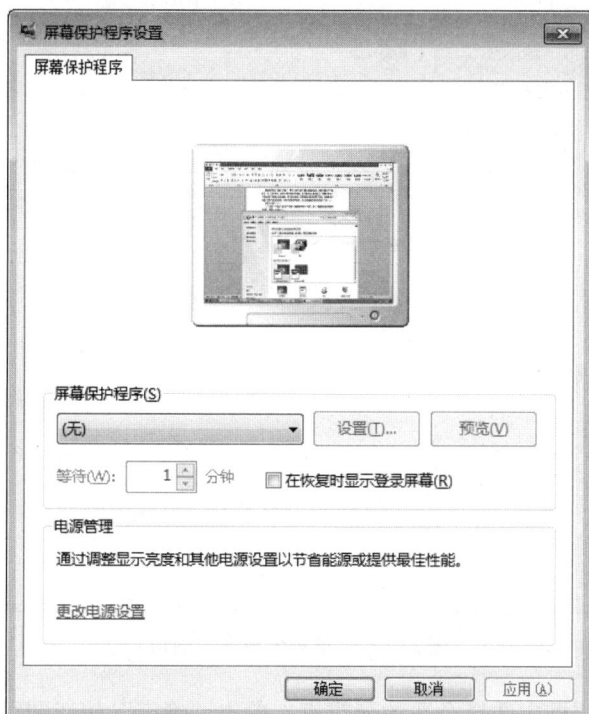

图 2-18　"屏幕保护程序设置"对话框

（2）在"屏幕保护程序"下拉框中选择一种屏幕保护程序，单击"设置"按钮可以设置当前所选屏保的相关项目，然后设置好"等待"时间，单击"确定"按钮即完成屏幕保护程序的设置。

5. 更改显示器分辨率

显示器的设置主要包括设置显示器的分辨率和屏幕刷新率，分辨率是指显示器所能显示的点的数量，计算机显示画面的质量与屏幕分辨率息息相关。

不同尺寸的显示器分辨率设置是不同的，目前液晶显示器多是 $16:10$ 或 $16:9$ 的比例，$16:10$ 显示屏对应的分辨率有 $1280×800$、$1440×900$、$1680×1050$、$1920×1200$ 等，$16:9$ 显示屏对应的分辨率有 $1280×720$、$1440×810$、$1680×945$、$1920×1080$ 等。

那么，如何确定自己显示器的最佳分辨率呢？方法非常简单，对液晶显示器而言，如果是原配显示屏和显卡，只需要把分辨率调整到范围内的最大值即可（注：一般与物理分辨率相同），如果是自配组装机，在未安装显示器驱动的前提下，只需参照上面比例选择一个最佳分辨率（一般也是最大值），保证可以满屏显示即可。如果对设置分辨率没有把握，最好查看一下显示器或笔记本的说明书，上面有明确的分辨率支持列表。分辨率的设置方法如下。

（1）在桌面空白处右击，在弹出的快捷键菜单中选择"屏幕分辨率"命令，进入"屏幕分辨率"窗口，如图 2-19 所示。

图 2-19 "屏幕分辨率"窗口

（2）在分辨率下拉框中选择合适的分辨率，单击"确定"按钮即可。

6.设置与使用任务栏

任务栏就是位于桌面下方的小长条，主要由"开始"按钮、快速启动栏、任务按钮区及通知区域组成。通过单击"开始"按钮打开的"开始"菜单可以打开大部分已安装的软件，快速启动栏中存放的是最常用程序的快捷方式，任务栏按钮区是用户进行多任务工作时的主要区域之一，用户打开的大部分窗口都在此处有相应的按钮，而通知区域则通过各种小图标形象地显示计算机、软硬件的重要信息。

需要对任务栏进行设置时，在任务栏空白处右击鼠标，在弹出的快捷菜单中选择"属性"命令，如图 2-20 所示，即可打开"任务栏和「开始」菜单属性"对话框，如图 2-21所示。

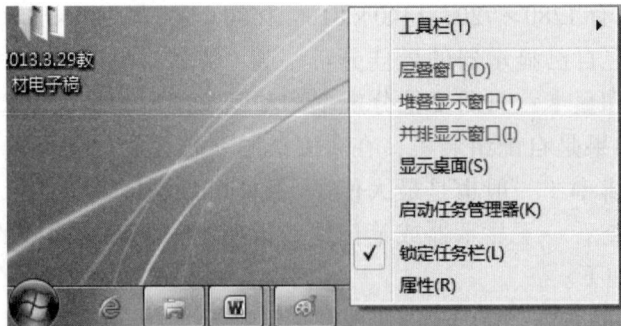

图 2-20 "属性"命令

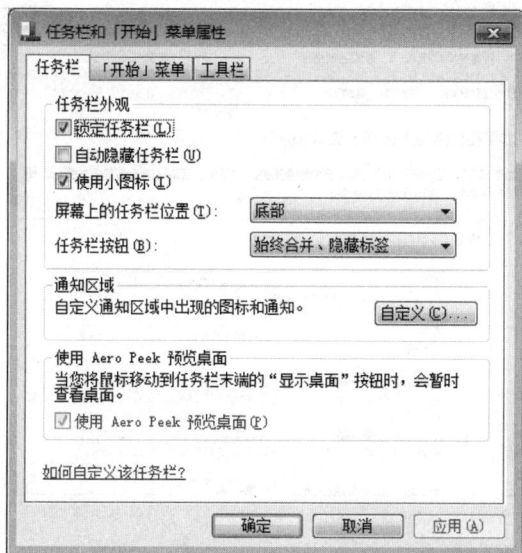

图2-21　"任务栏和「开始」菜单属性"对话框

1）任务栏外观设置

如图2-21所示，"任务栏外观"选项组中有多个复选框及设置效果，含义如下。

（1）"锁定任务栏"复选框：选中该复选框，任务栏的大小和位置将固定不变，用户不能对其进行调整。

（2）"自动隐藏任务栏"复选框：选中该复选框，不用时任务栏隐藏，只有将鼠标靠近任务栏时，任务栏才会显示出来。

（3）"使用小图标"复选框：选中该复选框，任务栏上的图标以小图标形式显示。

（4）"屏幕上任务栏位置"选项：通过该选项的下拉列表，可以设置任务栏在屏幕上的位置。

（5）"任务栏按钮"选项：该选项右侧的下拉列表中有三个设置项。"始终合并、隐藏标签"可以把用户打开的内容按照文件夹、网页、文档等分类组合并隐藏，在任务栏上只以小图标的形式显示，这样可以节省任务栏空间；"当任务栏被占满时合并"则只有在任务栏被占满时才进行合并；"从不合并"则不对任务栏上的内容进行合并。

2）通知区域设置

在图2-21所示的"通知区域"栏，单击右侧的"自定义"按钮，打开"通知区域图标"窗口，即可对通知区域进行设置，如图2-22所示。

"通知区域图标"窗口显示所有正在执行的应用程序的图标和名称。可以在"行为"下拉列表中设定如何显示图标和通知。

7. 输入法和时间设置

计算机的输入法和时间显示是用户使用计算机时最常用的两个基本功能，如果它们出现问题，将会对用户的使用带来很大的麻烦，因此，用户必须掌握对输入法和时间的设置方法。

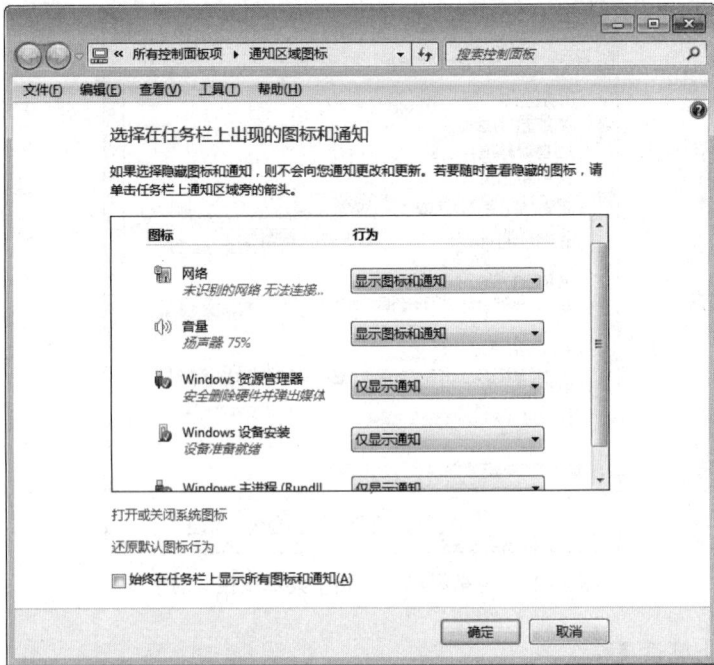

图 2-22 "通知区域图标"窗口

1）设置键盘输入法

在控制面板中单击"时钟、语言和区域"选项，打开"区域和语言"对话框，选择"键盘和语言"选项卡，如图 2-23 所示。单击"更改键盘"按钮，打开"文本服务和输入语言"对话框，如图 2-24 所示，在该对话框中可以添加、删除输入法，并且可以通过"上移"和"下移"按钮更改输入法的顺序。

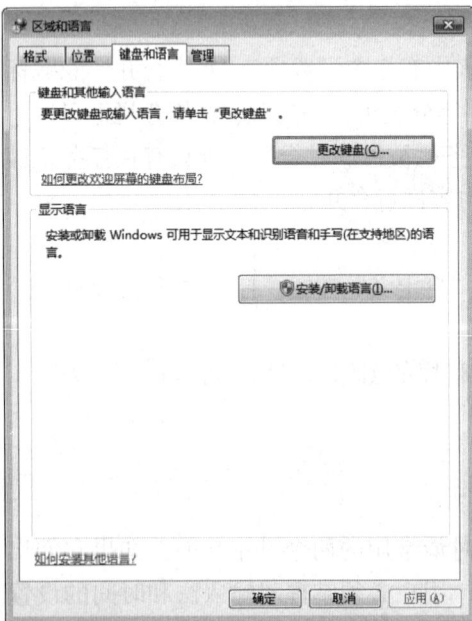

图 2-23 "键盘和语言"选项卡

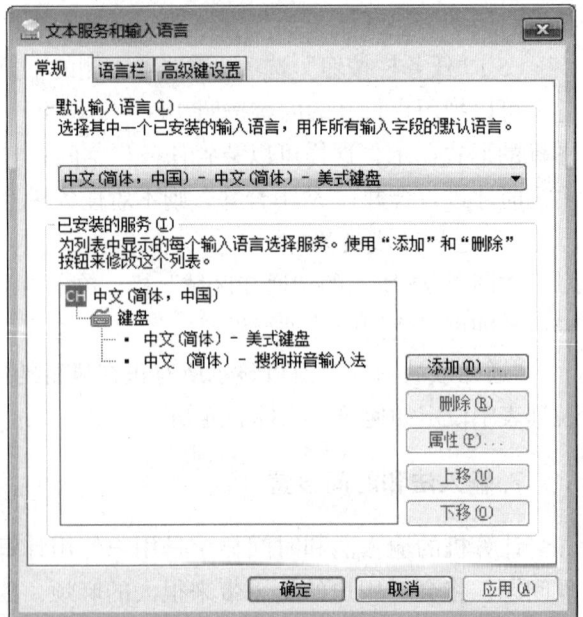

图 2-24 "文本服务和输入语言"对话框

2）日期和时间设置

　　计算机的日期和时间默认显示在桌面的右下角，在控制面板中单击"日期和时间"选项，打开"日期和时间"对话框，如图2-25所示，单击"更改日期和时间"按钮，打开"日期和时间设置"对话框，如图2-26所示，通过该对话框可以设置系统的日期和时间。

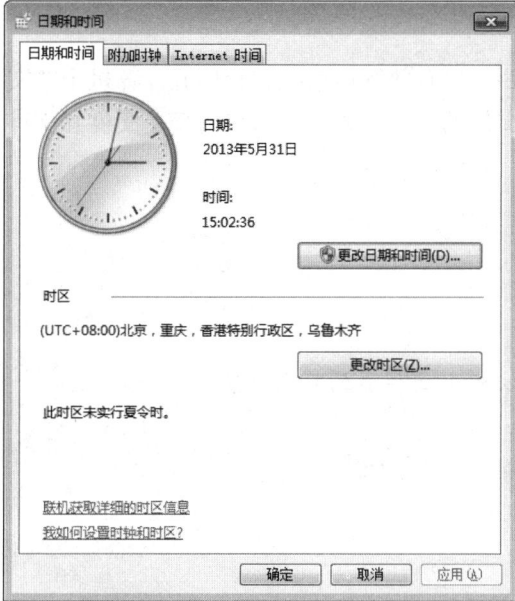

图2-25　"日期和时间"对话框

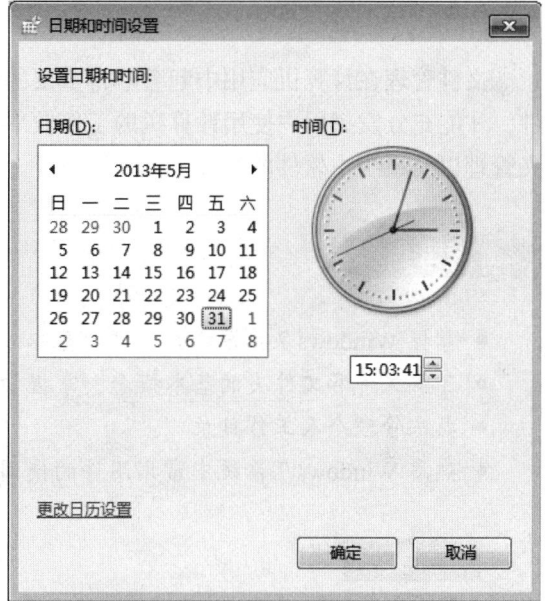

图2-26　"日期和时间设置"对话框

综合实训2

1. 请为计算机更换主题。
2. 安装Office组件。
3. 设置任务栏为隐藏。

项目 3   Windows 7 文件管理

文件管理在计算机应用中起着非常重要的作用，只有熟练地组织和管理好计算机中的文件，才能充分发挥用户使用计算机的工作效率。文件的管理主要包括账户管理、文件和文件夹管理以及系统中软件的管理。

教学目标

- 掌握 Windows 7 系统账户管理的基本方法。
- 了解文件和文件夹的基本概念，掌握管理文件和文件夹的基本方法。
- 熟练管理个人工作目录。
- 熟悉 Windows 7 系统中常用附件的使用方法。

项目实施

任务 1   Windows 账户管理

任务目标

- 掌握 Windows 7 系统中的创建账户的方法。
- 熟悉 Windows 7 账户管理的基本方法。

任务描述

Windows 7 是一个多用户、多任务的操作系统，它允许每个使用计算机的用户拥有自己的专用工作环境。每个用户都可以为自己建立一个用户账户并设置密码，只有正确地输入用户名和密码后，才能进入到系统中。每个账户登录之后都可以对系统进行自定义设置，这样使用同一台计算机的用户就不会互相干扰了。

知识链接

1. 创建新账户

如果要进行账户管理操作，可以单击"控制面板"中的"用户账户"选项，进入"用户账户"窗口进行用户的管理，如图 3-1 所示。

如果第一次使用一台装有 Windows 7 的计算机，并且想拥有自己的账户，就必须创建新账户。方法是：在"用户账户"窗口中，单击"管理其他账户"选项，打开"管理账户"窗口，如图 3-2 所示，选择"创建一个新账户"选项，此时会打开"创建新账户"窗口，如图 3-3 所示。在"新账户名"文本框中填写自己的用户名，如"test"，仔细阅读"标准用户"和"管理员"的说明信息后，选择适合该用户的权限，这里选择"标准用户"，设置完成后，单击"创建账户"按钮，即创建了一个新账户。

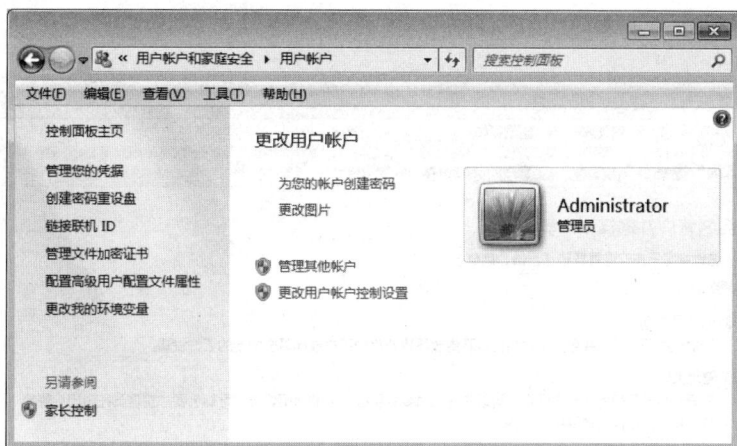

图 3-1　"用户账户"窗口

图 3-2　"管理账户"窗口

2.Windows 账户管理

在"管理账户"窗口中可以对计算机的账户进行管理。

如果是新账户，为了保证账户的安全，必须为账户创建一个密码。单击刚才创建的"test"标准账户，进入"更改账户"窗口，如图 3-4 所示，单击"创建密码"选项，打开"创建密码"窗口，如图 3-5 所示，按照要求在文本框中输入密码及密码提示，单击"创建密码"按钮，完成密码的创建。此外，通过"更改账户"窗口，还可以执行更改密码、删除密码、删除账户、更改账户类型等操作。

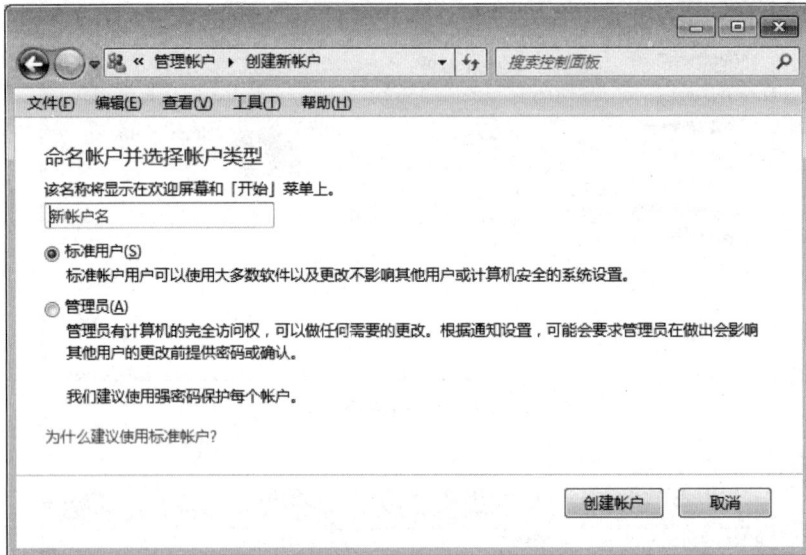

图 3-3 "创建新账户"窗口

图 3-4 "更改账户"窗口

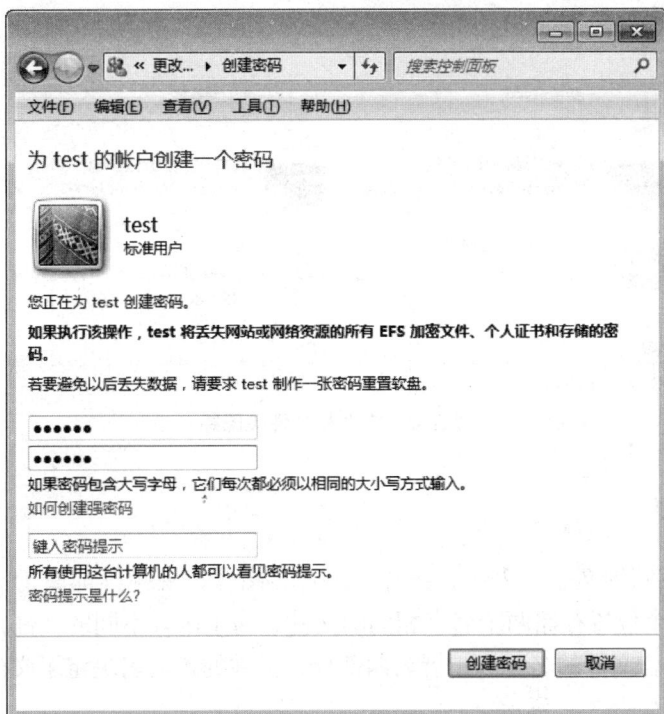

图 3-5　"创建密码"窗口

任务 2　认识文件和文件夹

任务目标

- 熟悉文件和文件夹的基本概念。
- 掌握在 Windows 7 系统下管理文件和文件夹的方法。

任务描述

在计算机的应用环境中，绝大部分的信息都是以"文件"方式存储在计算机中的。文件和文件夹的关系就好比现实生活中的"书本"和"书柜"的关系，文件和文件夹的管理和操作是非常基础、也非常重要的概念。

知识链接

1. 文件与文件夹的概念

文件是存储在计算机硬盘上的一系列数据的集合，用来存储一套完整的数据资料。文件夹是用来存储文件的，也叫目录，它可以存放单个或多个文件，而它本身也是一个文件。在 Windows 7 系统中，文件用文件名和图标来表示，如图 3-6 所示，同一类型的文件具有相同的图标。

图 3-6　文件和文件夹图标

2. 文件的类型

在计算机中存储的文字、表格、图片、声音、图像、视频等都属于文件。在 Windows 7 中不允许在同一个位置存储两个名字相同的文件，为了区分不同的文件，需要给不同的文件命名，文件名包含文件的名称和扩展名两部分，文件的扩展名决定了文件的类型，常用的文件类型和扩展名如表 3-1 所示。

表 3-1　常用文件类型和扩展名对照表

文件类型	扩展名	文件含义
图像文件	.bmp、.jpg、.gif、.tiff	记录图像信息，如扫描后存储在计算机中的图片
声音文件	.wav、.mp3、.wma、.mid	记录声音和音乐的文件
Office 文档	.doc、.docx、.xls、.xlsx、.ppt、.pptx	Mcrosoft office 办公软件使用的文件格式
文本文件	.txt	只记录文字的文件
字体文件	.fon、.ttf	为系统和其他应用程序提供字体的文件
可执行文件	.com、.exe、.bat	双击此类文件，可执行程序，如游戏等
压缩文件	.rar、.zip	由压缩软件将文件压缩后形成的文件
网页动画文件	.swf	可用 IE 浏览器打开，是网上常用的文件
PDF 文件	.pdf	Adobe Acrobat 文档
网页文件	.html	Web 网页文件
动态链接库文件	.dll	为多个程序共同使用的文件
影视文件	.avi、.mov、.rm、.flv、.mpeg	记录动态变化的画面，同时支持声音

3.文件的属性

选择文件，在文件上右击鼠标，在弹出的快捷菜单中选择"属性"命令，可以打开"属性"对话框，如图3-7所示。

"属性"对话框中包含了一些文件的基本信息，如文件类型、位置、大小及创建、修改、访问的时间，还包括了文件的三种属性，即"只读""隐藏""存档"。因为文件类型不同，打开的文件属性对话框也会有所不同。

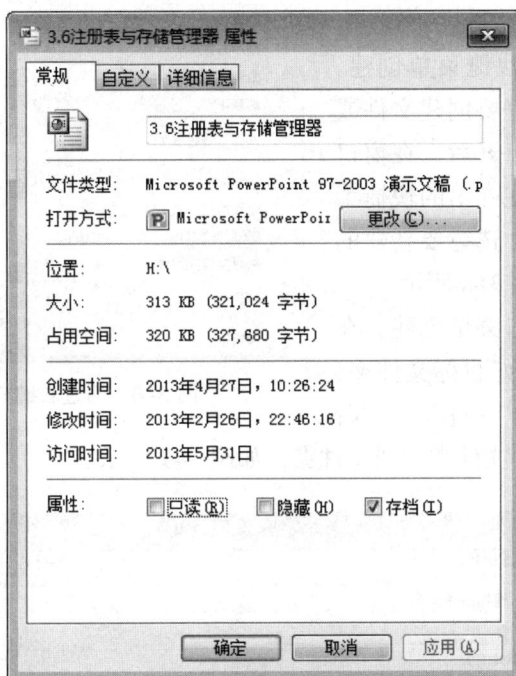

图3-7 "属性"对话框

任务 3 创建个人工作目录

(任务目标)

- 学会创建"文件"或"文件夹"。
- 学会给自己的计算机创建工作目录。
- 学会在桌面上创建快捷方式。

(任务描述)

在计算机中用户存储的文件通常有很多，通过创建个人工作目录能够很好地管理这些文件，这对提高用户的工作效率是非常重要的。

1. 新建文件或文件夹

为了存储不同的文件和对不同的文件分类存储，用户需要新建文件或文件夹，新建文件或文件夹的方法通常有以下两种。

（1）通过鼠标右键快捷菜单创建。在"计算机"窗口中选好要创建文件或文件夹的目标文件夹，打开后，在窗口空白处单击鼠标右键，在弹出的快捷菜单中选择"新建"命令，选择要新建的文件类型或文件夹，如图3-8所示。

（2）通过计算机窗口菜单创建。在"计算机"窗口下，选择好目标文件夹，如"H盘根目录"，单击"文件"→"新建"命令，选择要新建的文件类型或文件夹，如图3-9所示。

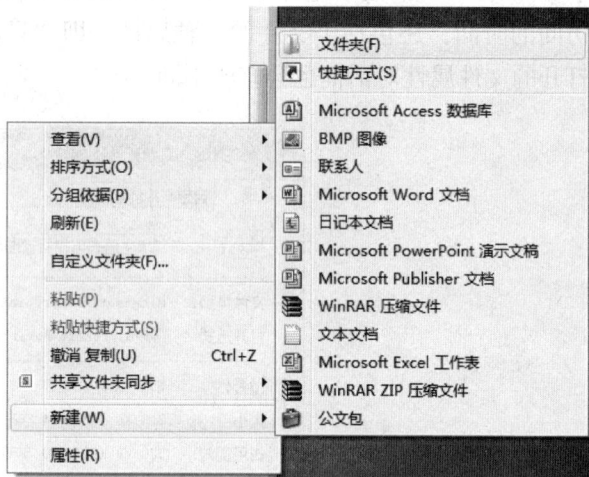

图3-8　通过右键打开"新建"命令

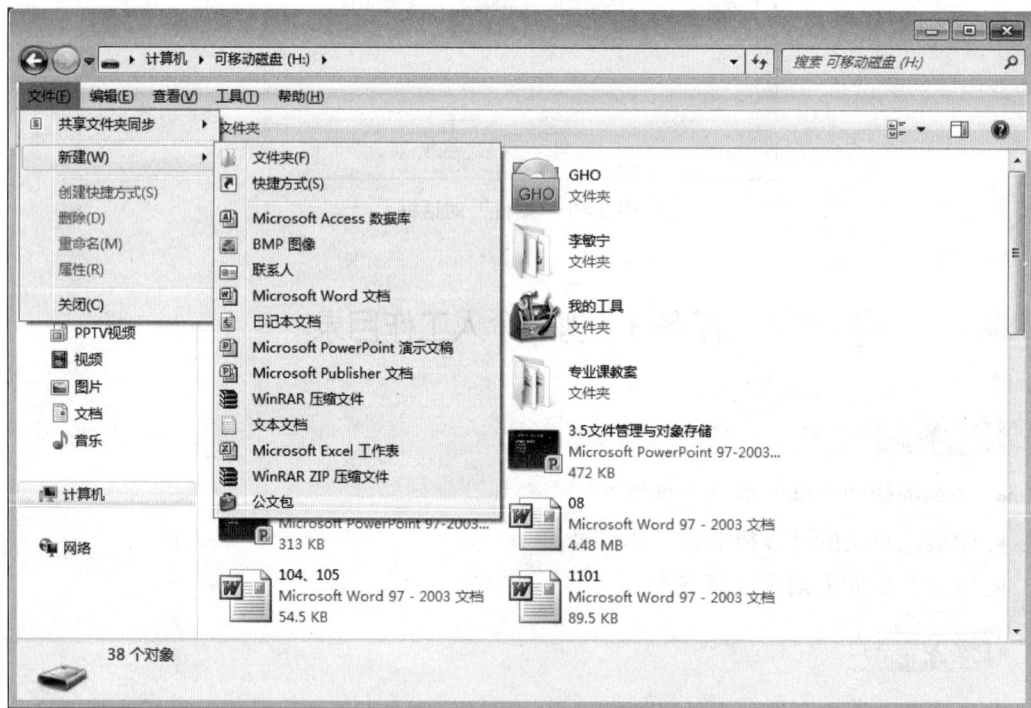

图3-9　通过"文件"菜单打开"新建"命令

2. 创建个人工作目录

为了方便使用，在操作计算机时，最好能够创建相应的文件夹，按照类别对文件和文件夹进行管理。例如，打开"计算机"窗口，选择"本地磁盘（D:）"，根据创建文件夹的方法，新建一个文件夹，输入文件夹名为"1101计算机班考勤"。若文件夹新建后没有立即命名，则需要选中文件夹，单击鼠标右键，在弹出的快捷菜单中选择"重命名"命令，修改文件夹的名称，如图3-10所示。依次创建"1101计算机班考勤""作业""照片""日记""学习""音乐""课件"文件夹，组建自己的工作目录，如图3-11所示。

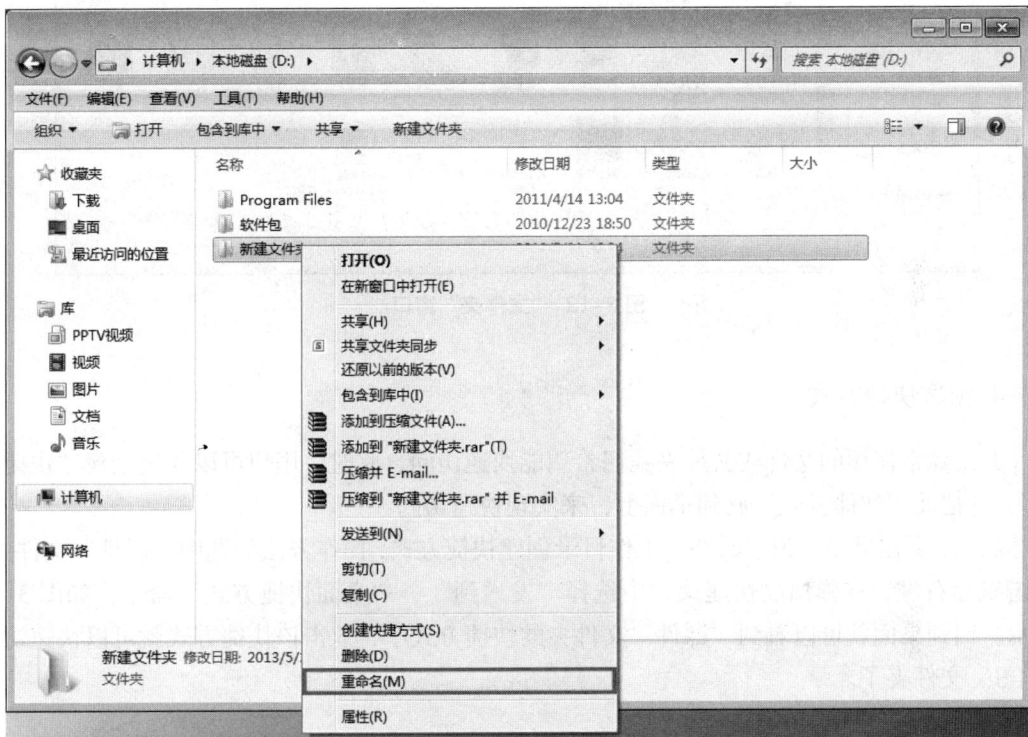

图 3-10　重命名文件夹

图 3-11　工作目录

3. 移动文件

如果很多文件堆放在一起就会显得很乱，不方便用户管理，当个人工作目录建好后，就可以将文件进行分类存储。下面将如图3-12所示的文件分别移动到刚才创建好的相应分类目录内，例如，要将两个mp3类型的音乐文件移动到"音乐"文件夹内，首先，选中这两个文件，单击鼠标右键，在弹出的右键快捷菜单中，选择"剪切"命令，然后进入"音乐"

文件夹下，在空白处单击鼠标右键，在弹出的快捷菜单中选择"粘贴"命令，这些文件就被移动到了"音乐"文件夹内。同样，依次将其他文件按类型移动到相应文件夹内。

图 3-12 "文件夹"窗口

4. 创建快捷方式

对于经常使用的文件或文件夹我们希望能快速访问，此时，用户可以通过创建"快捷方式"，并把此"快捷方式"放到桌面上，来实现快速访问。

例如，要在桌面上为"课件"工作目录创建快捷方式，操作方法为选中"课件"文件夹，单击鼠标右键，在弹出的快捷菜单中选择"发送到"→"桌面快捷方式"命令，如图 3-13 所示。回到桌面就可以看到"课件"文件夹的快捷方式了，双击该快捷方式就可以快速访问"学习"文件夹了。

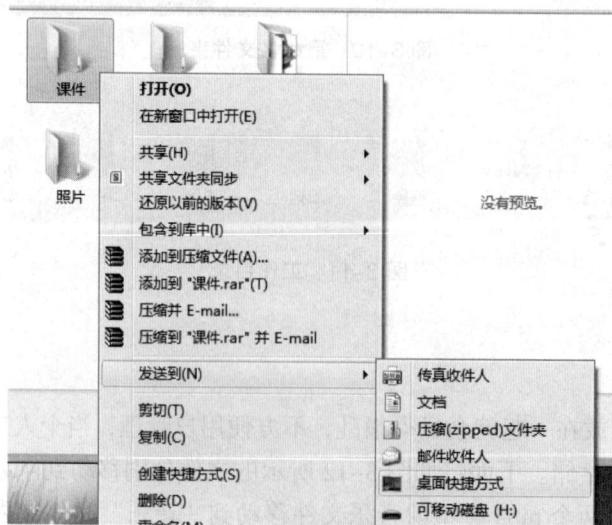

图 3-13 创建桌面快捷方式

5.浏览与查看计算机中的文件

计算机可以存储的文件很多，因此难免会忘记文件所在的位置，所以在需要使用该文件时，就可以使用 Windows 7 的搜索功能将其找出。Windows 7 的搜索功能十分强大，搜索界面也更加人性化。

1）搜索文件和文件夹

用户有两种方式进行搜索，一种是使用"开始"菜单搜索框进行搜索，另一种是使用"计算机"窗口搜索框进行搜索。

（1）使用"开始"菜单搜索框。

单击"开始"按钮，打开"开始"菜单，在最底部的文本框中输入关键字。在关键字输入的同时，搜索过程已经开始，而且搜索速度很快，搜索结果在输入关键字之后会立刻显示在"开始"菜单中，如图 3-14 所示。

程序 (1)
　显示器测试工具

控制面板 (76)
　显示
　显示或隐藏桌面上的通用图标
　显示在计算机上安装的程序
　显示此计算机所在的工作组
　显示您的计算机运行的操作系统
　显示此计算机 RAM 大小

文件 (9)
　显示
　项目二 Windows 7系统的安装与设置
　项目一 计算机组装
　项目五 Word 2010 文档制作与处理
　项目四 文字录入
　项目六 Microsoft Excel 2010应用

　查看更多结果

　显示　　　　　　　　×　　　　　关机　　▶

图 3-14　在"开始"菜单中搜索

如果在"开始"菜单中的搜索结果中没有要找的文件，可以单击"查看更多结果"选项，打开文件夹窗口查看搜索结果。

（2）使用"计算机"窗口搜索框。

启动"计算机"窗口，在窗口右上角的搜索框中输入查询关键字，在输入关键字的同时系统开始进行搜索。进度条显示了搜索的进度，如图 3-15 所示。

　　　　　"计算机" 中的搜索结果　　　　　▼　×　显示　　　×

图 3-15　在"计算机"窗口中搜索

使用计算机窗口中的搜索框时仅在当前目录中搜索，因此只有在根目录"计算机"下才会以整个计算机为搜索范围。例如，进入 D 盘目录，使用搜索框进行搜索，则系统只在 D 盘中搜索目标文件。如果想在某个特定文件夹下搜索文件，应首先进入此文件夹目录下，然后在搜索框中输入关键字即可。

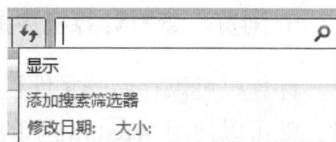

图 3-16　通过"搜索筛选器"搜索

用户可以通过单击搜索框启动"添加搜索筛选器"选项，通过设置"搜索筛选器"来提高搜索精度，如图 3-16 所示。

2）以不同方式显示文件

在文件夹窗口中可用不同方式显示文件，便于用户查阅文件。在文件夹窗口右侧单击 按钮，在弹出的下拉列表中提供了 8 种显示方式，如图 3-17 所示，用户可改变文件显示方式。单击 按钮可以控制是否显示预览窗格，如图 3-18 所示。

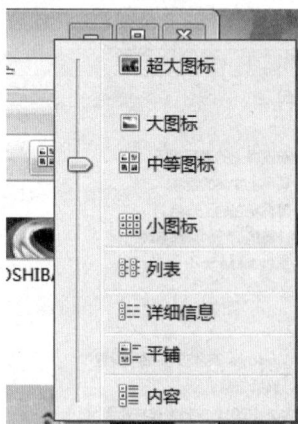

图 3-17　"显示方式"命令

图 3-18　"文件夹"的预览窗格

3）查看隐藏文件

在计算机中，有些文件和文件夹被隐藏了起来（用户也可自己隐藏文件），如果要显示隐藏的文件或文件夹，操作方法如下。

（1）在"计算机"窗口的菜单中，选择"工具"→"文件夹选项"命令，打开"文件夹选项"对话框，如图 3-19 所示。

（2）单击"查看"选项卡，选中"显示隐藏的文件、文件夹和驱动器"选项，如图 3-20 所示，单击"确定"或"应用"按钮，即可显示隐藏的文件。相反，如果不想显示隐藏的文件，可选择"不显示隐藏的文件、文件夹或驱动器"选项。

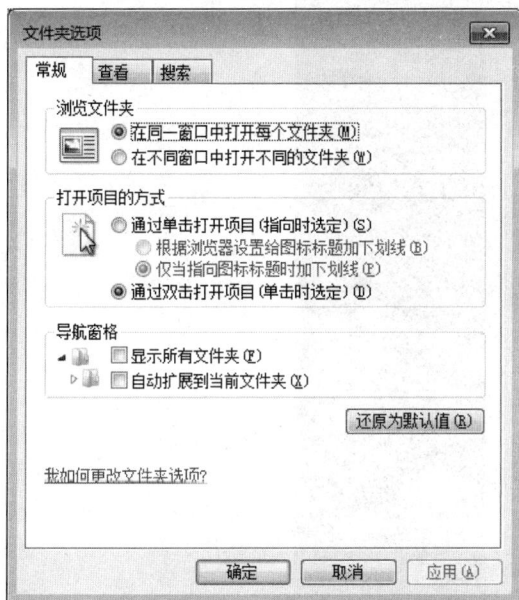

图 3-19　"文件夹选项"对话框　　　　图 3-20　"查看"选项卡

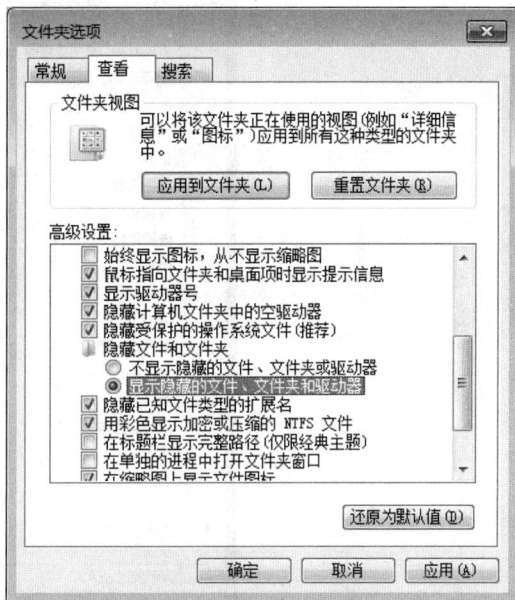

（3）选择"隐藏受保护的操作系统文件（推荐）"，可以隐藏操作系统中受保护的重要文件，选择"隐藏已知文件类型的扩展名"，可以隐藏文件的扩展名，若要执行相反操作只需去掉相应选项即可。

任务 4　Windows 7 附件解析

（任务目标）

- 了解 Windows 7 附件的使用方法。
- 熟练使用计算器、记事本等附件。

（任务描述）

Windows 7 系统中有很多非常实用的软件，如文本处理软件、计算器、画图等，学会使用附件中的软件对今后的学习、工作有很大的帮助。

1. 记事本与写字板

通过"开始"菜单可以打开"附件"列表，如图 3-21 所示。Windows 7 系统自带了文字处理工具记事本和写字板，其中，记事本主要用于编辑纯文本信息，写字板具有强大的文字和图片处理功能，用户可以进行输入文本、设置文本格式、插入图片等操作。记事本的操作界面如图 3-22 所示，写字板的操作界面如图 3-23 所示。

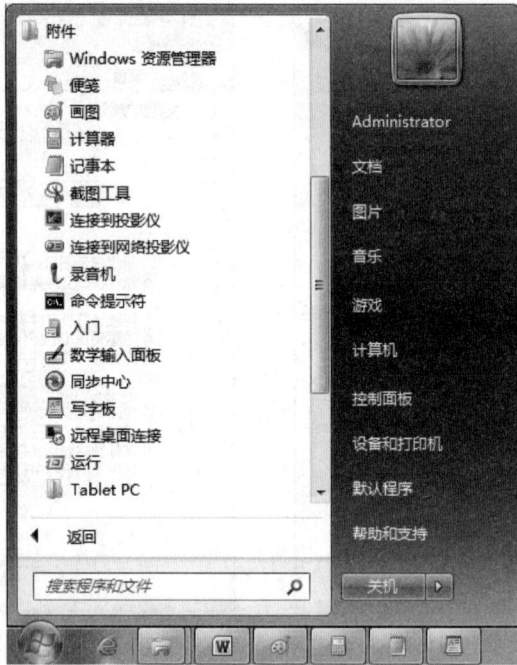

图 3-21 "附件"列表

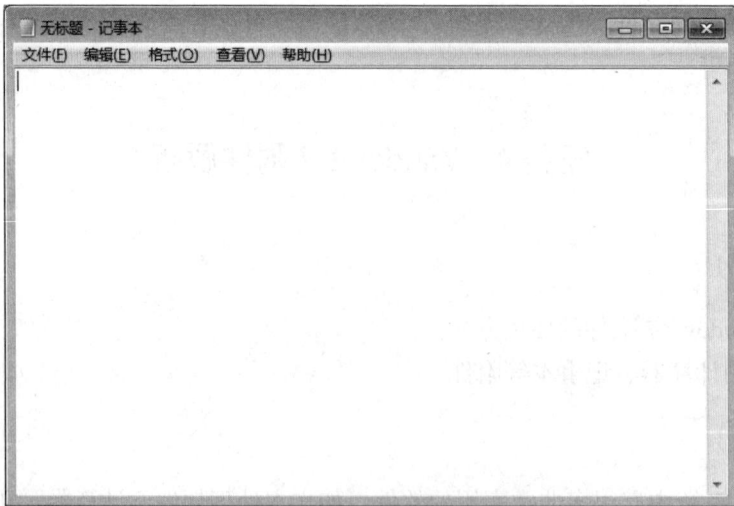

图 3-22 "记事本"操作界面

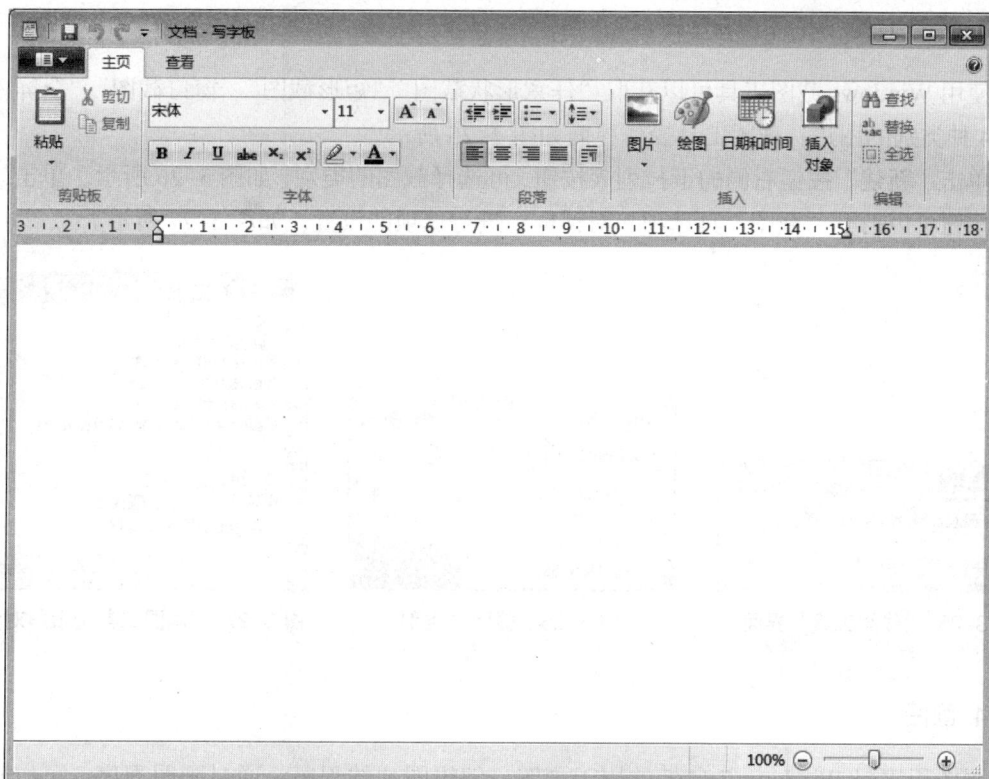

图 3-23　"写字板"操作界面

2. 计算器

Windows 7 中的计算器有"标准型""科学型""程序员"和"统计信息"4 种模式，初次打开计算器时，默认显示的是标准型计算器，用户单击"查看"菜单项，可以在下拉菜单中根据需要选择合适的模式，如图 3-24 所示。

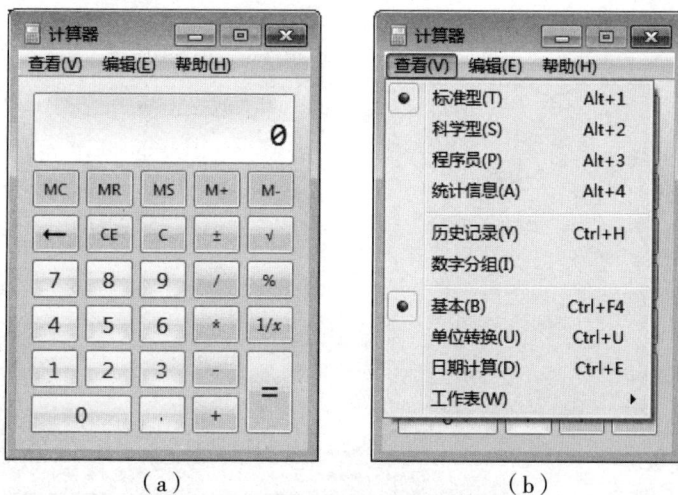

（a）　　　　　　　　　（b）

图 3-24　标准型计算器及查看菜单

3. 截图工具

使用 Windows 截图工具可以获取"任意形状截图""矩形截图""窗口截图""全屏幕截图"4 种类别的图片，截图工具操作界面如图 3-25 所示。

单击"新建"按钮右侧的下拉列表按钮，可选择截图的类别，如图 3-26 所示。单击"选项"按钮可以打开"截图工具选项"对话框，进行选项的设置，如图 3-27 所示。

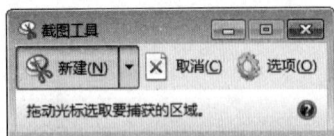

图 3-25 "截图工具"界面   图 3-26 截图的类别   图 3-27 "截图工具选项"对话框

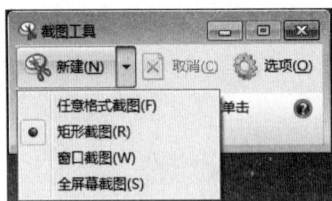

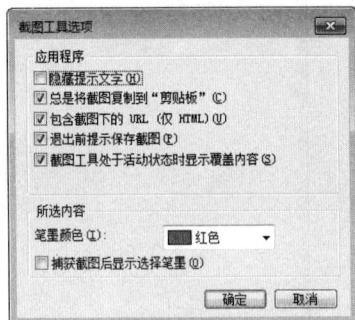

4. 画图

画图程序是 Windows 7 自带的用于画图、编辑图片的程序。通过画图程序，可以轻松地为图片进行添加文字、调整大小等操作，"画图"程序的界面如图 3-28 所示。

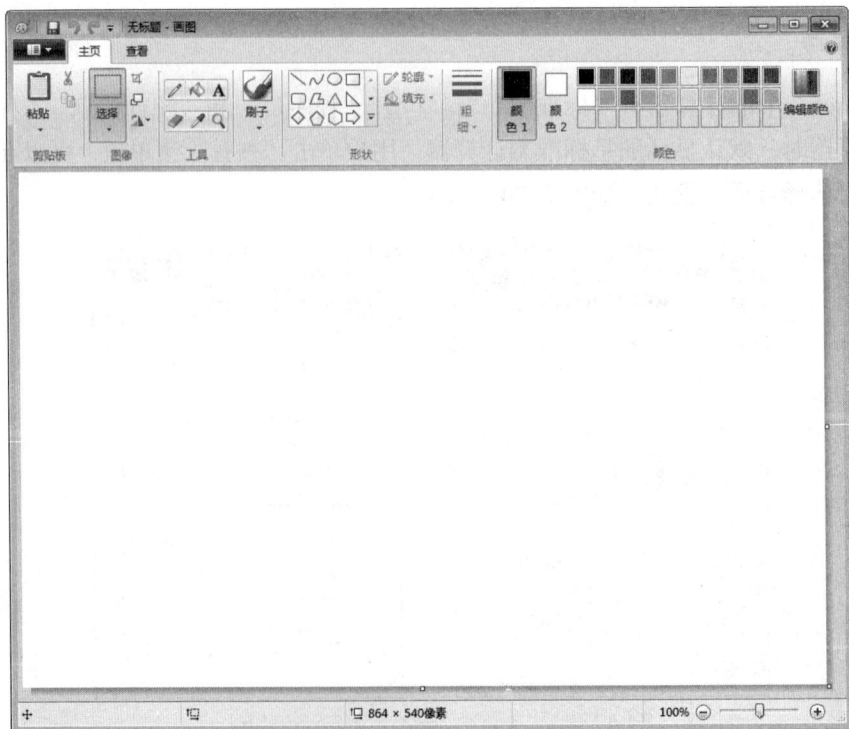

图 3-28 "画图"操作界面

综合实训 3

实训目标

- 掌握作业的提交方法。
- 熟练运用文件夹的创建、移动等操作。

任务描述

在计算机应用基础的实践教学中，有时学生的作业需要以电子文档的形式上交至网络服务器的指定位置，例如"\\teacher\…\ 作业上交处"。

实训步骤

1. 建立个人文件夹

如果是第一次上交作业，则需要新建自己的文件夹，在桌面上右击鼠标，在弹出的快捷菜单中选择"新建"→"文件夹"命令新建一个文件夹，以"学号姓名"命名该文件夹。如"3121201203 郭小茜"。

2. 移动作业至个人文件夹

选择做好的作业，单击鼠标右键，在弹出的快捷菜单中选择"剪切"命令，然后进入个人文件夹下，在空白处单击鼠标右键，在弹出的快捷菜单中选择"粘贴"命令，此时作业文件就被移动到了个人文件夹内。

3. 作业上交

在桌面上双击"计算机"或"网络"图标，在打开的"计算机"或"网络"窗口的地址栏内输入作业上交的地址，打开作业上交的目标位置。选择刚才创建的个人文件夹，使用"剪切"命令，将个人文件夹移到交作业处。若交作业处已有自己的个人文件夹，则只需移动本次作业文件即可。

拓展训练

1. 在 D 盘自己所属班级的文件夹下（所属班级文件夹已创建，如计 1101 班）创建一个自己的文件夹，以"学号姓名"命名。

2. 在自己的文件夹下创建不同类别的文件的文件夹，如照片、MP3、课堂作业等。

3. 查找计算机上的 MP3 文件，复制其中的三个到自己的 MP3 文件夹下。

4. 设置课堂作业文件夹属性为"只读"。

项目 4　文字录入

　　由于汉字的个数数以万计，电脑键盘不可能为每一个汉字分配一个按键。因此，人们需要替汉字编输入码（检索汉字的代码），用数个键来输入一个汉字。中文输入法的发展过程，是"万码奔腾"的过程，在 30 多年间出现了上千种编码方法。

　　最早的汉字输入法，一般认为是从 20 世纪 70 年代末期或者 20 世纪 80 年代初期有了 PC 后诞生的，虽然更早时有电报码，用 0 ~ 9 十个数字中的四位组合构成一个汉字，便于邮电局发送电报之用，但通常意义上，人们还是认为从 1981 年国家标准局发布《信息交换用汉字编码字符集基本集》GB2312—80 以来，个人计算机上开始使用五笔或者拼音输入汉字才是输入法广为使用的真正开始。在台湾的汉字输入法历史则可追溯至 1976 年由朱邦复发明的仓颉输入法。

　　汉字输入法的发展，一方面是输入法软件功能的改进和完善，另一方面是新型输入法编码的不断涌现。前者主要是针对拼音输入法，后者则出现了"万码奔腾"的局面。早期的输入法软件大都为收费软件，很多企业或个人依靠销售输入法软件营利，而如今收费的输入法已经很少了，绝大多数输入法软件都是免费的产品。

教学目标

- 了解不同种类文字的输入方式。
- 掌握键盘打字的基础知识（键盘分区、打字指法、打字姿势）。
- 熟练掌握一种拼音输入法的使用。
- 了解五笔字型输入法的使用。

项目实施

任务 1　了解输入法

任务目标

- 了解输入法的分类以及各种输入法的特征。
- 了解键盘输入法，并学会使用盲打录入。

任务描述

输入法是指为了将各种符号输入计算机或其他设备（如手机）而采用的编码方法。汉字输入的编码方法，基本上都是采用将音、形、义与特定的键相联系，再根据不同汉字进行组合来完成汉字的输入的。学好输入法是学习其他计算机知识的基础。

知识链接

1. 汉字输入技术的分类

文字输入的方法主要分为非键盘输入法和键盘输入法两大类，非键盘输入法又包括手写识别输入、语音识别输入和光学字符识别输入三类。

1）非键盘输入法

非键盘输入法是相对于传统的键盘输入法而言的，即不使用键盘而通过其他途径，旨在突破传统编码技术，省去了练习的过程，让用户能更简易、便捷地输入文字。非键盘输入方式主要有手写输入、语音识别输入和光学字符识别输入三类。它们的特点是使用简单，但都需要特殊设备，有的技术目前尚不完全成熟，稳定性和准确率稍差。

（1）手写输入。

手写输入又称笔输入或者是手写识别输入，手写输入系统一般由硬件和软件两部分构成。硬件部分可分为书写笔和书写板两部分，软件部分是汉字识别系统。用户利用专用的笔在特定的书写平面（一般是与计算机相连的书写板）上写字，利用压敏电磁感应原理，将笔在书写板上运动轨迹的坐标输入计算机，计算机运行识别软件，分析笔画特征，与事先存储好的大量汉字特征信息相比较，将汉字图形转变成汉字的标准代码，以此完成计算机的汉字录入过程。

近几年来，手写识别技术也得到了很好的发展。如紫光产品 4050A，采用了具有 512 级压感的无线笔，可以作为文字录入、平面设计等的工具。其紫光笔识别软件 V3.0 提供了学习功能，对于用户的书写习惯可以进行记忆，对于连笔字也能识别。紫光笔还提供了简体、繁体、简繁混合和英文的录入设置，识别效果都不错。中国科学院推出的汉王笔系统，集成了手写输入、语音合成、事务通、手记 Email、网上笔谈等软件，使用户可方便地构筑一个互联网上的手写办公环境。而台湾蒙恬科技股份有限公司出品的百变小蒙恬 V3.5，则是一套操作简便、易学易用的中文输入入门工具，具有单字输入、左右连续输入、全屏连续书写三种书写方式，经过多次测试，都达到了 95% 以上的识别正确率。

（2）语音识别输入。

计算机语音识别，简单地说就是让计算机能接收并听懂人的声音。语音识别系统的主要功能一般包括接收麦克风的语音输入、提取有用信息、通过声音模型及相应的语言模型识别等模块。利用联机的话筒作为输入设备，使用高性能的语音识别核心软件，对语音进行识别并将其转换为文本文字，从而达到输入汉字的功能。

语音识别技术已广泛应用于许多方面，例如产品设计、语音拨号、企业管理、工业控制以及多媒体教学等很多领域。目前常用的语音识别系统主要有 IBM ViaVoice 和汉王语音系统。1998 年，IBM 公司在我国推出的汉语 ViaVoice 是一个针对汉语普通话的高性能语音识别系统，ViaVoice 听写机系统具有 IBM 语音板（语音字处理器）、口音适应程序、IBM ViaVoice 属性设置、词汇表管理器及麦克风设置向导程序等主要功能。汉王语音听写输入系统是中国科学院自动化所最新推出的汉字语音识别系统。它是国家 863 计划科研成果，是汉王笔与 IBM 的汉字语音识别核心 IBM ViaVoice 的完美结合。该系统还配带一套手写输入设备（一套手写板和手写笔），当听写中个别字有错误时，可使用它进行修改。汉王在 ViaVoice 的基础上，融合了学习功能，可让机器在发音不准的情况下读懂人所说的话。从识别效果来看，该软件对普通新闻稿的识别率较高（测试达 97%），对某些专业性强或者文学性强（如诗歌、散文）的文章识别率较差。

（3）光学字符识别（OCR）输入。

OCR（Optical Character Recognition，光学符号识别），利用扫描仪作为输入设备，将文稿扫描成图像，然后再通过专用的光学字符识别系统，将图像中的文本进行识别，转换成文本文字，以达到汉字输入的目的。OCR 技术解决的是手写或印刷品重新输入的问题，它必须配备光电扫描设备。由于是对扫描后的图像文件进行识别处理，所以称为脱机汉字识别系统。

由上述描述可以看出，OCR 技术的核心同手写识别技术一样，也是汉字识别问题。通过建立汉字识别特征库，利用特征比较算法、判别算法等，达到让计算机识别汉字的目的。硬件部分方面，目前的光电扫描输入设备有扫描仪、传真机、摄像机等。

目前市场上有很多种类的 OCR 软件，如清华 OCR、尚书办公专家，以及英文的 OmniPage、TextBridge 等。它们都可以识别多种字体的中、英文和多种格式的表格，并且能够进行图文管理。OCR 技术开辟了更为宽广的输入、输出天地。

2）键盘输入法

作为计算机的主要输入设备，键盘一般通过电缆与主机相连，目前无线键盘的使用也逐渐流行。键盘输入技术仍然是当前主流的汉字输入技术。键盘输入法又称编码输入，是利用键盘向计算机输入文字的一种方法。目前大部分计算机都用 101 键、104 键或 107 键分离式键盘。

由于计算机现有的输入键盘与英文打字机键盘完全兼容，因而如何输入非拉丁字母的文字（包括汉字）便成了多年来人们研究的课题。为了向计算机中输入汉字，必须把汉字拆分成更小的单元，并将这些单元与键盘上的键产生某种联系，才能够通过键盘按照某种规律输入汉字，这就是汉字编码。汉字信息处理系统一般包括编码、输入、存储、编辑、输出和传输。编码是关键，不解决这个问题，汉字就不能进入计算机。

汉字编码的困难主要有三点，一是数量庞大，随着社会的发展，新字不断出现，老字没有淘汰，汉字总数不断增多。一般认为，现在汉字总数已超过 6 万个。虽有研究者主张规定 3000 ~ 4000 字作为当代通用汉字，但仍比处理由二三十个字母组成的拼音文字要困难得多。二是字形复杂，有古体、今体，繁体、简体，正体、异体，而且笔画相差悬殊，少的 1 笔，多的达 36 笔，简化后平均为 9.8 笔。三是存在大量一音多字和一字多音的现象，汉语音节有 416 个，分声调后为 1295 个（根据《现代汉语词典》统计，39 个轻声未计）。以 1 万个汉字计算，每个不带调的音节平均超过 24 个汉字，每个带调音节平均超过 7.7 个汉字，有的同音、同调字多达 66 个。

目前，汉字输入的编码方案已经有数百种，其中已经在计算机上运行的就有几十种。作为一种图形文字，汉字可由字的音、形来表达。汉字输入的编码方法，基本上都是采用将汉字的音或形与特定的键相联系，再根据不同的键进行组合的方法来完成汉字的输入。

这里所说的编码又叫输入码，是用来将汉字输入到计算机中的一组键盘符号。目前常用的输入码有拼音码、五笔字型码、自然码、表形码、认知码、区位码和电报码等，一种好的编码应有编码规则简单、易学好记、操作方便、重码率低、输入速度快等优点，每个人可根据自己的需要进行选择。

2. 键盘操作的基本方法

1）认识键盘

要使用好计算机，必须清楚计算机键盘上各个键的作用，以便熟练地掌握好键盘上各个键的使用方法。整个键盘分为5个小区，上面一行是功能键区和状态指示区，下面的五行是主键盘区、编辑键区和辅助键区，如图4-1所示。

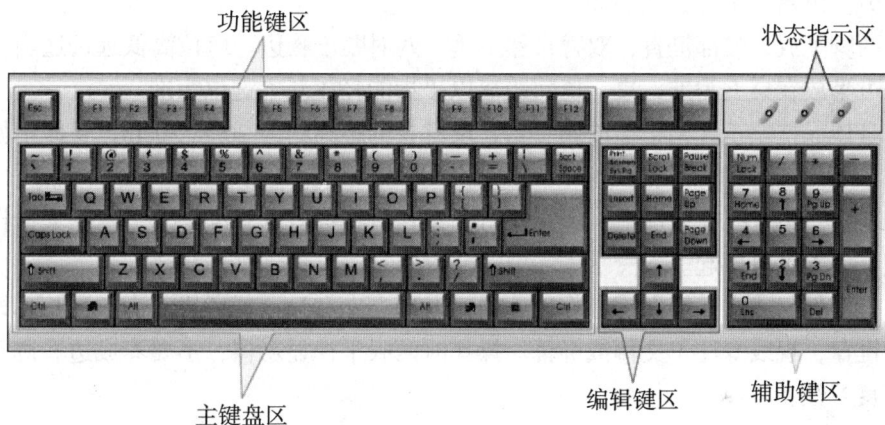

图4-1 计算机键盘

对打字来说，最主要的是熟悉主键盘区各个键的用处。主键盘区除包括26个英文字母、10个阿拉伯数字、一些特殊符号外，还附加一些功能键，分别介绍如下。

- Back Space：后退键，删除光标前一个字符。
- Enter：换行键，将光标移至下一行首。
- Shift：上档键，与数字键同时按下，输入数字键上面的符号；字母大小写临时转换键，与字母键同时按下，若这时Caps Lock未锁定，则输入大写字母，否则，输入小写字母。
- Ctrl、Alt：控制键，必须与其他键一起使用。
- Caps Lock：字母大写锁定键，将英文字母锁定为大写状态。
- Tab：跳格键，将光标右移到下一个跳格位置。
- 空格键：输入一个空格。
- 功能键区F1到F12的功能根据具体的操作系统或应用程序而定。
- 编辑键区中包括插入字符键Ins，删除当前光标位置的字符键Del，将光标移至行首的Home键和将光标移至行尾的End键，向上翻页的Page Up键和向下翻页的Page Down

键以及上、下、左、右箭头。

● 辅助键区（小键盘区）有 9 个数字键，可用于数字的连续输入，用于大量输入数字的情况，如在会计数字的输入方面。另外，五笔字型中的五笔画输入也常用小键盘。当使用小键盘输入数字时应按下 Num Lock，此时对应的指示灯亮。

2）打字的坐势

一个人键盘操作能力的强弱可用两个指标来衡量，一个是速度，另一个是正确率。实践证明，盲打法是键盘操作最好的方法。所谓盲打，是指打字时双目不看键盘，视线专注于文稿或屏幕。要掌握盲打法，既要有正确的姿势，还要有正确的指法，再加上严格的、持之以恒的指法训练。

打字首先要注意打字姿势。正确的姿势不仅有利于提高打字速度和正确率，而且也有利于身体健康。尤其是初学者，一开始就应该养成正确的姿势，否则不良的打字习惯一旦养成就很难改掉。打字之前一定要端正坐姿。如果坐姿不正确，不但会影响打字速度，而且还会很容易疲劳、出错。正确的坐姿如下。

（1）两脚平放，腰部挺直，双臂自然下垂，两肘贴于腋边。座位高低远近适当，椅子高度以双手可平放在桌上为准，桌、椅间距离以手指能轻放基本键位为准。

（2）身体保持端正并稍稍往前倾一点，离键盘的距离约为 20 ~ 30cm，身体稍偏于键盘右方。

手腕平直，不要压在键盘上，手指略弯曲，轻放在各自的基准键上，两手大拇指轻放在空格键上，手腕不可拱起。

（3）打字教材或文稿放在键盘左边，或用专用夹夹在显示器旁边。力求盲打，即打字时双目不看键盘，视线专注于文稿或屏幕。操作时两眼平视显示器，不要养成边看键盘边看显示器的不良习惯。

（4）打字时眼观文稿，身体不要跟着倾斜。

（5）手指稍斜垂直放在键盘上，击键的力度来自手腕，尤其是用小指击键时，仅用手指的力量会影响击键的速度。

3）打字的指法

正确的指法是提高速度的关键，掌握正确的指法，养成良好的习惯，才会有事半功倍的效果。十指分工明确，各手指准确定位，对于打字的速度和正确率至关重要。

正确指法的要求如下。

（1）输入文字时首先要找到基准键位，基准键位是指位于键盘第三排上的 A、S、D、F、J、K、L、；8 个键。基准键与手指分工如图 4-2 所示，大拇指轻置于空格键。

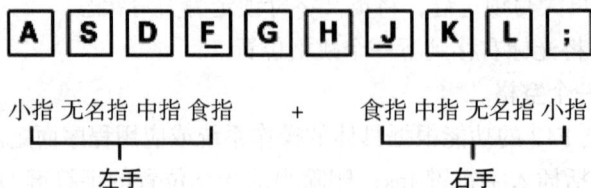

图 4-2 基准键的分配

（2）以基准键为中心，十指分工，包键到指，分工明确，如图4-3所示。每个手指除了指定的基本键外，还分工有其他字键，称为它的范围键。平时手指稍弯曲拱起，指尖后的第一关节微成弧形，轻放在键位中央。手腕悬起，不要压在键盘上，但手腕不要抬起太高，只要离开桌面即可。

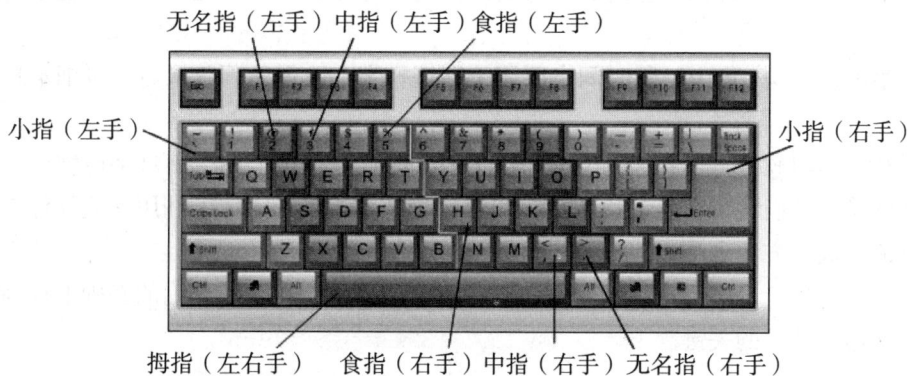

图4-3　十指分工图

（3）应轻"击"键而不是"按"键。击键要短促、轻快、有弹性。用手指击键，不要用指尖或把手指伸直击键。应是突发击键（轻而迅速地击键，有一点点瞬间发力），而不是缓慢按键，击完它迅速返回原位。

（4）无论哪一个手指击键，该手的其他手指也要一起提起上下活动，而另一只手则放在基本键上，不要在小指击键时，食指上翘。

（5）用拇指侧面击空格键，右手小指击回车键。食指击键注意键位角度，小指击键力量保持均匀，数字键采用跳跃式击键。

（6）击键力度适当，节奏均匀。击键不能时快时慢、时轻时重，应力度适当、快慢均匀，听起来有节奏感。开始练习时切忌求快，宁可慢而有节奏。

（7）击键时坚持采用触觉输入法（又称盲打），即两眼看屏幕，不看键盘，同时两手击键的操作方法。

如果需要成批输入数字，可通过小键盘输入。具体方法是以小键盘上4、5、6键为基准键，分别由右手的食指、中指、无名指分管。其余各键采用分工合作的方式分别由各手指负责，食指负责7和1键，中指负责8、2和/键，无名指负责9、3、*和小数点键，小指负责－、＋和Enter键，大拇指负责0键。通过手指的上下移动实现各数码的输入。在输入过程中，应尽量使手指回到基本键位（4、5、6键）上。

4）训练方法

英文打字虽不必学习编码，词语可在键盘上打出，但也需指法熟练，才能提高速度。而一般汉字则不能在键盘上直接打出，需先输入编码才能得到，还有重码选择、词语输入等问题，操作时思维跳跃、紧张，有些难度。因此，既要熟练地掌握键盘击键技术，又必须了解汉字编码方法，才能快速输入汉字。

打字是一种技术，只能通过大量的打字实践才能熟练掌握。对于中、英文打字，主要训练敏捷、准确的即时编码能力。实践证明，下述方法是行之有效的。

（1）步进式练习：先练习基本键位的 S、D、F、J、K、L，做一批练习；再加入 A 做一批练习；然后加入 E、I；食指上、中、下三排的练习；中指上、中、下三排的练习……直到小指上、中、下三排的练习等。

（2）重复式练习：选择一些短文，每篇短文反复练习 20 ~ 30 遍，并观察记录自己所用的时间。

（3）集中训练法：集中一段时间主要用于训练打字，取得显著效果后，再细水长流地经常练习。

（4）利用学习软件练习：目前市场上指法练习的软件很多，如金山打字通软件、中英文打字通软件等，它们各具特色，集课文、练习、测试和游戏于一体，利用这些软件进行指法训练，是最有效的方法之一。

总之，坚持盲打、坚持正确的坐姿、坚持正确的指法，在力求准确的基础上提高打字速度是中英文输入技术的关键。

任务 2　拼音输入法

任务目标

- 学会输入法的安装与设置。
- 通过搜狗输入法练习输入法的安装与设置。

任务描述

一般情况下，Windows 操作系统都自带有几种输入法，例如，微软拼音输入法、智能 ABC 输入法、全拼输入法等。用户可根据个人的使用习惯安装或删除输入法，并对输入法进行设置。接下来将通过搜狗输入法来学习输入法的安装与设置。

知识链接

1. 输入法的安装与设置

通过 Windows 的控制面板可以实现该功能，具体操作为选择"开始"菜单→"设置"→"控制面板"→"输入法"，之后可以看到输入法属性窗口。通过其上的添加、删除按钮，可删除列表中已有的输入法，同时还可以装入新的输入法。通过属性按钮可对各个输入法进行详细的设定。

对于输入法有如下几个热键。

（1）输入法的切换：Ctrl+Shift 键，在已安装的输入法之间进行切换。

（2）打开 / 关闭输入法：Ctrl+Space 键，实现英文输入法和中文输入法的切换。

（3）全角 / 半角切换：Shift+Space 键，进行全角和半角的切换。

2. 搜狗输入法

1）搜狗输入法的下载与安装

在浏览器地址栏中输入"http://pinyin.sogou.com/"，打开搜狗输入法的首页，如图 4-4 所示。

图 4-4 搜狗输入法官网首页

在本网页中可以下载最新版本的搜狗输入法。双击下载的文件，跟随安装向导就可以很轻松地完成安装，如图 4-5 所示。

图 4-5 搜狗拼音输入法 6.7 安装

单击任务栏中的语言栏选项选中搜狗输入法，或者是将鼠标移到要输入的地方单击，使系统进入输入状态，然后按"Ctrl+Shift键"切换到搜狗拼音输入法即可。此时会弹出一个如图 4-6 所示的输入状态栏。

图 4-6　搜狗输入法状态栏

搜狗输入法的状态栏图标依次是中英文切换、中英文标点切换、全半角切换、简繁体切换、软键盘。

2）搜狗输入法的文字输入

（1）全拼输入。

全拼输入是拼音输入法的标准输入方法之一，按汉语拼音的拼写过程把字母逐个输入即可，其中，用字母 v 来代替拼音字母 ü。如果输入的词语容易造成连拼，用 ' 隔开即可，如饥饿（ji'e），西安（xi'an）等。

在输入的过程中，可以使用编辑键进行取消、删除、插入等操作，编辑键功能如表 4-1 所示。

表 4-1　编辑键功能表

键　　位	功　　能
→键	右移光标
←键	左移光标
↑键	光标移动到输入字符串头
↓键	光标移动到输入字符串尾
Backspace 键	删除前一个字符
Delete 键	删除后一个字符
Esc 键	取消全部输入内容

例如，"渭南职业技术学院"的全拼为"weinanzhiyejishuxueyuan"，"西安是一个美丽的城市"的全拼为"xi'anshiyigemeilidechengshi"。

（2）简拼输入。

简拼输入在输入的过程中只需输入字的声母，也就是取各个音节的第一个字母，对于包含 zh、ch、sh 的音节，也可以取前两个字母。许多高频字只用按一个字母键和一个空格键就可以输入了，这就大大提高了输入速度。

例如，汉字　　　　　全拼　　　　　　　　简拼
　　　　计算机　　　jisuanji　　　　　　　jsj
　　　　中华　　　　zhonghua　　　　　　zhh
　　　　长城　　　　changcheng　　　　　cc、cch、chc、chch

熟悉简码字可以提高输入汉字的速度，按一个字母键输入的汉字简码如表 4-2 所示。

表4-2　简码表

汉字	啊	不	才	的	饿	发	个	和	一
简码	a	b	c	d	e	f	g	h	i
汉字	就	可	了	没	年	哦	批	去	日
简码	j	k	l	m	n	o	p	q	r
汉字	是	他	我	小	有	在	这	出	上
简码	s	t	w	x	y	z	zh	ch	sh

（3）双拼输入。

右击输入状态栏，或者利用热键 Ctrl+Shift+M，在弹出的菜单中选择"设置属性"命令，在特殊习惯栏中，选中"双拼"，就转换成了双拼输入模式，如图4-7所示。单击"双拼方案设置"按钮，可以对双拼方案进行设置，如图4-8所示。

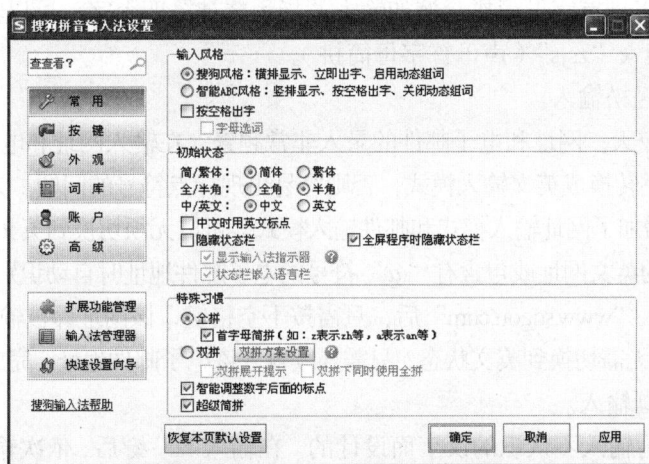

图4-7　搜狗拼音输入法设置窗口

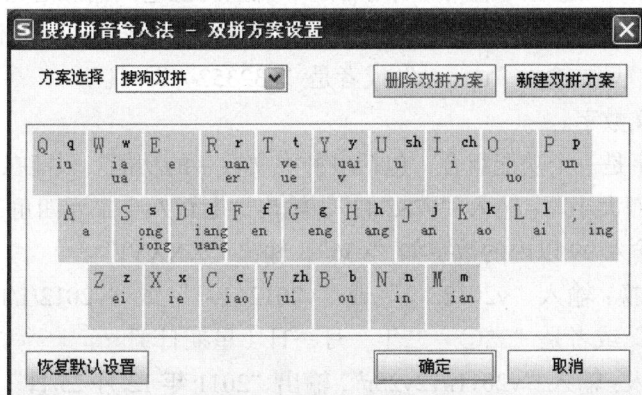

图4-8　双拼方案设置对话框

（4）中文标点符号的按键。

标点符号是文章不可缺少的组成部分，由于中文标点符号和键盘上的符号并非一一对应关系，所以个别的标点符号需要注意，如表 4-3 所示。

表 4-3 中文标点符号定义表

名　　称	中文标点符号	按　　键	名　　称	中文标点符号	按　　键
逗号	，	，	句号	。	.
顿号	、	\	分号	；	；
冒号	：	Shift+;	问号	？	Shift+/
叹号	！	Shift+1	破折号	——	Shift+-
左括号	（	Shift+9	右括号	）	Shift+0
左书名号	《	Shift+,	右书名号	》	Shift+.
左右引号	""	Shift+'	省略号	……	Shift+6

搜狗输入法支持全拼、简拼、混拼等多种输入方式，并且就简拼而言不但支持传统上的声母简拼，还支持声母首字母简拼，例如输入"指示精神"四个字，可以输入"zhshjs"（声母简拼），还可以输入"zsjs"（声母首字母简拼）。

（5）网址邮件轻松输入。

在网络普及的今天，网址和电子邮件的录入非常频繁，在输入网址和电子邮件的时候，需要先把中文输入模式转换成英文输入模式，否则容易出现标点符号的问题。为了解决这个问题，搜狗拼音输入法中增加了网址输入模式和邮件输入模式，可以无须切换到英文状态，就可以在输入以"www"开头的英文网址或包含有"@"符号的电子邮件地址时自动识别并输入。例如，用户在中文状态下输入"www.sogou.com"后，只需按下空格键，该网址即被输入。同样，想输入"test@sohu.com"，也无须切换到英文状态，只需连续输入该电子邮件地址，完成后按空格键即可。

（6）U 模式笔画输入。

U 模式是专门为输入不认识的汉字而设计的。在输入"u"键后，依次输入一个字的笔顺，笔顺规则为"h 横、s 竖、p 撇、n 捺、z 折"，就可以得到该字，小键盘上的 1、2、3、4、5 也代表 h、s、p、n、z。这里的笔顺规则与普通手机上的五笔画输入是完全一样的。其中点也可以用"d"来输入。需要注意的是，竖心旁的笔顺是点点竖（nns），而不是竖点点。例如，要想输入"你"字，只要输入"upspzs"或者是"u32352"即可。

（7）V 模式中文数字。

V 模式中文数字是一个功能组合，包括多种中文数字的功能。只能在全拼状态下使用。

● 中文数字金额大小写：输入"v782.43"，输出"七百八十二元四角三分"。

● 罗马数字：输入 99 以内的数字如"v36"，输出"XXXVI"。

● 年份自动转换：输入"v2012.1.1"或"v2012-1-1"或"v2012/1/1"，输出"2012 年 1 月 1 日（星期日）"或者是"二〇一二年一月一日（星期日）"。

● 年份快捷输入：输入"v2011n12y25r"，输出"2011 年 12 月 25 日"或者是"二〇一一年十二月二十五日"。

（8）插入当前日期和时间。

插入当前日期和时间的功能可以方便地输入当前的系统日期、时间、星期。

● 输入"rq"（日期的首字母），输出系统日期"2011 年 12 月 10 日"。

- 输入"sj"（时间的首字母），输出系统时间"2011 年 12 月 10 日 13:27:16"。
- 输入"xq"（星期的首字母），输出系统星期"2011 年 12 月 10 日　星期六"。
- 自定义短语中的内置时间函数的格式请见自定义短语默认配置中的说明。

（9）笔画筛选。

笔画筛选是指输入单字时，用笔顺来快速定位该字。可用于单字或生僻字的输入，特别适用于无法使用以词定字的场合。笔画筛选使用方法是输入一个字或多个字后，按下 Tab 键，然后用"h 横、s 竖、p 撇、n 捺、z 折"依次输入第一个字的笔顺，一直到找到该字为止，五个笔顺的规则同上面的笔画输入的规则。要退出笔画筛选模式，只需删掉已经输入的笔画辅助码即可。

例如，快速定位"珍"字，输入了"zhen"后再按下 Tab 键，然后用"珍"的前两笔"hh"，就可定位该字。

（10）拆字辅助码。

拆字辅助码可以快速地定位到一个单字，例如想输入一个汉字"娴"，但是在候选项中非常靠后，那么先输入"xian"，然后按下 Tab 键，再输入"娴"的两部分"女"和"闲"的首字母"nx"，"娴"字就在候选项中的第一个了，输入的顺序为"xian+Tab+nx"。独体字不能被拆成两部分，所以独体字没有拆字辅助码，此时可以用笔画筛选的方式替代。

（11）中英文转换和简繁体转换。

搜狗输入法支持中英文转换和繁简体转换，可以通过输入状态栏中的相关图标转换。

中英文转换还可以使用 Shift 键切换，此外搜狗输入法也支持回车输入英文和 V 模式输入英文。在输入较短的英文时使用能省去切换到英文状态下的麻烦。回车输入英文是指输入英文，直接敲回车即可。而 V 模式输入英文是先输入"v"，然后再输入要输入的英文，可以包含"@、+、*、/、–"等符号，然后敲空格即可。

（12）输入多国语言和特殊符号。

单击搜狗输入状态栏中的软键盘图标，弹出的菜单中有"特殊符号 Ctrl+Shift+Z"和"软键盘 Ctrl+Shift+K"两个选项。选择软键盘选项可打开一个传统意义上的软键盘，可以代替键盘实现文字输入，而选中特殊符号选项会弹出如图 4-9 所示的对话框。通过左侧的 5 个按钮，可以打开不同的符号面板，实现多国语言和不同类型的特殊符号的输入。

图 4-9　搜狗输入法特殊符号

3）搜狗输入法的功能设置

众所周知，搜狗拼音输入法是现在用户最多、最流行的拼音输入法之一，它拥有最新、最全的词库、炫目多姿的皮肤主题、方便快捷的一键搜索等功能，为广大网友带来了流畅、多彩的输入体验，而它还有很多看似不起眼的实用功能，吸引了各行各业、各个年龄段的用户。

（1）搜狗输入法的常用设置。

在搜狗默认风格下，将使用候选项横式显示、输入拼音直接转换（无空格）、启用动态组词、使用翻页，候选项个数为5个。动态组词指的是当系统中没有某个词时，输入法会自动组词，例如，词库里面没有"经济社会"这个词语，当你输入"jingjishehui"时，输入法会自动用"经济"和"社会"组合。使用自动组词能够大大减少选词次数，推荐使用。单击输入状态栏的菜单图标，在弹出的输入法设置窗口中选择左侧的"常用"选项卡，如图4-7所示。

（2）搜狗输入法的按键设置。

在输入法设置窗口左侧选中"按键"选项卡，如图4-10所示。在本选项卡中可以设置中英文切换快捷键，翻页快捷键还有一系列的快捷键组。

搜狗拼音输入法默认的翻页键是"逗号（，）句号（。）"，输入拼音后，按句号（。）进行向下翻页选字，相当于PageDown键，找到所选的字后，按其相对应的数字键即可输入。推荐使用这两个键翻页，因为用"逗号""句号"时手不用移开键盘主操作区，效率最高，也不容易出错。输入法默认的翻页键还有"减号（－）等号（＝）"，"左右方括号（[]）"。

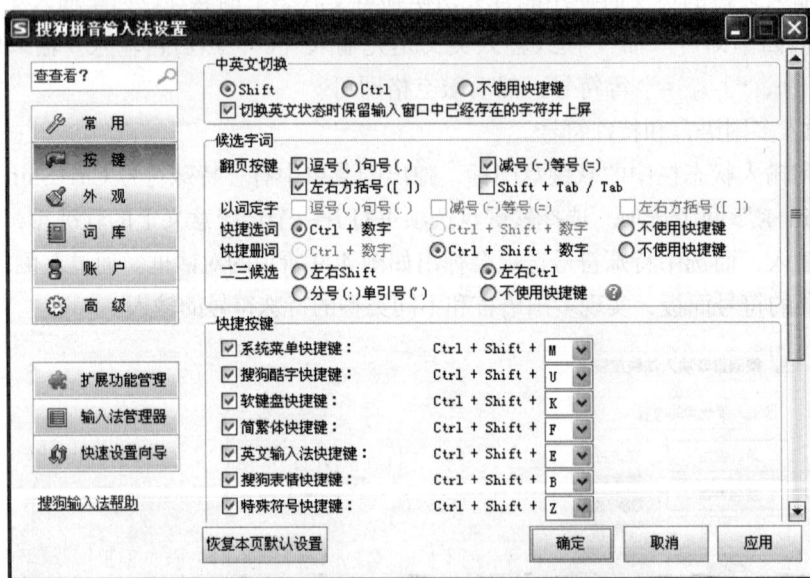

图4-10　"搜狗拼音输入法设置"窗口"按键"选项卡

（3）搜狗输入法外观设置。

单击输入状态栏的菜单图标，在弹出的输入法设置窗口中选择左侧的"外观"选项卡，如图4-11所示。在本选项卡中可以设置候选窗口的显示方式，候选项数，使用皮肤，设置候选项的字体、文字颜色和大小。

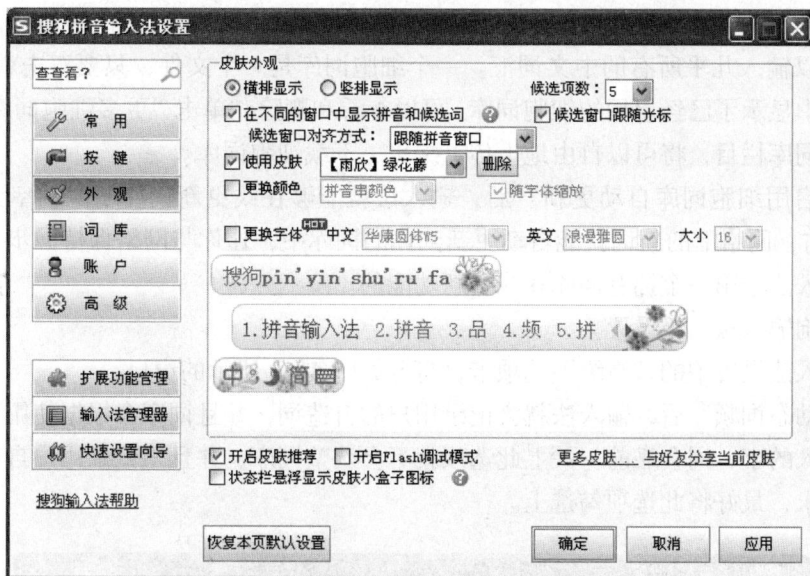

图4-11 "搜狗拼音输入法设置"窗口"外观"选项卡

（4）搜狗输入法词库设置。

单击输入状态栏的菜单图标，在弹出的输入法设置窗口中选择左侧的"词库"选项卡，如图4-12所示。在工作的时候，往往需要输入专业的词汇，如果用一个有专业词库功能的输入法，会更省时省力。专业词库除了一些专业名词，例如金融、制造业、化工、畜牧业，还包括一些游戏、诗词等其他专属内容的词库，这些词库被多个领域的用户所使用。

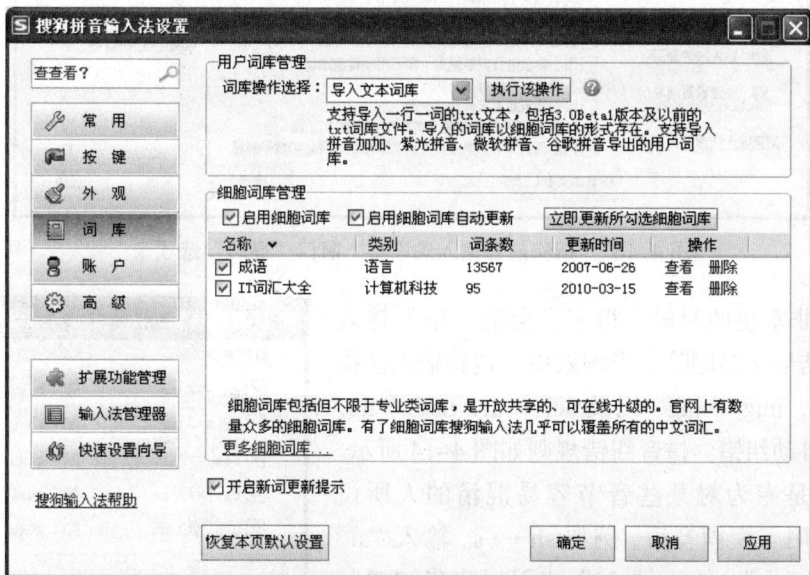

图4-12 "搜狗拼音输入法设置"窗口"词库"选项卡

细胞词库是搜狗首创的、开放共享、可在线升级的细分化词库的功能名称。细胞词库是专业词库的超集，包括但不限于专业类词库。它为不同领域词汇使用者提供了分门别类的词语集合，具有数量多、分类明晰、自由添加等特点。用户通过选择添加和自己相关的细胞词库可以输入几乎所有的中文词汇。一个细胞词库是一个文件，只要双击就可以安装。在本选项卡中显示了已经启用的细胞词库，可以查看和删除。单击"更多细胞词库"超链接，即开通细胞词库栏目，将可以自由地上传、编辑、下载细胞词库。

选中"启用细胞词库自动更新"后，输入法就能够在线更新词库了。频率大概在一周1～2次左右，网络上的新词就能自动更新到你的词库中，让你与网络保持同步。搜狗输入法是所有输入法中第一个拥有词库在线更新功能的。

（5）搜狗输入法高级设置。

选中输入法设置中的"高级"选项卡，打开如图4-13所示的窗口。

开启"动态词频"后，输入法就会记录用户的自造词，并且词序会根据使用情况进行变动，经常输入的字、词会靠前。关上此选项就不会调整词序，并且不记录用户自造词。如果没有特殊要求，最好将此选项勾选上。

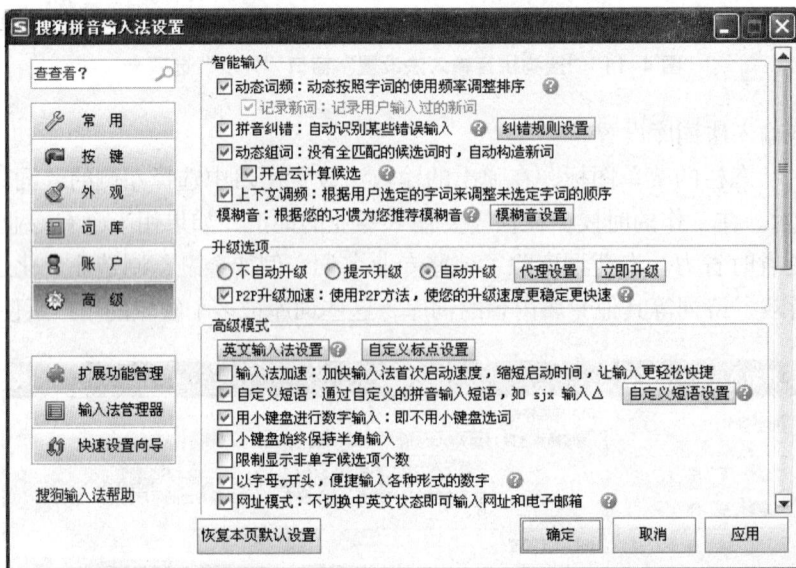

图4-13 "搜狗拼音输入法设置"窗口"高级"选项卡

当输入非常快的时候，很多人会把"ing"输入成"ign"，结果又要删除，影响效率，搜狗输入法提供 ign → ing，img → ing，以及 uei → ui，uen → un，iou → iu 的自动纠错。拼音纠错规则如图4-14所示。

模糊音是专为对某些音节容易混淆的人所设计的。当启用了模糊音后，例如 sh ↔ s，输入"si"也可以出来"十"，输入"shi"也可以出来"四"。搜狗支持的模糊音如图4-15所示。很多人普通话说得不标准，方言特别重，而使用拼音输入法时，由于直接通过拼音来完成输入，方言对输入的影

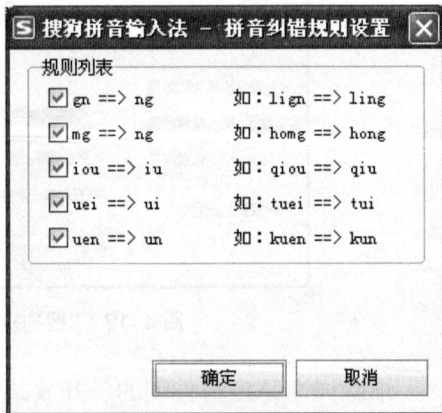

图4-14 拼音纠错规则

响较大。搜狗拼音输入法推出智能模糊音功能，当用户输入一些可能含有方言的词组时，它会自动在候选词框中显示出与该拼音接近的方言词组。例如，输入"光荣"时可能会输入"guanglong"，这时，在候选词框右上角就会看到"光荣"二字，选择后，以后再输入"guanglong"时就会自动出现"光荣"了，也可以添加自定义的模糊音。

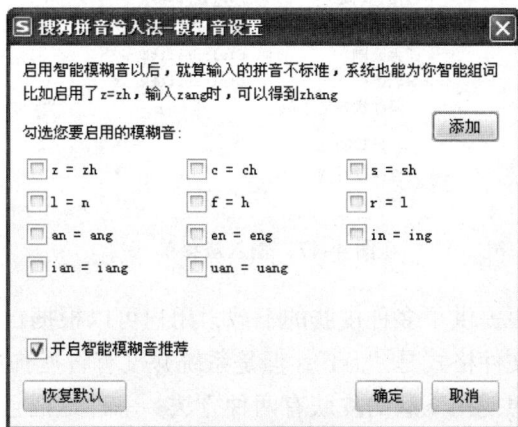

图 4-15　模糊音设置

自定义短语可以方便用户自定义一些自己特有的输入习惯，可以使用一些符号和单词代替一些长短语，如图 4-16 所示。

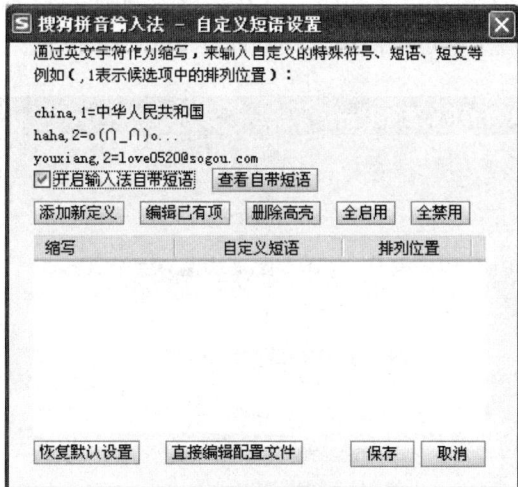

图 4-16　自定义短语设置

（6）搜狗输入法皮肤设置。

强大的皮肤功能一直是搜狗输入法深受用户喜爱的特色之一，搜狗输入法皮肤已经从静态演变成为动态，从动画皮肤进化成 Flash 皮肤。Flash 皮肤可以与服务器端进行交互，实现输入文字以外的更多炫酷功能。鼠标右键单击输入状态栏，如图 4-17 所示，在弹出的菜单中选择"更换皮肤"，系统中已有的多个皮肤可供选择。

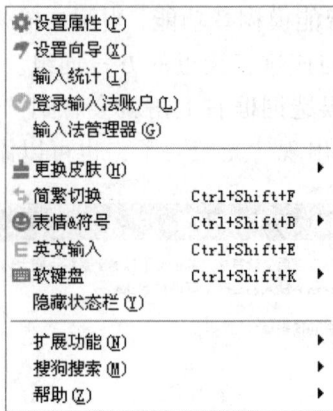

图 4-17　输入法菜单

在搜狗的官方网页中提供了多种皮肤的下载，用户可以根据自己的喜好下载喜欢的皮肤，下载完成的皮肤的文件格式是".ssf"，但是系统并没有将搜狗皮肤文件".ssf"与搜狗皮肤安装程序关联，要想使用下载的皮肤有两种方法。一种是把它放入搜狗输入法的安装路径中的 AllSkin 文件夹中，此时在更换皮肤的选项中就会出现刚放入的皮肤的文件名了。或者是选中下载的 .ssf 格式的文件，打开方式更改为搜狗输入法的安装路径中的"SkinReg.exe"，皮肤一样可以加载成功。

（7）快速设置向导。

搜狗输入法提供了一个快速设置功能，打开菜单项如图 4-17 所示，选择"设置向导"，打开如图 4-18 所示的窗口。它可以使用户跟随向导一步一步设置，方便快捷。

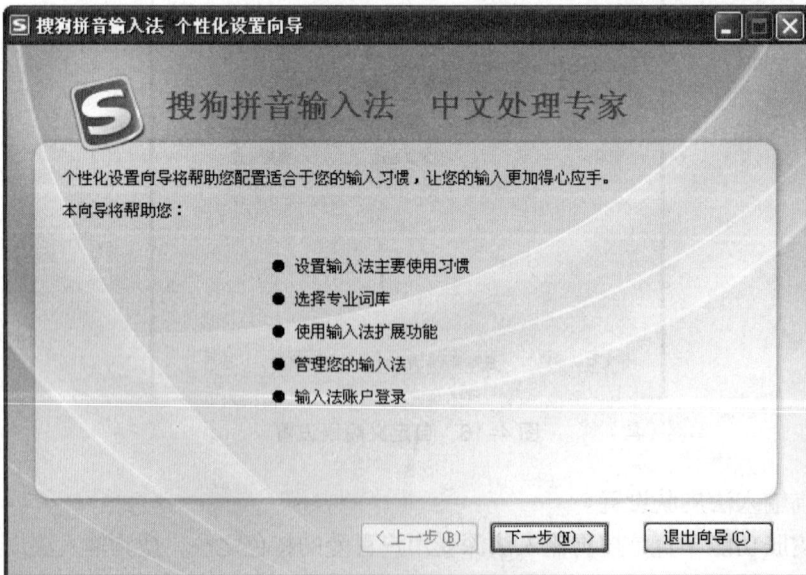

图 4-18　"个性化设置向导"窗口

任务3 五笔字型输入法

任务目标

● 了解五笔字型输入法的原理。
● 熟悉五笔字型输入法拆字方法和口诀。

任务描述

五笔字型输入法（简称五笔）是王永民在1983年8月发明的一种汉字输入法。因为发明人姓王，所以也称为"王码五笔"。五笔字型完全依据笔画和字形特征对汉字进行编码，是典型的形码输入法。五笔是目前中国以及一些东南亚国家如新加坡、马来西亚等国最常用的汉字输入法之一。五笔相比于拼音输入法具有低重码率的特点，熟练后可快速输入汉字。五笔字型自1983年诞生以来，先后推出了三个版本：86五笔、98五笔和新世纪五笔。下面简单介绍五笔字型输入法。

知识链接

1. 五笔字型输入法概述

五笔输入法自1983年诞生以来，共有三代定型版本，第一代的86版、第二代的98版和第三代的新世纪版（新世纪五笔字型输入法），这三种五笔统称为王码五笔。至于WB18030，其核心编码仍是第一代的86版，它是86版的一个"修正版"。目前影响最大、流行最广的是86版五笔编码方案。而新世纪版五笔是最新的王码五笔，新设计的字根体系更加符合分区划位规律，更科学、易记而实用，拆字更加规范，取码输入更得心应手。

三个版本的五笔有很多共同之处，只有少数字根或字根分布不同，但大部分汉字的编码都没有改，编码规则也保持一致，只要记住少数变动的字根，专门挑那些"编码"不同的字练上几天，就可以由原来熟悉的五笔版本过渡到新版五笔。如果是新学五笔字型的人，最好能"一步到位"学习第三代（新世纪版）五笔。

其他五笔如极点五笔、万能五笔、海峰五笔、智能五笔、龙文五笔、QQ五笔、搜狗五笔，是个人或企业所开发的五笔输入法软件，但大部分采用86版五笔编码标准，所以编码规则和文字输入与王码五笔相同。

2. 五笔字型输入法特点

五笔字型输入法的优点显而易见。

（1）打字如写字，轻松不用找。打出一个字的过程与手写极为相似，只打单字就可以达到60～120字/分钟的速度（远比手写轻松、快捷）。基本不用选字，可以让思维专注于要写的文章内容上。

（2）汉字拼积木，语文步步高。如果把字根比作"汉字积木"，用五笔打字就成了类似儿童拼积木一样的游戏。不但对大脑有益，同时对语文汉字教学的意义也十分重大。如"美"，是"丷+王+大"，而不是有些同学写的"丷+四横+人"。"尴"的半包围部分是"尢"，而并非"九"。其实，为了改掉孩子的一个错字习惯而让他抄写 10 遍，还不如用五笔打 10遍的效果好，所用的时间也更短。用五笔打字，相当于请了一位免费的语文老师。

3. 学习五笔字型输入法的步骤

熟悉字根→全面了解编码规律→掌握拆字原则→学会编码→练习巩固。

1）熟悉字根

可以把字根一个也不漏地默写出来，还要清楚字根的分布规律和键盘布局。下面以第三代五笔字型（新世纪版）为例介绍五笔输入法字根如下。

为保持技术的连续性，第三代五笔字型（新世纪版）的 25 个"键名"没有变动。新设计的字根体系更加符合分区划位规律，更加科学、易记而实用，按规范笔顺写汉字的人，取码输入将得心应手。字根键位图如图 4-19 所示，歌诀如下。

第三代五笔字型®（新世纪版）简体字根键位图

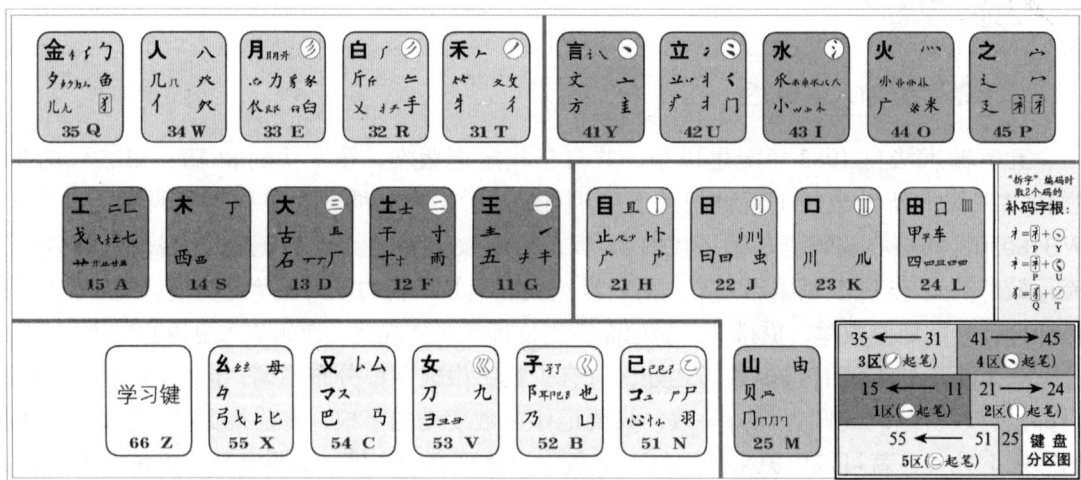

1区：一起笔　　　2区：丨起笔　　　3区：丿起笔　　　4区：丶起笔　　　5区：乙起笔

11 G 王旁青头戋五一	21 H 目止具头卜虎皮	31 T 禾竹牛旁卧人立	41 Y 言文方点在四一	51 N 已类左框心尸羽
12 F 土士二干十寸雨	22 J 日日两竖与虫依	32 R 白斤气头叉手提	42 U 立带两点门前里	52 B 子耳了也乃齿底
13 D 大三肆头古石厂	23 K 口中两川三个竖	33 E 月舟衣力豕豸白	43 I 水边一族三点小	53 V 女刀九臼录无水
14 S 木丁西边要无女	24 L 田甲方框四车里	34 W 人八登祭风头儿	44 O 火变三态广二米	54 C 又巴甫矣马失蹄
15 A 工戈草头右框七	25 M 山由贝骨下框里	35 Q 金夕儿包头鱼	45 P 之字宝盖补示衣	55 X 幺母绞丝弓三匕

声明：以上字根键位图及助记歌，王码公司拥有专利、版权和著作权，未经许可不得为商业目的转载和发行　2008年1月1日。

图 4-19　新世纪版五笔字根键位图

1 区横起笔

11 G　王旁青头兼五一

12 F　土士二干十寸雨

13 D　大三肆头古石厂

14 S　木丁西边要无女

15 A　工戈草头右框七

2 区竖起笔

21 H　目止具头卜虎皮

22 J　日曰两竖与虫依

23 K　口中两川三个竖

24 L　田框四车甲单底

25 M　山由贝骨下框里

3 区撇起笔

31 T　禾竹牛旁双人立

32 R　白斤气头叉手提

33 E　月舟衣力豕豸用

34 W　人八登祭风头几

35 Q　金夕犭儿包头鱼

4 区点起笔

41 Y　言文方广在四一

42 U　立带两点病门里

43 I　水边一族三点小

44 O　火变业头四点米

45 P　之字宝盖补示衣

5 区折起笔

51 N　已类左框心尸羽

52 B　子耳了也子齿底

53 V　女刀九巡录无水

54 C　又巴甬矣马失蹄

55 X　幺母绞丝弓和匕

z　　忘记字根再用

熟悉字根时要注意以下几点。

（1）字根表重在理解，只要知道该字根的存在，不用歌诀也能够记忆该字根的位置。

（2）输入时只有三种选择，即独体字、合体字、词组，简单易懂。

（3）有些难拆的字，就在字根表上，不再拆分，如"身"字。

（4）五笔汉字库收录单字 6757 个，收录词组 53472 条。一级简码 25 个，二级简码 574 个，三级简码 4008 个。重码率单字的重码数 178 个，约占 2.65%；词组的重码数 2440 条，约占 4.05%。最多击键数为 5 键。

（5）五笔分为四级，要用五笔打出一个字或一个词，最多需要四个字母。

- 一级简码：一个字母一个字。五笔定义使用最频繁的二十五个汉字分别是"一地在要工上是中国同和的有人我主产不为这民了发以经"。
- 二级简码：两个字母一个字。
- 三级简码：三个字母一个字。
- 四级：即全码，四个字母一个字。

2）编码规律

（1）单笔画：横、竖、撇、捺、折的打法，这几个笔画的编码方法是固定的，分别如下。『一：GGLL』，『丨：HHLL』，『丿：TTLL』，『丶：YYLL』，『乙：NNLL』

（2）单字口诀如下。

键名不拆打四下（键名：X键除外，每键口诀的第一个字，X键为"纟"）；

成报一二末笔画（成：除键名和单笔画外的键面字根；报：字根所在键按一下）；

一般一二三末根（一般：拆分四码或四码以上的汉字）；

不足才补识别码（不足：拆分不足四码的汉字）。

- 键名字的打法：重复按那个键名字的所在键4下。

例如，"金"字的打法为『QQQQ』。

- 键内字（除键名和单笔画外的键面字根）打法：字根所在键+第一笔画+第二笔画+末笔画。

例如，"早"字的打法为『早J+丨H+乙N+丨H』；"灬"字的打法为『灬O+丶Y+丶Y+丶Y』。

注意，并不是所有的键面字根都可以打出来。

- 一般汉字（按拆分规律拆分四码或四码以上的汉字）的打法：该汉字的第一个字根+第二个字根+第三个字根+最后的字根。

例如，"幕"字的打法为『艹A+日J+大D+丨H=AJDH』。

- 拆分不足四码的汉字打法：该汉字的第一个字根+该汉字的第二个字根+该汉字的第三个字根（没有第三个字根的不取）+识别码。

例如，"云"字的打法为『二F+厶C+识别码U』。

- 识别码：在五笔输入法中用于区分重码字（拆分不足四码的汉字）末笔笔画和字型结构的代码。其作用是减少重码，提高录入速度。识别码具体说明如图4-20所示。

末笔字型识别码表

字型 末笔	左右 1	上下 2	杂合 3
横 1	11（G）	12（F）	13（D）
竖 2	21（H）	22（J）	23（K）
撇 3	31（T）	32（R）	33（E）
捺 4	41（Y）	42（U）	43（I）
折 5	51（N）	52（B）	53（V）

图4-20 末笔字型识别码

（3）关于末笔。

为了使识别码有足够的区分能力，除带有偏旁"辶辶"的杂合结构汉字的末笔是指被包围的部分（仅适用于杂合结构），除此以外末笔是指该汉字最后字根的末笔。

例如，"廻"的末笔是（横）；"辽"的末笔是（竖）；"涟"的末笔是（捺）；"莲"的末笔是（捺）；"载"的末笔是（竖）；"因"的末笔是（捺）。

（4）字型结构（分为三种）。

● 左右结构（包括左中右结构）；

● 上下结构（包括上中下结构）；

● 杂合结构（其余为杂合结构）；

五笔字型结构示意图如图4-21所示。

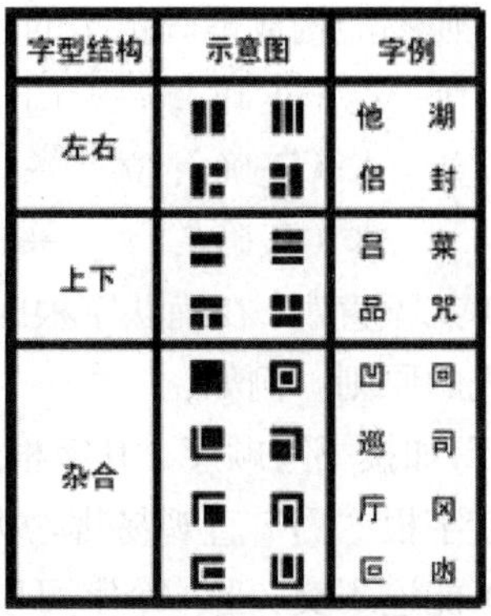

字型口诀如下。

左右型1上下2，交叉独体包围3；

两或三根才需要，单根成字勿劳神！

末笔识别码口诀如下。

末笔是谁在谁区，再看字型代号几；

由此生成区位码，指向哪里是哪里。

（5）词组打法。

图4-21 五笔字型结构示意图

● 两字：每字各取前两字根2+2；

● 三字：前两字取首字根，第三字取第一二字根1+1+2；

● 四字：各取每字的第一字根1+1+1+1；

● 超四字：前三字和末字取首字根1+1+1+末1。

分别解释如下。

两个字的打法：第一个字的第1个字根＋第一个字的第2个字根＋第二个字的第1个字根＋第二个字的第2个字根。

例如，"百科"一词的打法为『百DJ+科TU=DJTU』。

三个字的打法：第一个字的第1个字根＋第二个字的第1个字根＋第三个字的第1个字根＋第三个字的第2个字根。

例如，"龙井茶"一词的打法为『龙D+井F+茶A+人W=DFAW』。

四个字的打法：第一个字的第1个字根＋第二个字的第1个字根＋第三个字的第1个字根＋第四个字的第1个字根。

例如，"春暖花开"一词的打法为『春D+暖J+花A+开G=DJAG』。

超四字词的打法：第一个字的第1个字根＋第二个字的第1个字根＋第三个字的第1个字根＋最后字的第1个字根。

例如，"中华人民共和国"几个字的打法为『中K+华W+人W+国L=KWWL』。

这个多字词只是五笔词库中少数包含的例子，可以这样打的多字词并不多见，多字词的打法也并不实用，如果真的钻起牛角尖来找这样的多字词来打实际上是没什么用的。最常用的是二字词，只要能满足自己的方便需要就可以了。

3）五笔拆分原则

五笔字型的拆分原则是"书写顺序，取大优先，兼顾直观，能连不交，能散不连"。

（1）书写顺序：在合体字编码时，一般要求按照正确的书写顺序进行。例如，

新：立　木　斤（正确，符合规范书写顺序）；立　斤　木（错误，未按书写顺序编写）。

夷：一　弓　人（正确，符合规范书写顺序）；大　弓（错误，未按书写顺序编写）。

（2）取大优先：按照书写顺序为汉字编码时，拆出来的字根要尽可能大，即以"再添一个笔画，便不能构成笔画更多的字根"为限度。例如，

世：廿　乙（正确）；一　凵　乙（错误）。

亲：立　木（正确）；立　一　小（错误）。

沐：氵　木（正确）；氵　一　小（错误）。

（3）兼顾直观：在确认字根时，为了使字根的特征明显易辨，有时就要牺牲书写顺序和取大优先的原则。例如，

"国"如按书写顺序，其字根应是"冂、王、丶、一"，但这样编码不但有违该字的字源，也不能使字根"囗"直观易辨。为了直观，应从外到内取字根"囗、王、丶"。

（4）能连不交：当一个字可以视作相连的几个字根，也可视作相交的几个字根时，我们认为，相连的情况是可取的。例如，

天：一　大（二者是相连的）（正确）；二　人（二者是相交的）（错误）

（5）能散不连：如果一个结构可以视为几个基本字根的散的关系，就不要认为是连的关系。例如，

占：卜　口（都不是单笔画，应视作上下关系）。

非：三　刂　三（都不是单笔画，应视作杂合关系）。

总之，拆分应兼顾几个方面的要求。一般说来，应当保证每次拆出最大的基本字根，在拆出字根的数目相同时，能散不连、能连不交。

综合实训 4

实训目标

- 安装一种打字软件。
- 熟悉各种输入法的优、缺点。
- 掌握一种输入法并利用打字软件练习至熟练运用。

实训过程

1. 练习打字的工具——金山打字通

金山打字通是金山公司推出的系列教育软件，主要由金山打字通和金山打字游戏两部分构成，是一款功能齐全、数据丰富、界面友好、集打字练习和测试于一体的打字软件。金山打字通针对用户水平的不同，定制个性化的练习课程，循序渐进。提供英文、拼音、五笔、

数字符号等多种输入练习，并为收银员、会计、速录等职业提供专业培训。

1）金山打字通的安装

在浏览器地址栏中输入网址"http://typeeasy.dazima.cn/"，即可打开金山打字通的官网首页，如图4-22所示。

图4-22 金山打字通首页

2）认识金山打字通的工作界面

双击下载下来的金山打字通2013sp2正式版，跟随安装向导安装软件，安装完成以后，使用桌面上的快捷方式打开金山打字通2013，界面如图4-23所示。

图4-23 金山打字通2013sp2主界面

金山打字通 2013 的主界面有 8 个按钮，分别对应金山打字通的 8 个主要功能。

（1）新手入门：针对第一次使用打字通的用户，在这里创建用户，便于以后练习和测试。

（2）英文打字：针对初学者掌握键盘而设计的练习模块，它能快速、有效地提高使用者对键位的熟悉程度和打字速度，包含键位练习、单词练习和文章练习三个部分。

（3）拼音打字：由音节练习、词组联系、文章练习三部分组成。它能有效地提高用拼音输入汉字的速度，对于文言和拼音不熟悉的用户，可以根据音节练习进行纠正。

（4）五笔打字：从字根到词组分级练习学习五笔，有编码和拆码两种提示，并对难拆字和常用字分别训练，是短期速成五笔录入的绝佳工具。

（5）打字测试：测试用户的录入速度模块，有屏幕对照、书本对照、同声录入三种形式，每种形式都可检测打字速度，最后以速度曲线直观显示录入速度的变化。

（6）打字教程：简单明了的在线教程，掌握打字的基础知识。

（7）打字游戏：金山打字提供多款打字游戏，供用户在打字练习间隙利用游戏熟悉键盘。

（8）天天上网：提供生活实用信息查询。

2. 选择输入法

1）五笔字型输入法

（1）如搜狗五笔、QQ 五笔、万能五笔、极点五笔等，因为收录词组的不同而不同，收录的词组越多，重码率越大，速度会有所下降。

（2）字根规律性一般，所以记忆量大。

（3）规则较多，如（键名，单笔画，成字字根，合体字，词组，末笔交叉识别码等），所以较难学。

（4）各指标比较均衡，如今使用五笔的较多。但词组较少，是一个缺点，也正因为此，重码率不高。

（5）适合快速输入的人群。

2）拼音输入法

（1）由于国人从小学习拼音，所以应用较广，但各项指标不均衡，缺点不少。

（2）有一些输入法，如搜狗等，增加一些辅助功能，加快了速度，但无法与五笔字型和五笔汉字输入方法相比。

小提示：选择输入法时，除注意上述指标外，还可参考以下几点。

（1）如果想输入速度快，考虑五笔字型输入法。

（2）如果希望功能强，有点"花俏"的话，可选择时下人气较高的外挂输入法，如搜狗五笔、万能五笔。

（3）如果希望稳定、兼容性好、占用内存少的，可选择内置输入法，如极点五笔、王码五笔。

几种输入法的比较见表 4-4，表中数据仅供参考。

表4-4　几种常见输入法的比较

输入法	收录汉字	单字重码	单字重码率	收录词组	总收录	总重码数	重码率	码长	规律性	记忆量	规则	易学性	可盲打	速度
五笔字型(86版王码)	6764	173	2.56%	14284	21048	524	2.56%	4	一般	大	多	不容易	可以	快
拼音输入法	6774	6373	94.08%	28304	35078	25641	26.9%	不定长		较小		容易	不可以	慢
笔画输入法							未知	长	强	极小	少	很容易	理论上可以	慢
区位输入法	6763	0	0	0	6763	0	0	4	无	极大	无	难	可以	极慢

3.选择合适的例文进行训练

练习打字还应注意下面几点。

1）姿势

如果想成为打字高手，一定要练习指法，参考指法中的打字指法说明。

2）建议

（1）开始时，即使可以使用词组输入，也尽量练习单字，这样才会熟练。

（2）当你觉得单字已经练得差不多了，再练词组。

（3）输入时，不要贪快，一定要理解和记忆字根的键盘所在位置。记忆的方法可能有很多种，原则是能让自己记住的方法就是好方法。

（4）再烦、再累都要坚持，最终会有熟练的时候。一旦熟练，成功感会油然而生。

（5）开始时最好使用练习软件，因为它有成绩和分数，练习后有进步，就会有成功感，成为继续下次练习的动力。

（6）每种输入法都要掌握一些，对于五笔输入法打不出来的情况，拼音可作为辅助。

项目 5　Word 2010 文档制作与处理

Microsoft Word 2010 是微软公司推出的一款功能强大的文字处理软件，属于 Microsoft Office 2010 软件中的一个重要组成部分，是目前常用的文字处理软件之一。

教学目标

- 熟练掌握 Word 2010 新建、保存等基本操作。
- 能够在 Word 2010 中完成文本、表格编辑。
- 能够在 Word 2010 中进行图文混排。
- 能够在 Word 2010 中完成公式或函数的录入。
- 能够在 Word 2010 中应用文档样式，进行格式操作。
- 能够在 Word 2010 中使用邮件合并。

项目实施

任务 1　创建学生会纳新通知

任务目标

- 掌握 Word 2010 文档的新建、保存等基本操作。
- 掌握在 Word 2010 中录入和简单编辑文本。
- 掌握在 Word 2010 中设置字体格式。
- 掌握在 Word 2010 中设置段落格式。

任务描述

新学期，我院学生会新旧更替，学生会制定了一套完整的纳新、竞选方案，请刘亮同学使用 Word 2010 制作出来，以供使用。

知识要点

（1）文档的建立。常用的方法是直接启动 Word，自动建立一个名为"文档 1"的 Word 文档。

（2）文本的输入与编辑。编辑文本主要指选定、移动、复制以及查找和替换文本。

（3）文本的格式设置。文本格式设置包括字符格式设置和段落格式设置两种。

（4）符号和日期。符号主要指的是一些无法从键盘上直接输入的特殊符号，有时还需要输入日期和时间。

（5）项目符号和编号。项目符号和编号是放在文本前的点或其他符号，起到强调作用。合理使用项目符号和编号，可以使文档的层次结构更清晰、更有条理。

（6）文本的查找与替换。查找文本是指从指定的文档中根据指定的内容查找到相匹配的文本，而替换文本则是在指定的文档中根据指定的内容查找出相匹配的文本后，用其他文本替换掉原文本。替换文本还可以用设置过格式的文本，替换掉没有设置格式的文本。

任务实施

1. Word 2010 的启动与退出

1）启动 Word 2010

启动 Word 2010 的方法有很多种，常用的启动方法主要有以下三种。

（1）菜单方式。单击"开始"→"程序"→"Microsoft Office"→"Microsoft Word 2010"命令，即可启动 Word 2010。

（2）快捷方式。双击建立在 Windows 桌面上的 Microsoft Office Word 2010 快捷方式图标或快速启动栏中的图标，即可快速启动 Word 2010。

（3）双击任意已经创建好的 Word 文档，在打开该文档的同时，启动 Word 2010 应用程序。

2）退出 Word 2010

常用的退出 Word 2010 的方法有三种。

（1）单击 Word 2010 窗口右上角的"关闭"按钮。

（2）选择"文件"列表中的"退出"命令。

（3）双击 Word 2010 窗口左上角的图标或单击该图标，选择"关闭"命令。

2. 认识 Word 2010 的工作界面

Word 2010 工作界面由标题栏、选项卡标签、快速访问工具栏、功能区、文本编辑区、状态栏、视图方式和显示比例等组成，如图 5-1 所示。

1）标题栏

标题栏位于 Word 窗口最上方，自左至右分别有控制菜单图标、Word 窗口标题及"最小化"、"最大化"（或"还原"）和"关闭"按钮。

2）选项卡标签

选项卡标签位于标题栏的下方，由文件列表和开始、插入、页面布局、引用、邮件、审阅、视图及加载项 8 项标签组成，单击每个选项卡，在功能区将显示其相应的功能。

3）功能区

功能区位于选项卡标签的下方，显示的是当前选项卡标签的内容。当前选项卡标签不同，功能区的内容也随之改变。

4）状态栏

状态栏位于 Word 窗口的最下方，用来显示该文档的基本数据，如"页面:1/1"表示该文档一共有 1 页，当前显示的是第 1 页；"字数"显示文档中的总字数，单击它可打开"字数统计"对话框，将显示更加详尽的统计信息。

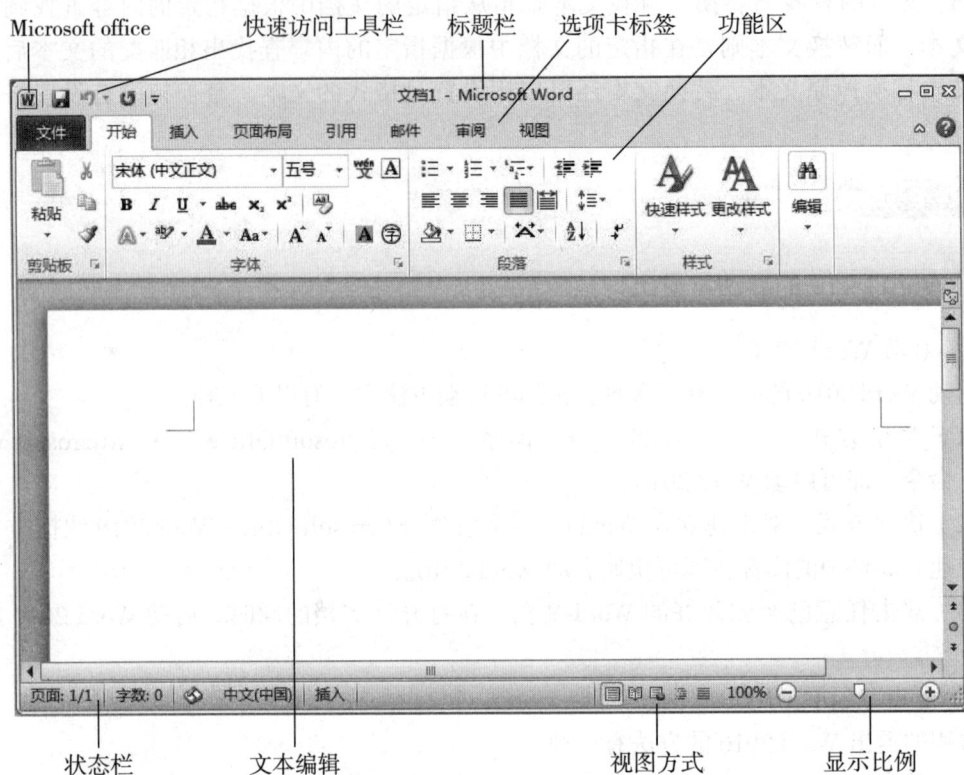

图 5-1　Word 2010 窗口

5）显示比例

Word 有两种调整显示比例的方法。一种是用鼠标拖动位于 Word 窗口右下角的显示比例按钮，向 ⊕ 拖动将放大显示，向 ⊖ 拖动则缩小显示。第二种是选择"视图"中"显示比例"组中的显示比例，进行详细的设置。

3. Word 2010 的文档视图

Word 2010 中提供了多种视图模式供用户选择，它们包括"页面视图""阅读版式视图""Web 版式视图""大纲视图"和"草稿视图"5 种视图模式。用户可以在"视图"选项卡的"文档视图"组中选择需要的文档视图模式，也可以在 Word 2010 文档窗口的右下方单击"视图"按钮选择视图，如图 5-2 所示。

图5-2　视图按钮

1）页面视图

页面视图直接按照用户设置的页面大小进行显示，此时的显示效果与打印效果完全一致，可从中看到各种对象（包括页眉、页脚、水印和图形等）在页面中的实际打印位置。在页面视图中，可进行编辑排版、页眉、页脚、多栏版面的设置，可处理文本框、图文框的外观，并且可对文本、格式以及版面进行编辑修改，也可拖动鼠标来移动文本框及图文框。

2）阅读版式视图

阅读版式视图以图书的分栏样式显示 Word 2010 文档。在该视图下，标题栏、功能区、状态栏都将隐藏起来，文档上面仅出现一个简单的工具条为方便用户阅读时操作，如图5-3所示，此时的文档就像翻开的书一样便于阅读。

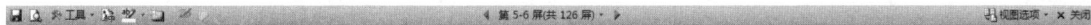

图5-3　阅读工具条

3）Web 版式视图

Web 版式视图以网页的形式显示 Word 2010 文档。Web 版式视图适用于发送电子邮件和创建网页时使用。

4）大纲视图

大纲视图按照文档中标题的层次来显示文档，可以方便地折叠、展开各种层级的文档。在该视图下，还可以通过拖动标题来移动、复制或重新组织正文，方便长文档的快速浏览和修改。

5）草稿视图

草稿视图取消了页面边距、分栏、页眉、页脚和图片等元素，仅显示标题和正文，是最节省计算机系统硬件资源的视图模式。

4. 文档的创建与打开

1）创建新的文档

启动 Word 2010 时，系统将自动建立一个名为"文档1"的新文档，用户可直接使用。如果在使用 Word 的过程中，还需重新创建另外一个或多个新文档，则可以使用下列 4 种方法。

（1）单击"文件"列表中的"新建"命令，如图5-4所示，出现"可用模板"选项组，选择"空白文档"，单击"创建"按钮，即可新建一个空白文档。

图 5-4 "新建"选项卡

（2）按 Ctrl+N 快捷组合键即可创建新的空白文档。

（3）在模板中新建文档。单击"文件"列表中的"新建"命令，如图 5-4 所示，在"可用模板"选项组中选择"样本模板"，从中选择所需的模板，单击"创建"按钮，即可创建新文档。

（4）单击"文件"列表中的"新建"命令，如图 5-4 所示，在"可用模板"选项组中选择"我的模板"，选择"空白文档"，单击"确定"按钮，也可创建新的空白文档。

2）打开已有文档

当用户需要对已经存在的文档进行编辑、修改等操作时，必须先打开该文档。在 Word 2010 中打开已有文档的方法有很多，常用的有三种。

（1）单击"文件"列表中的"打开"命令，在弹出的"打开"对话框中选择查找范围，选中需要打开的文件，单击"打开"按钮，即可打开已有文档，如图 5-5 所示。

图 5-5 "打开"对话框

（2）单击"快速访问工具栏"中的"打开"命令，同样会弹出"打开"对话框。

（3）按 Ctrl+O 快捷组合键。

5. 文档的输入与编辑

1）文档的输入

新建文档或打开已有的文档后，就可以直接在文档中输入内容了。

（1）插入模式和改写模式。Word 2010 提供了插入和改写两种输入模式，插入模式中输入的文本插到光标点左侧，光标自动后移，改写模式中输入的文本将覆盖光标点后面的文本。

插入模式和改写模式显示在状态栏中，这两种模式间的切换可以通过鼠标左键单击或键盘上的 Insert 键进行。Word 2010 默认的模式为插入模式。

（2）输入文字。先将鼠标定位至需要输入的文本处，然后在合适的输入法下敲击键盘就可以输入文本了。

2）文档的编辑

在 Word 文档中，文档最基本的编辑包括选定文本、删除文本、移动文本和复制文本。

（1）选定文本。对文本进行各种操作，必须先选定文本。选定文本主要有两种方法，鼠标选定法和键盘选定法。

方法一：鼠标选定文本是最常用的方法，具体操作是将鼠标指针移到要选定文本的第一个字符处，按住鼠标左键，一直拖到要选定的最后一个字符，释放左键，这时被选定的区域呈蓝色显示。对有些特殊情况，可以使用如表 5-1 所示的方法进行操作。

表 5-1　使用鼠标选定文本的操作方法

选择内容	操作方法
任意数量的文字	拖动这些文字
一个单词	双击该单词
一行文字	单击该行最左端的选择条
多行文字	选定首行后向上或向下拖动鼠标
一个句子	按住 Ctrl 键后在该句的任何地方单击
一个段落	双击该段最左端的选择条或三击该段的任何地方
多个段落	选定首段后向上或向下拖动鼠标
连续区域文字	单击所选内容的开始处，然后按住 Shift 键，最后单击所选内容的结束处
矩形区域文字	按住 Alt 键然后拖动鼠标
整篇文档	三击选择条中的任意位置或按住 Ctrl 键后单击选择条中的任意位置

方法二：键盘选定文本，应首先将插入点移到所选文本的开始处，然后再按如表 5-2 所示的组合键进行操作。

表 5-2　使用键盘选定文本的操作方法

选择内容	组合键
选定插入点右边的一个字符或汉字	Shift + →
选定插入点左边的一个字符或汉字	Shift + ←
选定到上一行同一位置之间的所有字符或汉字	Shift + ↑
选定到下一行同一位置之间的所有字符或汉字	Shift + ↓
从插入点选定到它所在行的开头	Shift + Home
从插入点选定到它所在行的末尾	Shift + End
从插入点选定到它所在段的开头	Ctrl+ Shift + ↑
从插入点选定到它所在段的末尾	Ctrl+ Shift + ↓
从插入点选定到文档末尾	Ctrl+ Shift + End
选定整篇文档	Ctrl + A
选定整个表	Alt+5

（2）删除文本，先选定要删除的文本，然后按 Delete 键即可删除。或把插入点定位到要删除的文本之后，通过退格键进行删除。若把插入点定位到要删除的文本之前，则需要通过 Delete 键进行删除。

（3）移动文本，移动文本是指将选定的文本从某一位置移动到另外的位置，原位置上不再保留原有的文本。移动文本可使用剪贴板和鼠标拖拽等方法来实现。

使用剪贴板移动文本，先选定要移动的文本，然后单击剪贴板中的"剪切"命令，或右击，在快捷菜单中选择"剪切"命令，然后将插入点定位到文本的新位置，最后在剪贴板中选择"粘贴"命令或右击选择"粘贴"命令，完成文本的移动。

使用鼠标拖拽移动文本，先选定要移动的文本，然后按住鼠标左键，此时鼠标指针下方增加一个灰色的矩形，光标也以虚线显示，它表明所选文本可被拖动。最后拖动鼠标指针到新位置，松开鼠标左键，完成文本的移动。

（4）复制文本，就是将选定的文本复制一份粘贴到其他位置。一般可以使用剪贴板复制和鼠标拖动复制两种，复制文本的操作与移动文本的操作类似。

使用剪贴板复制文本。先选定要复制的文本，然后单击剪贴板中的"复制"命令，或右击，在快捷菜单中选择"复制"命令，然后将插入点定位到文本的新位置，最后在剪贴板中选择"粘贴"命令或右击选择"粘贴"命令，完成文本的复制。

使用鼠标拖拽复制文本。先选定所要复制的文本，然后在按住鼠标左键的同时按住 Ctrl 键，此时鼠标指针下方增加一个灰色的矩形，矩形的旁边还有一个中间带 + 的方框，此时光标也以虚线显示，它表明所选文本可进行复制拖动，最后拖动鼠标指针到新位置，松开鼠标左键，完成文本的复制。

6. 文档的格式设置

1）设置字符格式

设置字符格式主要是对文字的字体、字形、字号、颜色、下划线、上标、下标及动态效果等的设置。Word 2010中，设置字符格式主要有两种方法，一种是在"开始"选项卡中的"字体"组中设置，另外一种是在"字体"对话框中设置。

（1）在"开始"选项卡中的"字体"组中设置字符格式，可以设置字体、字号、字形、颜色，还可以给文字加下划线、边框、底纹等，如图5-6所示。

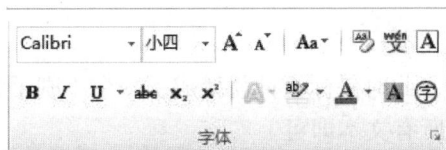

图5-6　"字体"组

（2）"字体"对话框的样式如图5-7所示，可通过单击"开始"选项卡中"字体"组右下角的启动器启动它。在"字体"对话框中可以更细致地对字体进行设置。

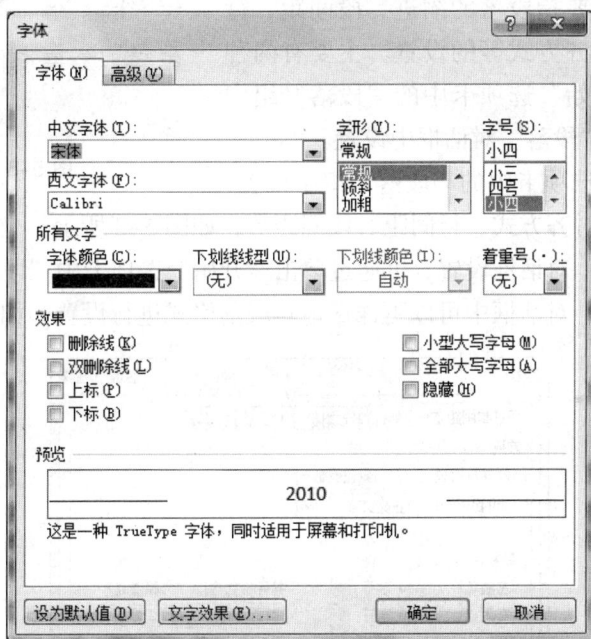

图5-7　"字体"对话框

①设置字体。Word 2010中包含了多种中英文字体，也可以根据需要装入其他字体。

②设置字号。Word 2010中字号有两种，中文字号和英文字号。中文字号从初号到八号共16级，字号越小，字越大；英文字号以磅值为单位，从5磅到72磅共21级，磅值越小，字越小。

③设置字形。Word 2010中可以把文字设置成常规字形、倾斜字形、加粗字形以及倾斜和加粗字形。

④设置颜色。Word 2010中可以给文字设置预设的"主题颜色"，也可以在"其他颜色"中选择合适的颜色。

⑤给文本添加下划线、着重号、边框和底纹。Word 2010中给文本添加下划线，可以选择下划线的线型、颜色；添加着重号主要是在"字体"对话框中设置的；添加边框在"字体"

对话框中可以设置边框的类型，如上边框、下边框、所有边框、内部边框、外侧边框等；添加底纹可以选择底纹的颜色和图案的样式。

⑥格式刷的使用。格式刷的主要功能是复制字符上的格式。格式刷 位于"开始"选项卡中的"剪贴板"组中。

格式刷的操作步骤如下。

a.选定已设置好格式的文本；

b.单击"格式刷"图标，此时鼠标指针就变成了一个小刷子的形状；

c.刷过需要设置格式的所有文本即可。

在利用格式刷进行格式复制时要注意，单击格式刷按钮，可一次复制格式到拖动过的文本上；双击格式刷按钮，可多次复制格式到拖动过的文本上，再次单击格式刷按钮或按 Esc 键，可取消格式刷上的格式。

2）设置段落格式

段落格式设置主要指段落的缩进、段间距、行间距、大纲级别和对齐方式等的设置。主要有两种方法，一种是在"开始"选项卡中的"段落"组中设置；另外一种是在"段落"对话框中设置。

图 5-8 "段落"组

（1）在"开始"选项卡中的"段落"组中设置，主要可以设置段落的对齐方式、行间距、段间距等，如图 5-8 所示。

（2）利用"段落"对话框设置，可通过单击"开始"选项卡中"段落"组右下角的启动器启动它。在"段落"对话框中可以更详尽地对段落格式进行设置，如图 5-9 所示。

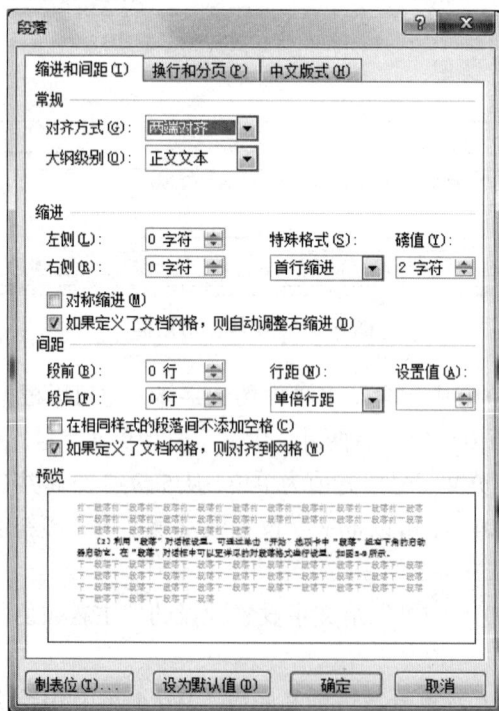

图 5-9 "段落"对话框

①对齐方式。Word 2010中主要有5种对齐方式，分别是左对齐、居中、右对齐、两端对齐和分散对齐。这5种对齐方式的效果如图5-10所示。

学生会纳新宣传（左对齐）

学生会纳新宣传（居中）

学生会纳新宣传（右对齐）

学生会纳新宣传（两端对齐）

学 生 会 纳 新 宣 传 （ 分 散 对 齐 ）

图 5-10 对齐效果

②缩进。段落缩进可分为一般缩进和特殊格式缩进两种。左缩进和右缩进为一般缩进，指整个段落与左、右页边界之间的距离。而作为特殊格式缩进的首行缩进和悬挂缩进，可以对段落中单独一行的缩进量进行设置。

首行缩进是将首行向内移动一段距离，其他行保持不变。悬挂缩进则是除首行之外的其余各行缩进一段距离。方法是在如图5-9所示的"段落"对话框中，单击"特殊格式"列表框的下拉按钮，选择"首行缩进"或"悬挂缩进"，然后在"磅值"框中设定缩进量。在"预览"框中可以查看设置的效果，单击"确定"按钮完成缩进设置。

③段间距。段间距是对段落与段落之间距离的设置。设置方法为：先选定要设置段落的文本，打开"段落"对话框，如图5-9所示，在"间距"栏的"段前"和"段后"文本框中输入或单击调整按钮设置所需的间距值，单击"确定"按钮完成段间距的设置。

④行间距。行间距是指文本中行与行之间的垂直距离。设置方法为：先选定需设置间距的文本，打开"段落"对话框，如图5-9所示，在"行距"栏的文本框中选择所需的间距值，如"单倍行距""1.5倍行距""2倍行距""最小值""固定值和多倍行距"，其中"最小值""固定值"和"多倍行距"可设置具体的间距值，最后单击"确定"按钮完成行间距设置。

3）首字下沉

在排版时，为了使内容醒目，可把段落的第一个字符放大，并下沉一定的距离。这种格式强调了段落的开头，且十分清晰，前面不必加前导空格。

设置首字下沉格式的步骤如下。

（1）把插入点定位于设置"首字下沉"的段落内。

（2）单击"插入"选项卡中的"首字下沉"按钮，打开"首字下沉"下拉列表，在列表中选择"下沉"或"悬挂"方式，或者单击"首字下沉选项"，打开"首字下沉"对话框进行设置，如图5-11所示。

（3）在"字体""下沉行数""距正文"框中分别选择字体、下沉的行数及距正文的距离等，最后单击"确定"即可设置首字下沉。

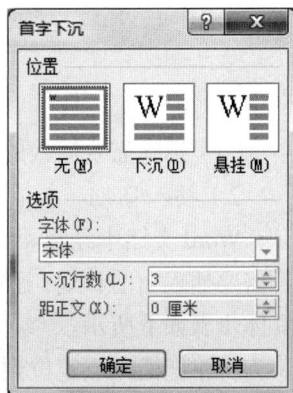

图 5-11 "首字下沉"对话框

7. 插入符号、日期、项目符号和编号

1）插入符号

符号是标记、标识，标点符号可以通过键盘直接输入，经常需要插入一些不能直接通过键盘输入的特殊符号，这类符号的插入方法如下。

（1）将光标定位到需要插入符号的文字处，单击"插入"选项卡中"符号"按钮，如图5-12所示。

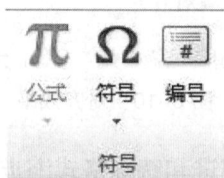

图5-12 "符号"组

（2）在"符号"下拉列表中单击"其他符号"选项，打开"符号"对话框，如图5-13所示。

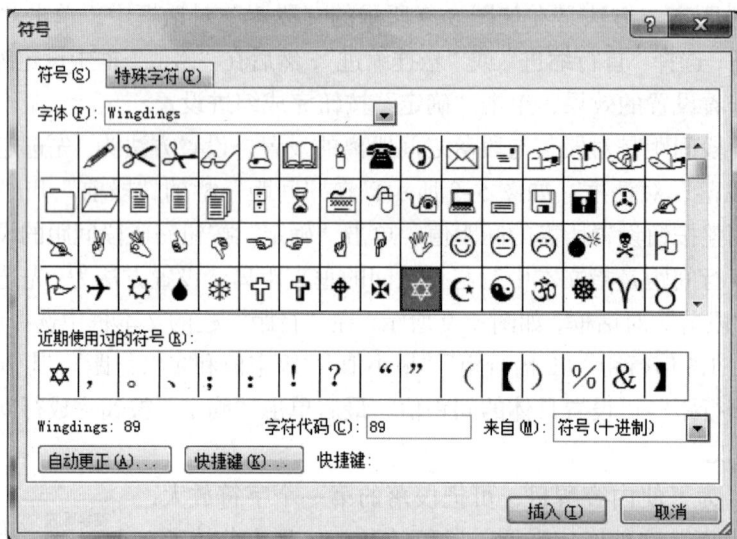

图5-13 "符号"对话框

（3）选择需要插入的符号，单击"插入"按钮即可。

2）插入日期

Word文档中经常需要插入日期，一般情况下，日期的输入方法与普通文字的方法相同，若需要插入当前日期，还可以选择"插入"选项卡中的"文本"组，单击"日期和时间"按钮。具体步骤如下所示。

（1）把插入点定位到需要插入日期的文本处。

（2）单击"插入"选项卡中"文本"组的"日期和时间"按钮。

（3）打开"日期和时间"对话框，选择合适的日期格式，单击"确定"按钮即可，如图5-14所示。

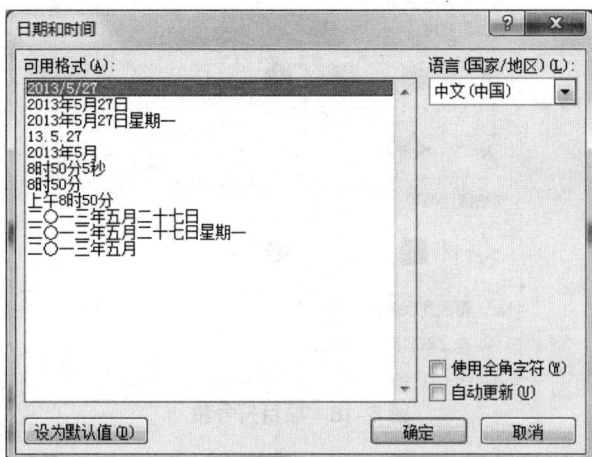

图 5-14　"日期和时间"对话框

如果需要对插入的日期和时间进行实时更新，可以在"日期和时间"对话框中勾选"自动更新"复选框。

3）项目符号和编号

项目符号和编号都是以自然段落为标志的，编号是为选中的自然段编辑序号，例如"1、2、3"等；项目符号则是为选中的自然段落编辑符号，例如"■、●"等。

（1）设置编号。

选中需要设置编号的段落，如介绍各部门职责的几段。单击"开始"选项卡中"段落"组的"编号"按钮 三 ，打开"编号集"。

在"编号集"中选择合适的编号，如"一、二、三"，左键单击添加编号，效果如图 5-15 所示。

一、纪检部：负责院学生会内部的纪律管理，督导全院学生的行为规范。

二、宣传部：迅速及时的传达上级部门的指导精神，宣传校园文化活动的新动向。

三、文艺部：组织大学中的各项文艺活动，锻炼个人的自身素质与修养。

四、生活部：负责维护学生的正常生活秩序，解决我院学生中的实际困难。

五、体育部：以增强工师学生身体素质为目标，带领全院学生开展各项体育活动。

图 5-15　设置编号的效果图

（2）设置项目符号。

为了让文本更醒目，可以给文本添加项目符号，添加项目符号的步骤如下所示。

选择要添加项目符号的文本，如"学生会面试相关问题"的段落，单击"开始"选项卡中"段落"组的"项目符号"按钮 三 ，打开"项目符号集"，如图 5-16 所示。

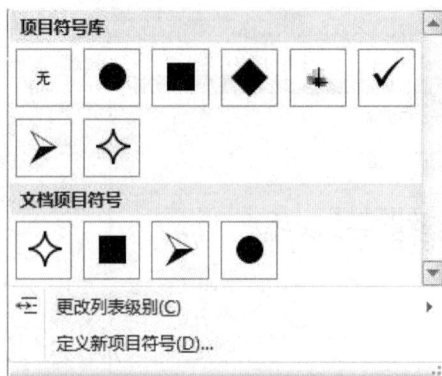

图 5-16　项目符号集

也可以选择"定义新项目符号",打开"定义新项目符号"对话框。

选择适合的项目符号,并设置项目符号的对齐方式,单击"确定",效果如图 5-17 所示。

学生会面试相关问题

- 你的爱好,现在在班级担任的职务等?
- 你对学生会有什么了解?
- 你为什么要进学生会?
- 你进了学生会会有哪些作为(具体的)?
- 还可能问你遇到 xx 问题该怎么解决?

图 5-17　效果图

8. 使用多级列表

在一些特殊文档中,要用不同形式的编号来表现标题或段落的层次。此时,就会用到多级符号列表功能。多级列表最多可以有 9 个层级,每一层级都可以根据需要设置出不同的格式和形式。

1)添加多级列表

在添加多级列表之前,一定要先设置文档的缩进方式,然后再进行设置。在为段落设置缩进时,可以通过 Tab 键进行设置,选择一级项目后,按一次 Tab 键进行缩进;选择二级项目后,按两次 Tab 键进行缩进。

在"开始"选项卡的"段落"组中单击"多级列表"按钮，打开"多级列表"库,选择一种多级列表的样式即可插入列表。

2)自定义多级列表

若对系统提供的多级列表的符号格式不满意,可以通过定义新多级列表来改变多级列表中各级符号的格式,具体的设置步骤如下。

(1)在"开始"选项卡的"段落"组中,单击"多级列表"按钮,打开"多级列表"集,如图 5-18 所示。

(2)在"多级列表"集中单击"定义新的多级列表"选项,打开"定义新多级列表"对话框，如图 5-19 所示。

图 5-18 "多级列表"集

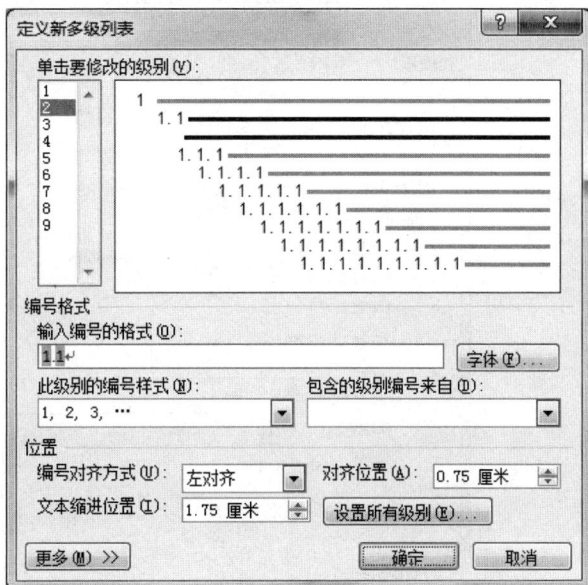

图 5-19 "定义新多级列表"对话框

（3）在"定义新多级列表"对话框中选择需要修改的级别，然后设置其编号格式和位置，最后单击"确定"按钮即可。

3）快速定义多级列表

在 Word 2010 文档中输入多级列表时有一个快捷的方法，就是使用 Tab 键辅助输入编号列表，操作步骤如下。

（1）打开 Word 2010 文档窗口，在"开始"选项卡的"段落"组中单击"编号"下拉三角按钮，并在打开的"编号"下拉列表中选择一种编号格式。

（2）在第一级编号后面输入具体内容，然后按下回车键。不要输入编号后面的具体内容，而是直接按下 Tab 键开始下一级编号列表。如果下一级编号列表格式不合适，可以在"编号"下拉列表中进行设置。第二级编号列表的内容输入完成以后，连续按下两次回车键可以返回上一级编号列表。

（3）按下 Tab 键开始下一级编号列表。

9. 文档的保存与关闭

1）文档的保存

新建的文档或编辑的文档只是暂时存放在计算机的内存中，若文档未经保存就关闭 Word 程序，文档内容就会丢失，所以必须将文档保存到磁盘上，才能达到永久保存的目的。在 Word 2010 中，有多种保存文档的方法，这些方法分别如下。

（1）保存新文档。首次保存文档时，必须指定文件名称和文件存放的位置（磁盘和文件夹）以及保存文档的类型。具体的操作方法是单击"文件"列表中的"保存"命令或按快捷键 Ctrl+S，屏幕上将出现"另存为"对话框，如图 5-20 所示。

图 5-20 "另存为"对话框

默认情况下，Word 2010 将文档保存在"我的文档"中，用户可通过单击"保存位置"下拉列表框选择其他的保存位置。在"文件名"列表框中输入要保存的文件名，Word 2010 默认文件扩展名为".docx"。若用户要保存为其他类型的文件，可单击"保存类型"列表框的下拉箭头，选择所需要的文件类型。

（2）保存已有文档。新建文档经过一次保存，或以前保存的文件重新修改后，可直接用"文件"列表中的"保存"命令保存修改后的文档。

（3）另存文档。如果要将文档保存为其他名称，或其他格式，或保存到其他文件夹中，均可通过"另存为"命令实现。单击"文件"列表中的"另存为"命令，弹出"另存为"对话框，其操作过程和保存新文档相同。

2）文档的关闭

当文档编辑并保存完毕后，就可以将文档关闭，关闭文档的方法有以下几个。

（1）单击窗口右上角的关闭按钮。

（2）在"文件"选项卡中选择"关闭"命令。

在关闭的过程中，若文档内容做了修改而没有保存，Word 2010 在正式关闭文档前会提示是否将更改保存到文档中，用户可根据需要选择是否保存文档。

10. 查找与替换

Word 2010 提供了强大的"查找"和"替换"功能，不仅可以在文档中快速查找和替换文本、格式、段落标记、分页符、制表符以及其他项目，而且还可以查找和替换名词或形容词的各种形式或动词的各种时态。并且可以使用通配符和代码来扩展搜索，以找到包含特定字母和字母组合的单词或短语。

1）查找

查找是指从指定的文档中根据指定的内容查找到相匹配的文本，具体步骤如下。

（1）打开"开始"选项卡，在"编辑"组中单击"替换"按钮，打开"查找和替换"对话框，如图 5-21 所示。

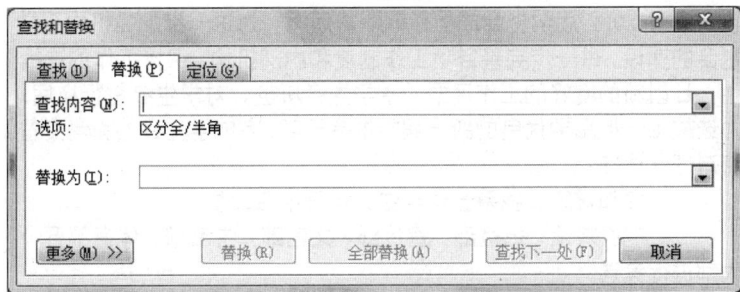

图 5-21　"查找和替换"对话框

（2）在"查找内容"文本框内输入要查找的文本，例如"文本"。单击"查找下一处"按钮，系统即从光标所在的位置向文档的后部进行查找，当找到"文本"时，将用反色形式显示。同时，"查找和替换"对话框并不消失，等待用户的进一步操作。若要继续查找，只要再单击"查找下一处"按钮；若要一次性查找出所有相匹配的文本，单击"在以下项中查找"按钮，再选择"主文档"即可。

2）替换

替换是指从指定的文档中根据指定的内容查找到相匹配的文本，并用另外的文本进行替换，具体步骤如下。

（1）打开"开始"选项卡，在"编辑"组中单击"替换"按钮，打开"查找和替换"对话框，如图 5-21 所示。

（2）在"查找内容"框中，输入要查找的文本。

（3）在"替换为"框中，输入替换文本。

（4）要查找文本的下一次出现位置，单击"查找下一处"按钮；如果要替换文本的某一个出现位置，单击"替换"按钮，Word 2010 将移至该文本的下一个出现位置；如果要替换文本的所有出现位置，则单击"全部替换"按钮。

3）在屏幕上查找并突出显示文本

为了直观地浏览单词或短语在文档中出现的每个位置，用户可在屏幕上搜索其所有出现的位置并突出显示。虽然文本在屏幕上会突出显示，但在文档打印时并不显示。

（1）在"开始"选项卡上的"编辑"组中单击"查找"下拉三角按钮，在下拉列表中选择"高级查找"，打开"查找和替换"对话框，如图 5-21 所示。

（2）在"查找内容"框中，输入要搜索的文本。

（3）单击"阅读突出显示"按钮，再选择"全部突出显示"。若要清除突出显示文本，则可选择"阅读突出显示"中的"清除突出显示"即可。

牛刀小试

请按照下文中的格式和要求，完成这份我院学生会的竞选通知，如图 5-22 所示。

竞选通知

机电工程学院全体学生：

由于 2011 届学生会成员任期即将届满，为进一步加强机电系学生会的建设，进一步完善各项工作制度和内部机构，保持工作的连续性，开创新的良好的工作局面。系学生会决定，对学生会进行换届：为选拔出一批品学优良的新一届学生会干部，完成学生会的新老交替，特制订此通知。

一、参加对象：我系全体学生，均可报名参加竞选。

二、本次共设：纪检部，宣传部，文艺部，生活部，体育部五个大部进行竞选。

三、竞选人员应具备以下要求：

- 在校期间无严重违反校规校纪行为，公正耿直，责任心强。
- 具备一项特长，热爱学生会工作。
- 思维活跃，具有开拓精神的意识，能够有创造性地开展工作。
- 尊敬师长，团结同学。言行符合学生标准，自我约束能力强。
- 虚心好学，有大局合作意识和合作精神，能很好完成上级交代的各项任务。
- 有良好的群众基础，在同学中享有良好声誉，能代表广大同学的利益。

四、竞选方式：以班级为单位于 10 月 10 日之前，将申请表交到机电系学生会。

渭南职业技术学院机电工程学院学生会

2011 年 9 月 20 日

图 5-22 竞选通知原稿

要求：

新建一个 Word 2010 文档，输入原稿文字，并按如下要求进行排版设置。

（1）设置标题：字体为黑体，字号为小一号，加粗，颜色为黑色，居中。

（2）设置正文文字：字体为宋体，字号为四号，颜色为黑色。

（3）设置"机电工程学院全体学生："文字：字号为三号，颜色为红色，加黄色单下划线，字符间距加宽 3 磅。

（4）将正文部分的段落格式设置为首行缩进两个字符，并设置行距为"1.5 倍行距"。

（5）按图 5-22 所示给文本添加项目符号，并设置这几段文字为"蓝色""倾斜"。

（6）按图 5-22 所示给文本"10 月 10 日"添加着重号。

保存文档，保存名称为"纳新通知 .docx"。

任务 2　制作学生个人档案

任务目标

- 掌握文档的页面设置方法。
- 学会在 Word 中插入表格。
- 掌握表格的基本操作及美化。

任务描述

新学期，每个班级要为所有学生留档，刘亮同学想利用 Word 2010 强大、便捷的表格制作和编辑功能，为班级的每位同学制作一份个人档案。

知识要点

（1）表格基本元素。Word 表格由水平方向的行、垂直方向的列和行列交叉而形成的单元格组成。单元格内可输入数字、文本、日期、图片等内容。

（2）插入表格。Word 提供了多种方法插入表格，还可以将文本转换为表格。

（3）设置单元格属性。单元格属性包括单元格大小、插入 / 删除行和列、拆分 / 合并单元格、单元格对齐方式等。

（4）设置表格属性。表格属性分别为表格、行、列和单元格设置尺寸、对齐方式和文字环绕等。

（5）自动套用表格样式。Word 能自动识别 Excel 工作表中的汇总层次以及明细数据的具体情况，然后统一对它们的格式进行修改。每种格式集合都包括不同的字体、字号、数字、图案、边框、对齐方式、行高、列宽等设置项目，完全可满足用户在各种不同条件下设置工作表格式的要求。

（6）表格计算。利用公式可以对表格中的数据进行计算。对数据进行计算，可以利用含有运算符的公式，如加（+）、减（-）、乘（*）、除（/），也可以利用 Word 提供的函数进行计算。

（7）图表的创建与编辑。图表是通过图示、表格来表示某种事物的现象或某种思维的抽象概念。在 Word 2010 中，可以根据表格中的数据来创建图表，使复杂的数据以图形的方式表现出来。

（8）添加背景图片。为使页面更加美观，可为其添加合适的背景图片、页面颜色、水印和页面边框等。

任务实施

1. 创建表格

表格是由行和列组成的，行和列交叉的空间叫做单元格。建立表格时，一般先指定行数、列数，生成一个空表，然后再输入内容，也可以将输入的文本转换成表格。

Word 2010 中提供了多种创建表格的方法，常用的有以下几种。

1）使用"表格"菜单

（1）把光标定位到要插入表格的位置。

（2）在"插入"选项卡的"表格"组中，单击"表格"。然后在"插入表格"下（如图 5-23 所示）拖动鼠标以选择需要的行数和列数，在文档中可以同步浏览表格的效果，单击鼠标后即可在插入点处插入一张表格。

2）使用"插入表格"命令

（1）把光标定位到要插入表格的位置。

（2）打开如图 5-23 所示对话框后，单击"插入表格"选项，弹出"插入表格"对话框，如图 5-24 所示。

图 5-23　表格

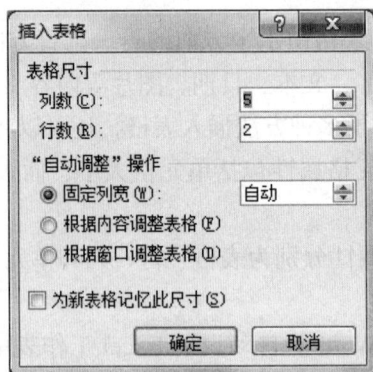

图 5-24　"插入表格"对话框

（3）在"表格尺寸"下，输入列数和行数。

（4）在"'自动调整'操作"下，选择合适选项。

（5）设置完成后单击"确定"按钮即可。

3）绘制表格

有些表格的行、列或单元格没有特定的排列规律，采用插入表格的方式创建往往达不到要求。这时，可采用"绘制表格"功能，自动绘制表格的线框和单元格，步骤如下。

（1）打开如图 5-23 所示对话框后，单击"绘制表格"选项，这时指针变为铅笔状。

（2）将铅笔形状的鼠标指针移到绘制表格的位置，按住鼠标左键拖动鼠标绘制出表格的外框虚线，放开鼠标左键可以得到实线的表格外框。

（3）再拖动鼠标笔形指针，在表格中绘出水平或垂直线，也可以在单元格中绘制对角斜线。

（4）在绘制表格的同时在标题栏上也出现了"表格工具"选项卡，如图 5-25 所示，利用"设计"选项卡下"绘图边框"组中的"擦除"按钮，使鼠标指针变成一个橡皮擦形，拖动它可以擦掉多余的线。还可以利用"绘制边框"组中的其他功能对绘制的表格进行修改。

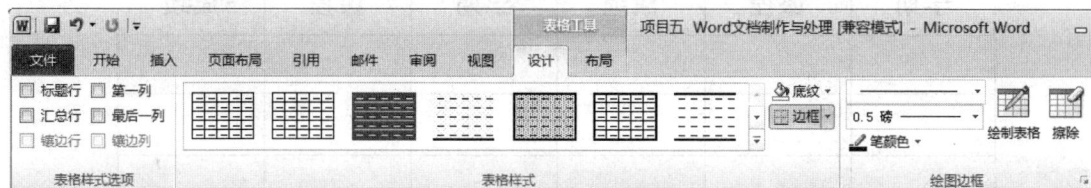

图5-25 "设计"选项卡

4)使用表格模板

可以使用表格模板快速创建表格。表格模板包含示例数据，可以查看在添加数据时表格的外观。

（1）把光标定位到要插入表格的位置。

（2）打开如图5-23所示对话框后，单击"快速表格"选项，再选择需要的模板即可。

（3）使用所需的数据替换模板中的数据。

5）在新文档中创建表格

在档案中共有三个表格，基本信息表、学习经历表、课程成绩表。根据上面介绍的方法在新文档中创建出这三个表格。

（1）创建表格1——基本信息表（6×4），输入数据，如图5-26所示。

姓名		出生年月		专业班级	
性别		民族		籍贯	
特长				TEL	
QQ号				E-mail	

图5-26 基本信息表

（2）创建表格2——学习经历表（5×4），输入数据，如图5-27所示。

学习经历	时间	所在学校	班级	担任职务

图5-27 学习经历表

（3）创建表格3——学习的主要课程成绩表（6×5），输入数据，如图 5-28 所示。

学期	课程	成绩	学期	课程	成绩

图 5-28　课程成绩表

2. 编辑表格

表格的编辑主要是指在表格中插入单元格、行和列，删除单元格、行和列，合并与拆分单元格以及设置表格行高和列宽。

1）插入单元格、行和列

在制作表格的过程中，可以根据需要在表格内插入单元格、行、列，甚至可以在表格内再插入一张表格。

方法：选中表格或将光标定位在单元格中，选择"表格工具"下的"布局"选项卡，在"行和列"组中单击相应的按钮即可，如图 5-29 所示。也可单击"行和列"右下角的箭头，打开"插入单元格"对话框，如图 5-30 所示，在其中选择相应的命令。也可使用"绘制表格"工具在所需的位置绘制行或列。

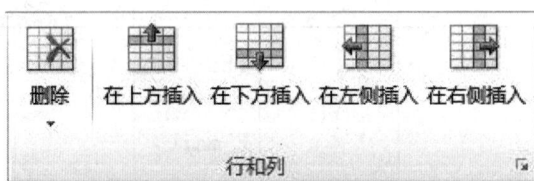

图 5-29　"行和列"组

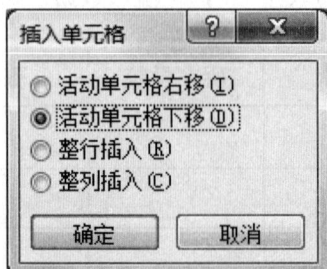

图 5-30　"插入单元格"对话框

2）删除单元格、行和列

如果要删除单元格中的文字，选中该单元格后，用 Del 键或 Backspace 键删除即可。如果要删除表中的单元格、行、列或整张表格，可执行如下的操作。

（1）选中需要删除的单元格、行或列。

（2）在"表格工具"下，单击"布局"选项卡。

（3）单击"行和列"组中的"删除"下拉列表，如图 5-31 所示，选择相应的命令即可。

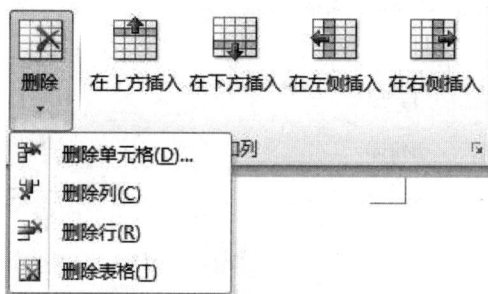

图 5-31　"删除"命令

3）合并与拆分单元格

合并单元格是将选定的多个单元格合并成一个单元格，而拆分单元格则是将一个单元格或多个单元格再次拆分成多个单元格，可根据需要对单元格进行合并或拆分。

（1）合并单元格。先选中要合并的单元格，然后单击"布局"选项卡中的"合并单元格"按钮即可，如图 5-32 所示。

（2）拆分单元格。先选中要拆分的一个或多个单元格，然后单击"布局"选项卡中的"拆分单元格"按钮，打开"拆分单元格"对话框。在"拆分单元格"对话框中设置拆分的列数和行数，单击"确定"按钮即可。

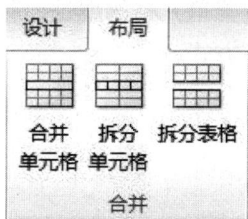

图 5-32　"合并"组

3. 设置表格属性

表格属性，主要指表格、行、列和单元格等的属性。若对它们的属性进行设置可执行如下操作。

（1）选中表格，单击"表格工具"下"布局"选项卡中"表"组的"属性"按钮，打开"表格属性"对话框，如图 5-33 所示。

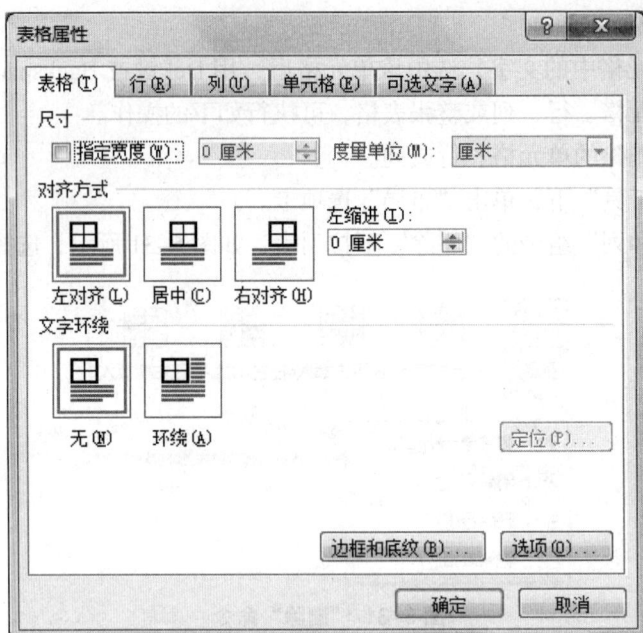

图 5-33 "表格属性"对话框

（2）在"表格"选项卡中可设置表格的属性。如可设置表格尺寸，设置表格在文档中的对齐方式以及缩进的距离，设置文字是否环绕在图片周围等。

（3）在"表格"选项卡中单击"边框和底纹"按钮，打开"边框和底纹"对话框，可以给表格添加边框和底纹，在后面会详细介绍。

（4）在"行"选项卡中可设置行的属性。如设置行的高度，跨页断行以及在各页顶端是否以标题行形式重复出现。

（5）在"列"选项卡中可设置列的属性。如设置列的宽度及度量单位。

（6）在"单元格"选项卡中可设置单元格的属性，除了可以指定单元格宽度和度量单位外，还可对单元格中的内容设置对齐方式。

4. 应用表格样式

1）设置边框与底纹

为了使表格更加美观，表格创建完成后，可以为表格设置边框与底纹。表格的区域不同，边框和底纹也可以不同。在单个单元格内单击，选择"表格工具"下"设计"选项卡中的"表格样式"组，即可把表格设置为软件提供的表格样式。若系统提供的样式不合适，也可手动设置表格的边框和底纹。

（1）设置边框，选中要添加边框的表，选择"表格工具"下"设计"选项卡中的"表格样式"组，打开"边框"的下列拉表，单击"边框与底纹"按钮，打开"边框和底纹"对话框，如图 5-34 所示。在"边框"选项卡中可对边框的样式、颜色和宽度进行设置。

图 5-34 "边框与底纹"对话框

（2）设置底纹，选择要添加底纹的单元格。单击"表格工具"下"设计"选项卡中的"表格样式"组的"底纹"按钮，即可进行设置。设置底纹也可以在"边框和底纹"对话框的"底纹"选项卡中进行，设置效果如图 5-35 所示。

姓名	张宇	出生年月	1993.6	专业班级	护理
性别	男	民族	汉	籍贯	陕西西安
特长	文学、书法			TEL	1xxxxxxxxx
QQ号	xxxxxxxxx			E-mail	xxxxxx@163.com

图 5-35 设置底纹的效果图

2）设置表格内容对齐方式

表格内容的对齐方式主要有靠上两端对齐、中部两端对齐、靠下两端对齐、靠上居中、中部居中、靠下居中、靠上右对齐、中部右对齐和靠下右对齐等 9 种方式，其设置步骤如下。

（1）选中需要进行设置的单元格。

（2）打开"表格工具"下"布局"选项卡中的"对齐方式"组，如图 5-36 所示。

（3）在"对齐方式"组中选择合适的对齐方式即可。

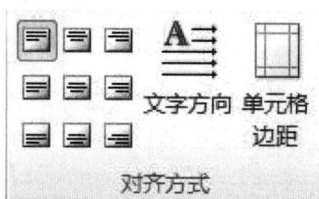

图 5-36 "对齐方式"组

3）自动套用表格样式

对于表格，除了进行手工创建与修饰外，Word 2010 还提供了一些已经设置好的经典样式供用户使用，称为"自动套用样式"。"自动套用样式"的应用使得对表格的排版变得轻松、容易。设置"表格样式"的步骤如下。

（1）选中需要设置表格样式的表。

（2）选择"表格工具"下"设计"选项卡中的"表格样式"组，单击表格样式的下拉列表按钮，选择合适的样式即可，如图 5-37 所示。

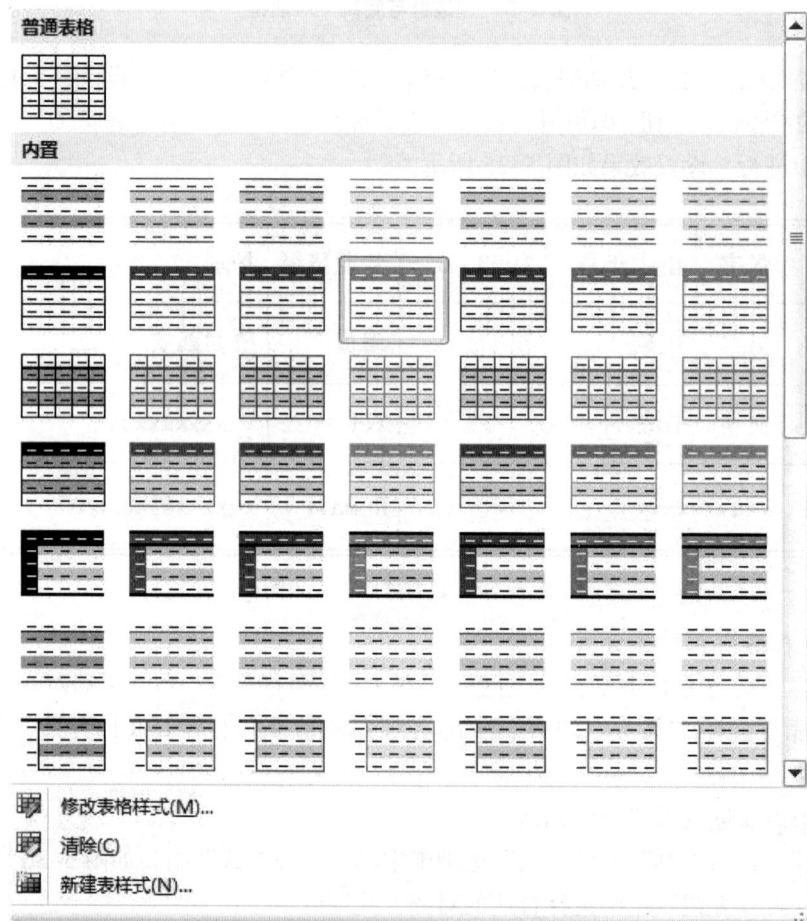

图 5-37 表格样式

5. 表格的计算与排序

Word 提供了对文档或表格中数据进行简单运算的功能，可以通过输入带有加（＋）、减（－）、乘（＊）、除（/）等运算符的公式进行计算，也可以使用 Word 附带的函数进行复杂的计算。另外，还可以利用排序功能对表格中的数据进行排序。

1）表格的计算

以计算每名学生的总成绩为例说明利用公式进行运算的操作过程，如表 5-3 所示为学生成绩表。

表5-3　学生成绩表

姓名　成绩　科目	计算机	中药	药剂	泡制	总分
王亮	69	80	70	73	292
方圆	85	77	92	96	350
李磊	90	76	68	96	330
张华	88	83	82	85	338
赵静	95	83	82	75	335
陈建	78	91	93	80	342

（1）将光标定位到要存放王亮同学总分的单元格。

（2）打开"布局"选项卡，在"数据"组中单击"格式"按钮，打开"公式"对话框，如图 5-38 所示。

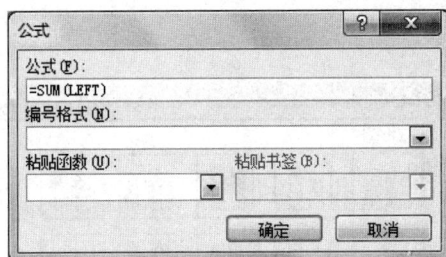

图5-38　"公式"对话框

（3）在"公式"文本框中输入"=SUM（LEFT）"或"=SUM（C2：F2）"，也可以是"=B2+C2+D2+E2"，单击"确定"按钮，所求结果就可以插入到所定位的单元格中。

其他同学的总分按照上述步骤类似操作即可。

2）表格排序

利用公式计算每个同学的总分后，可以按照总分进行排序，步骤如下。

（1）将光标定位到表格中。

（2）在"布局"选项卡的"数据组"中单击"排序"按钮，打开"排序"对话框，如图 5-39 所示。

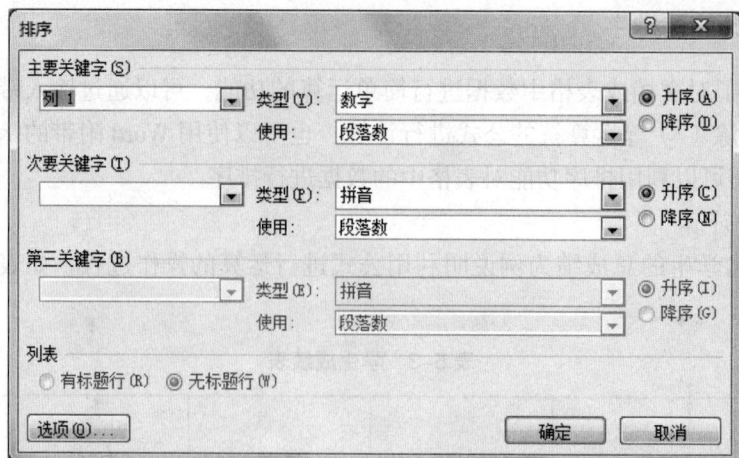

图 5-39 "排序"对话框

（3）在"排序"对话框中设置"主要关键字"为"总分"，若出现总分相同的情况，还可以设置"次要关键字"和"第三关键字"对相同的数据进行排序。在"列表"中选择"有标题行"表示第一行作为标题行，不参与排序；选择"无标题行"表示第一行作为数据，参与排序。

（4）最后单击"确定"按钮，即可完成排序。

6. 图表的创建与编辑

表格数据所表达的信息常常会使人感觉枯燥乏味、不易理解，如果将它制作成图表则能一目了然。在 Word 2010 中，可以根据表格中的数据创建出美轮美奂、变化万千的精美图表。

1）插入图表

（1）在"插入"选项卡的"插图"组中单击"图表"按钮，打开"插入图表"对话框，如图 5-40 所示。

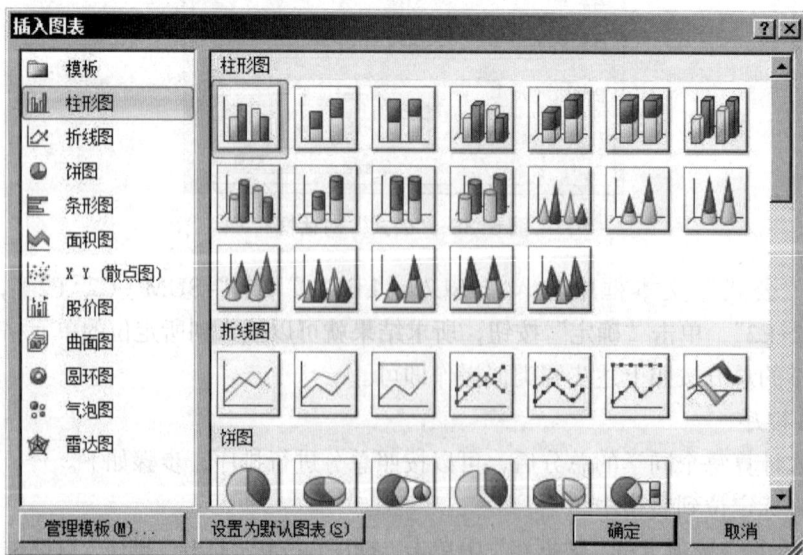

图 5-40 "插入图表"对话框

（2）从中选择合适的图表样式，单击"确定"按钮即可插入图表，如图5-41所示。

（a）

（b）

图5-41 图表窗口和对应的数据窗口

（3）打开图表窗口和数据窗口，修改数据窗口中的数据，左侧的图表会实时显示数据信息。

2）编辑图表

插入图表之后还可以对图表中的数据及类型进行更新及更改，还可以给图表添加标题和设置图表的外观样式。

（1）更新数据。选择要更新数据的图表，在"图表工具"下的"设计"选项卡中，单击"数据"组中的"编辑数据"按钮。然后将光标定位到数据窗口中的数据区域的右下角，当光标变成双向箭头时，向下拖动鼠标，扩大数据区域。在扩大的区域中输入数据，完成图表的数据更新。

（2）更改图表类型。在"设计"选项卡的"类型"组中，单击"更改图表类型"按钮，在打开的"更改图表类型"对话框中选择一种图表样式，单击"确定"按钮即可。

（3）添加标题。为了增强视觉效果，在图表创建完成以后，可以为图表添加标题。在"图表工具"的"布局"选项卡下的"标签"组中单击"图表标题"按钮，从中选择一种方式，然后在图表的标题区输入标题即可。也可以在"设计"选项卡中的"图表布局"组中通过改变布局来添加标题。

（4）设置图表的外观样式。在使用图表时，可以通过设置图表的外观样式来达到美化图表的目的。图表的外观样式的设置是在"图表工具"的"格式"选项卡中进行的。主要可以设置图表的艺术字样式、形状样式，以及给图表添加填充颜色、轮廓样式和改变图表的形状效果。

7. 为文档设置背景图片

为了进一步对简历进行美化，创作一份具有独特风格的个人简历，可为文档设置背景图片。背景可以是单纯的颜色，也可以应用渐变、图案、图片或纹理。渐变、图案、图片和纹理将进行平铺或重复以填充页面。

1）为文档设置页面颜色

选择"页面布局"选项卡中的"页面背景"组，单击"页面颜色"按钮，就可以打开"主题颜色"对话框，如图 5-42 所示，可选择合适的颜色作为文档背景色。

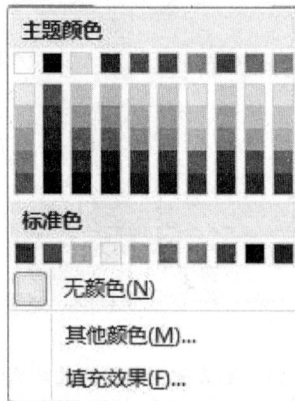

图 5-42　设置背景色

2）为文档设置填充效果

选择"页面布局"选项卡中的"页面背景"组，单击"页面颜色"按钮，在打开的"主题颜色"对话框中单击"填充效果"选项，即可打开"填充效果"对话框，如图 5-43 所示。在"填充效果"对话框中可以设置渐变、纹理、图片及图片背景等效果。

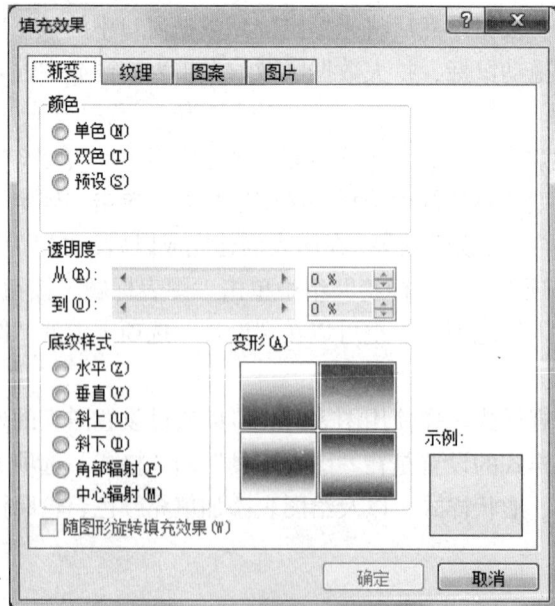

图 5-43　"填充效果"对话框

牛刀小试

请按照图5-44制作一份个人简历，要求如下。

（1）插入表格。

（2）输入文字，字体大小为小四号，宋体，黑色，加粗。

（3）设置单元格的对齐方式为水平居中、垂直居中（中部居中）。

（4）给表格添加边框，外边框为1.5磅、蓝色双线，内边框为0.5磅、黑色细线。

（5）按照图5-44给表格中部分单元格设置紫色底纹。

个人简历

姓　名		性　别		出生年月		照片
籍　贯		民　族		政治面貌		
身体状况		培养方式		学　位		
学　历		毕业学校				
所在院系						
技　能						
教育经历						
证书/奖状						
实践经历						
所学课程						
自我介绍						
求职意向						
联系方式						

图5-44 个人简历表

任务 3　西岳华山 Word 文档编辑

任务目标

- 掌握图片的插入及设置方法。
- 掌握艺术字的插入及设置方法。
- 掌握文本框的插入及设置方法。
- 掌握页面设置的方法。

任务描述

利用 Word 2010 向"西岳华山"文档中插入图片、艺术字、自选图形等图形对象，完成图文混排。

知识要点

（1）艺术字。艺术字是一种文字型的图片。利用艺术字可以在文档中插入有艺术效果的文字，如阴影、斜体、旋转和拉伸等，使文档更加美观。Word 中的艺术字是特殊的文本，对艺术字的操作和对图片的操作几乎相同。

（2）文本框。文本框是用来编辑、存放文字、图形、表格等内容的框。在 Word 中文本框是指一种可移动、可调大小并且能精确定位文字、表格或图形的容器。文本框有两种，分别是横排文本框和竖排文本框。文本框内的文本编辑方法和普通段落文本相同。

（3）页面设置。在编辑好文本之后、打印文本之前，需要先对页面进行设置。页面设置主要是设置页边距、纸张方向、纸张大小等内容。

任务实施

1. 图片格式

图片格式是计算机存储图片的格式，常见的图片格式有 BMP、JPEG、GIF、PCX、PSD、TIFF、PSD、PNG 等。

1）JPEG 格式

JPEG（Joint Photographic Experts Group，联合图像专家组）是一种有损压缩文件格式。JPEG 格式是目前网络上最流行的图像格式，它广泛应用在网络和光盘读物上。目前各类浏览器均支持 JPEG 这种图像格式。

2）BMP 格式

BMP 是一种与硬件设备无关的图像文件格式，它采用位映射存储格式，除了图像深度可选以外，不采用其他任何压缩，因此，BMP 文件所占用的空间很大。因此 Web 浏览器不支持 BMP 格式。由于 BMP 文件格式是 Windows 环境中交换与图有关的数据的一种标准，因此在 Windows 环境中运行的图形图像软件都支持 BMP 图像格式。

3）GIF 格式

GIF 图片格式最大的特点是不仅可以是一张静止的图片，也可以把多幅图像数据逐幅读出显示到屏幕上，构成一种最简单的动画。GIF 格式适用于多种操作系统，"体形"很小，网上很多小动画都是 GIF 格式的。但其色域不太广，只支持 256 种颜色。

4）TIFF 格式

TIFF 图像格式是现存图像文件格式中最复杂的一种，它具有扩展性、方便性、可改性等特点。因为它存储的图像细微层次的信息多，图像的质量高，有利于原稿的复制，因此多应用在印刷行业。

5）PNG 格式

PNG 的原名称为"可移植性网络图像"，是网上接受的最新图像文件格式。PNG 图片格式与 JPEG 格式类似，被广泛应用于网页图片中，压缩比高于 GIF，支持图像透明，可以利用 Alpha 通道调节图像的透明度，可以拥有透明背景。

2. 插入图片

在 Word 中既可以插入 Office 2010 软件自带的剪贴画，也可以插入用其他图形软件创建的图形。将图片插入到文档中有两种方式：嵌入型和浮动型。嵌入型图片直接放置在文本的插入点处，占据了文本的位置；浮动型图形可以插入在图形层，在页面上精确定位，也可以将其放在文本或其他对象的上面或下面。浮动型图形和嵌入型图片可以相互转换，插入的图片默认为嵌入型图片。

浮动型图形和嵌入型图片的区别主要表现在，当单击选定图片时，图形周围出现 8 个小方块（称为句柄），浮动型图形四周的句柄为空心柄，而嵌入型图形四周的句柄为实心柄。

1）插入图片

（1）插入剪贴画。剪贴画是 Office 提供给 Word 的图片，在文本中插入图片的具体方法如下。

①把光标定位到需要插入图片的位置。

②单击"插入"选项卡下"插图"组中的"剪贴画"按钮，打开"剪贴画"任务窗格，如图 5-45 所示。

③在对话框中设置"搜索文字"和"结果类型"后，单击"搜索"按钮，显示剪辑库中的图片类型。从中选择所需的剪贴画，单击该剪贴画即可将其插入到文本中。

（2）插入图形文件。在 Word 中除了可以插入 Office 提供的图片之外，还可以插入 JPEG、TIFF、BMP、GIF、PNG 等格式的图形文件，插入图形文件的方法如下。

①把光标定位到需要插入图片的位置。

②单击"插入"选项卡下"插图"组中的"图片"按钮，打开"插入图片"对话框，如图 5-46 所示。

图 5-45 "剪贴画"任务窗格

图 5-46 "插入图片"对话框

③在"插入图片"对话框中进行设置。找到图片之后，单击选中需要插入的图片，单击

"插入"按钮，即可把图片插入到文本中，效果如图5-47所示。

山外有山，西岳华山

华山风景区位于陕西省渭南华阴市境内，距西安120公里，在全国乃至世界享有很高的声誉，素有"奇险天下第一山"之称。

华山为五岳之西岳，南接秦岭，北瞰黄渭，扼守着大西北进出中原的门户，资源丰富，景观独特，文化内涵丰厚。华山是中华民族文化的发祥地之一，据清代著名学者章太炎先生考证，"中华"、"华夏"皆因华山而得名。华山是神州九大观日处之一。华山观日处位于华山东峰（亦称朝阳峰），朝阳台为最佳观日地点。

图5-47　插入图片的效果

2）编辑图片

插入图片后，只要用鼠标单击插入的图片，在选项卡标签中会出现"格式"选项卡。在"格式"选项卡下利用功能区中的工具就可以对图片进行各种编辑设置。

（1）更改图片大小。改变图片的大小有两种方法。

方法一：单击图片的任意位置选定图片，图片周围出现8个小方块，称为句柄（控制点）。将鼠标指向某句柄时，指针变成双向箭头，此时拖动鼠标即可改变图形大小。

方法二：单击图片的任意位置选定图片，选择"格式"选项卡中的"大小"组。在"大小"组中通过"高度"和"宽度"的微调器改变图片的大小。

（2）设置图片的亮度、对比度和重新着色。单击鼠标选中需要设置的图片，选择图片工具中"格式"选项卡下"调整"组中的"亮度""对比度"和"重新着色"对图片进行设置。

①设置图片"亮度"。单击"调整"组中的"更正"按钮，在弹出的菜单中选择合适的图片亮度。如果需要设置的亮度不在这个范围之内，也可以选择"更正"集中的"图片修正选项"，打开"设置图片格式"对话框，如图5-48所示。在"设置图片格式"对话框中的"图片更正"选项卡下可以设置图片的亮度。

②设置图片"对比度"。单击"调整"组中的"更正"按钮，在弹出的菜单中选择合适的图片对比度。如果需要设置的对比度不在这个范围之内，也可以选择"更正"集中的"图片修正选项"，打开"设置图片格式"对话框，如图5-48所示。在"设置图片格式"对话框中的"图片更正"选项卡下可以设置图片的对比度。

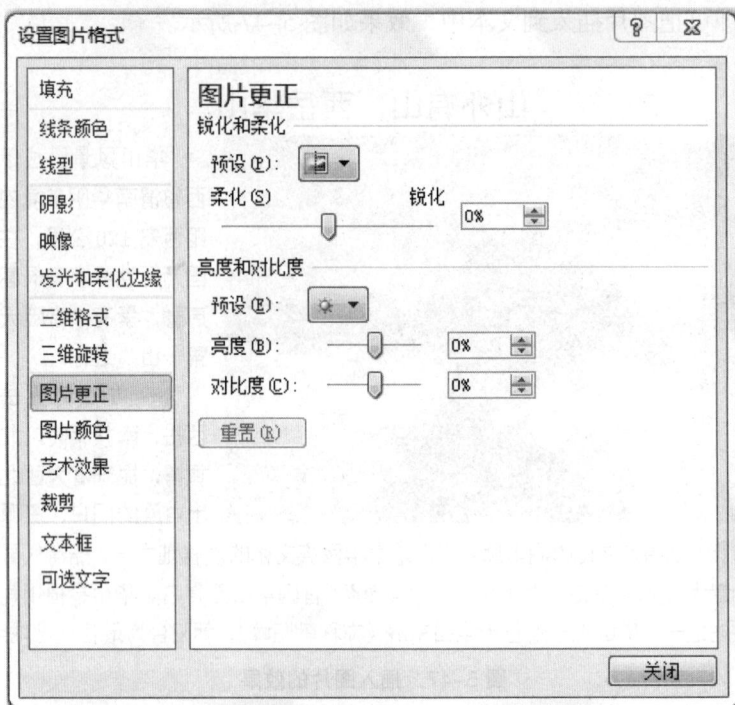

图 5-48 "设置图片格式"对话框

③设置图片"重新着色"。单击"颜色"按钮，在弹出的菜单中选择合适的着色方式，如图 5-49 所示。

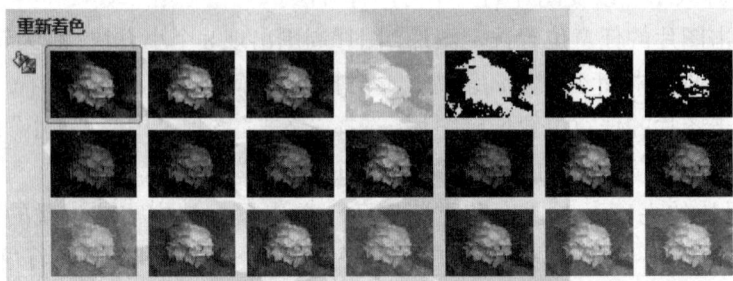

图 5-49 "重新着色"方式

（3）设置图片的文字环绕方式。插入到文本中的图片默认是"嵌入型"图片，这种图片直接放置在文本的插入点处，占据了文本的位置，移动图片的时候不方便，并且插入到文本中不太美观。因此需要把"嵌入型"的图片转换成"浮动型"的图片，转换方法是通过设置图片的文字环绕方式进行的，具体操作方法如下。

①单击选中需要设置的图片。

②选择"图片工具"的"格式"选项卡下的"排列"组，单击"自动换行"按钮，在弹出的选项中选择合适的文字环绕方式即可。

③或者选择"其他布局选项"，打开"布局"对话框，在"文字环绕"选项卡下设置合适的环绕方式，如图 5-50 所示。

图 5-50 "布局"对话框

④把图片设置为"四周型环绕",并拖动图片,调整图片的位置,效果如图 5-51 所示。

华山风景区位于陕西省渭南华阴市境内,距西安 120 公里,在全国乃至世界享有很高的声誉,素有"奇险天下第一山"之称。

华山为五岳之西岳,南接秦岭,北瞰黄渭,扼守着大西北进出中原的门户,资源丰富,景观独特

文化内涵丰厚。华山是中华民族文化的发祥地之一,据清代著名学者章太炎先生考证,"中华"、"华夏"皆因华山而得名。华山是神州九州观日处之一。华山观日处位于华山东峰(亦称朝阳峰),朝阳台为最佳观日地点。华山的著名景区景点多达 210

余处,有凌空架设的长空栈道,三面临空的鹞子翻身,以及在峭壁绝崖上凿出的千尺幢、百尺峡、老君犁沟等,华岳仙掌被列为关中八景之首。

图 5-51 "四周型环绕"效果图

(4)设置图片的边框和填充颜色。把图片由"嵌入型"转换成"四周型"之后,可以为图片添加边框和填充颜色,具体操作方法如下。

①选中需要设置的"四周型"图片。

②在"图片工具"的"格式"选项卡下的"边框"组中设置边框。

③在"边框"组中可以选择边框的线型、粗细,单击"图片边框"按钮可以选择边框的颜色。

④单击"边框"中的对话框启动器，打开"设置图片格式"对话框，在"线条颜色""线型"选项卡下可以设置图片的填充颜色和填充效果。

在"图片工具"的"格式"选项卡下还可以设置图片的位置、对齐方式、旋转以及对图片的剪裁等。

3. 绘制文本框

文本框是将文字、表格、图形精确定位的有效工具。在 Word 中文本框可以看成是一种可移动、可调大小并且能精确定位文字、表格或图形的容器。只要被装进文本框，就如同被装进了一个容器，可以随时将它移动到页面的任意位置，让正文在它的四周环绕。文本框有两种，横排文本框和竖排文本框。

1）插入文本框

（1）选择"插入"选项卡中的"文本"组，单击"文本框"按钮，弹出"文本框"集，如图 5-52 所示。

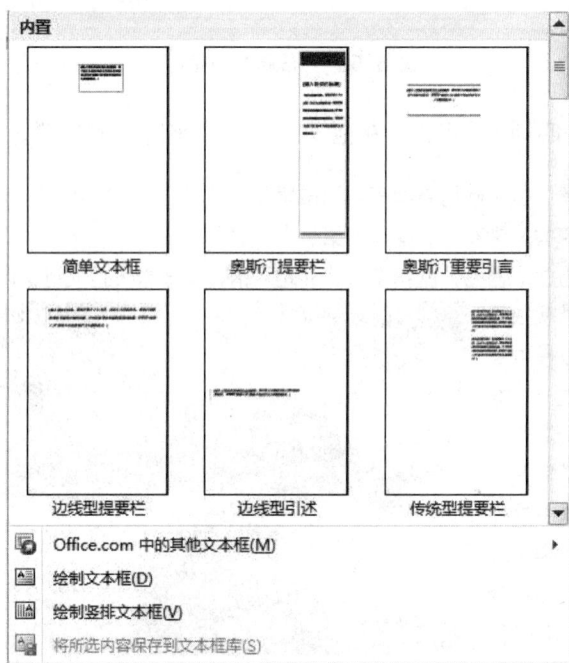

图 5-52 "文本框"集

（2）在"文本框"集中单击"绘制文本框"选项或"绘制竖排文本框"选项。"绘制文本框"中的文字为横排，"绘制竖排文本框"中的文字为竖排。如单击"绘制文本框"选项，这时鼠标指针变成十字形，单击鼠标拖动文本框到所需的大小与形状之后再松开鼠标，如图 5-53 所示。

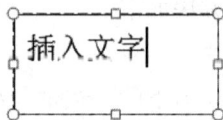

图 5-53 文本框

（3）插入文本框之后就可以在文本框中插入文字、图片、表格等内容了。

2）将现有的内容纳入文本框

（1）在页面视图方式下，选定需要纳入文本框的所有内容。

（2）单击"插入"选项卡中"文本"组"文本框"下的"绘制文本框"或"绘制竖排文本框"命令，即可将选定内容放入文本框中。

3）编辑文本框

文本框具有图形的属性，所以对其的操作与图形类似，设置方式主要有两种。

（1）可以利用"文本框工具"的"格式"选项卡的选项进行设置。主要可以设置文本框样式、阴影效果、三维效果、位置和大小等。

（2）在文本框的边框上单击右键，在快捷菜单上选择"设置形状格式"命令，打开"设置形状格式"对话框，如图 5-54 所示，可设置文本框的填充、线条颜色、线型、阴影、影像、发光和柔化边缘、三维格式、三维旋转、文本框和可选文字。

图 5-54　"设置图片格式"对话框

设置效果如图 5-55 所示。

华山风景区位于陕西省渭南华阴市境内，距西安 120 公里，在全国乃至世界享有很高的声誉，素有"奇险天下第一山"之称。

图 5-55　文本框设置效果图

4.编辑艺术字

艺术字是一种文字型的图片。利用艺术字可以在文档中插入有艺术效果的文字，如阴影、斜体、旋转和拉伸效果等，使文档更加美观。Word 中的艺术字是特殊的文本，对艺术字的操作和对图片的操作几乎相同。

1）插入艺术字

（1）将光标定位于需要插入艺术字的位置。

（2）选择"插入"选项卡中的"文本"组，单击"艺术字"按钮，打开"艺术字库"集，如图 5-56 所示。

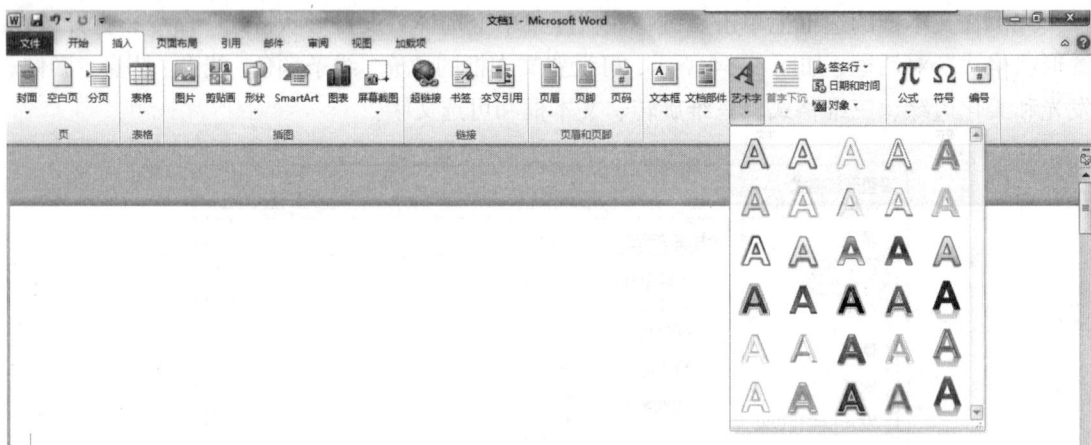

图 5-56"艺术字库"集

（3）在"艺术字库"集中选择合适的艺术字样式，单击鼠标左键，可以对艺术字进行编辑，在"开始"选项卡中可以设置字体、字号等。

2）编辑艺术字

插入艺术字之后，可以利用"艺术字工具"中的"格式"选项卡下的命令对插入的艺术字进行设置。主要可以设置艺术字样式、阴影效果、三维效果、大小、环绕方式以及重新编辑艺术字等。

对于插入的艺术字可以更改其文字样式，具体的更改方法如下。

（1）更改艺术字的形状，在"艺术字工具"的"格式"选项卡下，单击"艺术字样式"按钮可以更改艺术字的样式，如图 5-57 所示，选择合适的形状即可。

（2）设置艺术字颜色。艺术字的颜色分两类，填充颜色和轮廓颜色。填充颜色是为艺术字的内部添加颜色，轮廓颜色是为艺术字的边框添加颜色。

设置填充颜色的方法是选中需要更改形状的艺术字，在"艺术字工具"的"格式"选项卡下，单击"艺术字样式"组中的"形状填充"选项，打开"形状填充"集，如图 5-58 所示，在"形状填充"集中可以选择合适的颜色或渐变、纹理、图案等。

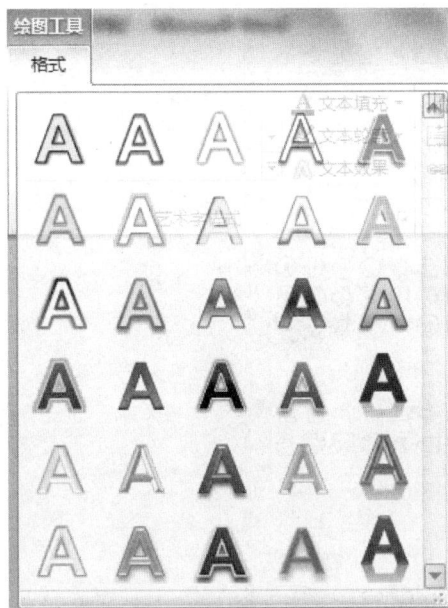

图 5-57　艺术字样式

图 5-58　"形状填充"集

设置轮廓颜色的方法和填充颜色相似，选中需要更改形状的艺术字，在"艺术字工具"的"格式"选项卡下，单击"艺术字样式"组中的"形状轮廓"选项，打开"形状轮廓"集。在"形状轮廓"集中可以选择合适的颜色、线型、粗细图案等。

设置艺术字的环绕方式和大小与设置图片的环绕方式和大小是相同的。同时还可以和图片一样，设置艺术字的三维效果、阴影效果、对齐方式等。

5. 绘制自选图形

在 Word 中，除了可以插入图片外，还可以利用"绘制"工具绘制图形。

1）绘制自选图形

Word 2010 中提供了 9 种自选图形，包括线条、矩形、基本形状、箭头总汇、公式形状、流程图、星与旗帜、标注和最近使用的形状。绘制自选图形的方法如下。

（1）单击"插入"选项卡下"插图"组中的"形状"按钮，打开"形状"集，如图 5-59 所示。

（2）在"形状"集中选择所需要的形状，此时，鼠标指针变成十字形，在页面上拖动鼠标到所需的大小后松开鼠标即可。如果要保持图形的高度和宽度成比例缩放，在拖动鼠标的同时按下 Shift 键。

2）设置自选图形的格式

自选图形绘制完毕后，为了美化自选图形，需要对自选图形进行格式设置。设置自选图形的格式主要是对自选图形的线条颜色、字体颜色、阴影、三维效果、形状样式、大小等进行设置，也可以利用指定的颜色填充图形、设置图形的叠放次序及对指定图形进行微调、旋转与翻转等操作。

设置自选图形的格式主要是在"绘图工具"的"格式"选项卡中进行的，如图 5-60 所示。

图 5-59 "形状"集

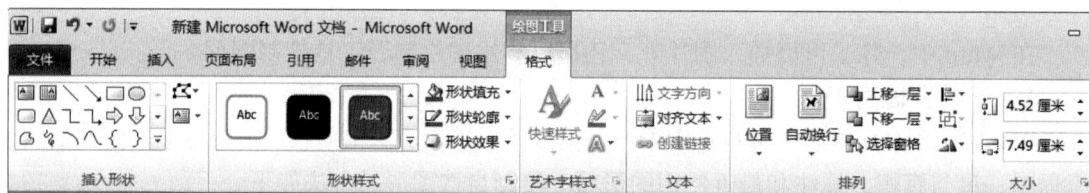

图 5-60 "绘图工具"

同时还可以利用"设置形状格式"对话框进行设置。选中需要进行设置的自选图形，单击鼠标右键，在快捷菜单中选择"设置图形格式"，即可打开"设置形状格式"对话框，如图 5-61 所示，在此可以进行详细的设置。

3）在自选图形上添加文字

除直线和任意多边形外，用户可在自选图形上添加文字。添加的文字和文本中的文字相同，可以进行字符格式的设置，文本也可以随着图形的移动而移动，添加文字的具体操作如下。

（1）选择需要添加文本的自选图形。

（2）在所选图形上单击鼠标右键，在快捷菜单中选择"添加文字"，在所选中的自选图形上也会出现插入点。

（3）利用插入点即可在自选图形上插入文字，并对文字进行格式设置，效果如图 5-62 所示。

设置形状格式
填充
线条颜色
线型
阴影
映像
发光和柔化边缘
三维格式
三维旋转
图片更正
图片颜色
艺术效果
裁剪
文本框
可选文字
填充
无填充(N)
纯色填充(S)
渐变填充(G)
图片或纹理填充(P)
图案填充(A)
填充颜色
颜色(C):
透明度(T):
0%
关闭

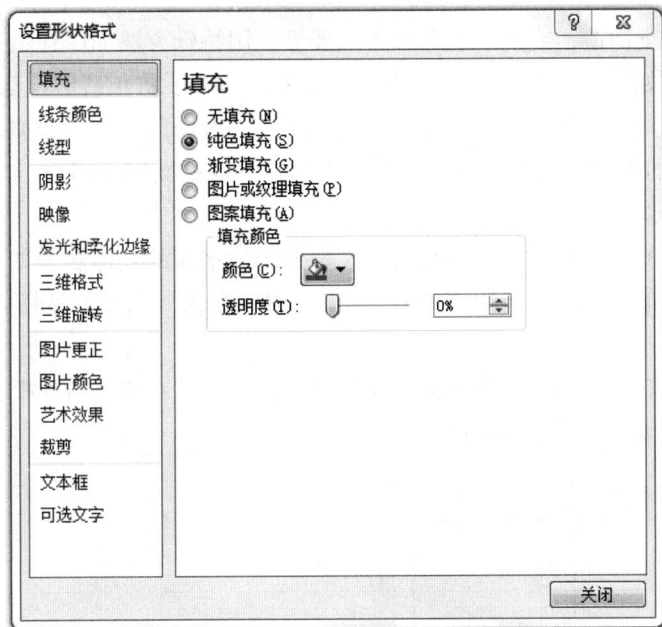

图 5-61　“设置形状格式”对话框

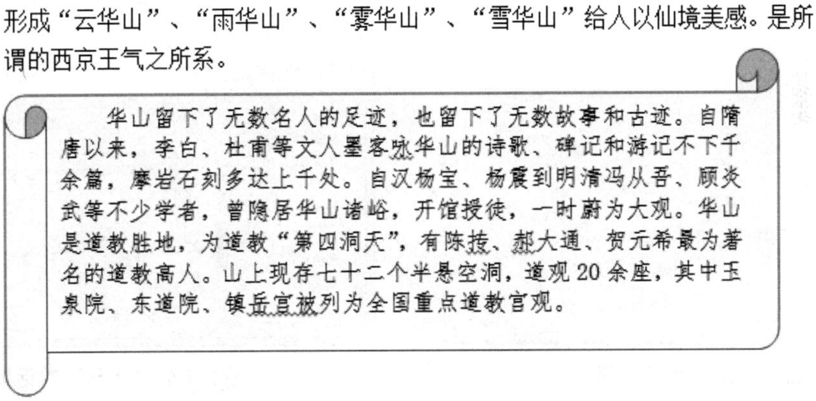

形成“云华山”、“雨华山”、“雾华山”、“雪华山”给人以仙境美感。是所谓的西京王气之所系。
华山留下了无数名人的足迹，也留下了无数故事和古迹。自隋唐以来，李白、杜甫等文人墨客咏华山的诗歌、碑记和游记不下千余篇，摩岩石刻多达上千处。自汉杨宝、杨震到明清冯从吾、顾炎武等不少学者，曾隐居华山诸峪，开馆授徒，一时蔚为大观。华山是道教胜地，为道教“第四洞天”，有陈抟、郝大通、贺元希最为著名的道教高人。山上现存七十二个半悬空洞，道观 20 余座，其中玉泉院、东道院、镇岳宫被列为全国重点道教宫观。

图 5-62　在自选图形上添加文字的效果图

4）组合自选图形

有时一幅图由多个自选图形组成，它们各自独立，在移动或复制等操作时需要单独操作，这样比较麻烦。因此需要把多个设置好的自选图形组合成一个整体，具体的组合方法是按住 Shift 键选中需要组合在一起的多个自选图形，单击鼠标右键，在快捷菜单中选择“组合”，即可把多个自选图形组合成一个整体，之后再对自选图形进行移动、复制等操作即可一次完成。

如果需要删除或添加自选图形时，还可取消“组合”，方法是选中需要取消组合的自选图形，单击鼠标右键，在快捷菜单中选择"取消组合"，即可取消组合在一起的自选图形，把它们变为个体。

6. 添加水印

水印是为了防止伪造，或为了表明文本重要性，用特殊方法加压在纸里的一种标记。水印的应用比较多，如邮票、人民币、购物券、证券等，为了防止造假，都应用了水印技术。在 Word 2010 中，为了突出文档的重要性或美化文档，也可以给文档添加水印效果。

Word 2010 中的水印有两种，一种是图片水印，一种是文字水印。

1）添加图片水印

在文档中添加图片水印是为了美化文档，添加图片水印的具体步骤如下。

（1）在"页面布局"选项卡的"页面背景"组中，单击"水印"按钮，打开"水印"集，如图 5-63 所示。

（2）在"水印"集中单击"自定义水印"选项，打开"水印"对话框，在"水印"对话框中选择"图片水印"，如图 5-64 所示。

图 5-63 "水印"集

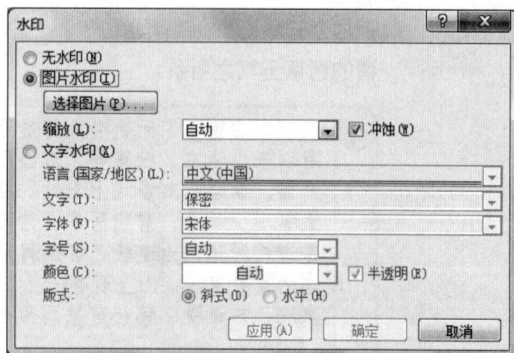

图 5-64 "水印"对话框

（3）在"图片水印"中选择要设置为水印的图片，同时还可以设置图片的缩放比例以及是否冲蚀。设置完成，单击"确定"按钮，即可给文档添加图片水印。

2）添加文字水印

添加文字水印一般是为了提示文档的重要性或对文档进行说明。添加文字水印的具体步骤如下。

（1）在"页面布局"选项卡的"页面背景"组中，单击"水印"按钮，打开"水印"集，可以从中选择一种合适的水印添加到文本中。若需要自定义文字，可以单击"自定义水印"

选项，打开"水印"对话框，如图 5-64 所示，在"水印"对话框中选择"文字水印"。

（2）设置文字水印。在"语言"下拉列表中选择语言类型；在"文字"下拉列表中选择水印中所需要的文字，也可以输入文字作为水印文字；在"字体"和"颜色"中选择水印文字的字体和颜色；在"版式"中选择文字水印在文档中是"斜式"放置还是"水平"放置。

（3）设置完成，单击"确定"按钮，即可给文档添加文字水印。

在一个文档中只能添加一种水印，若是添加了图片水印之后再添加文字水印，图片水印则会被文字水印替换。

3）水印的删除

在文档中添加水印之后，若发现不合适，还可以把水印删除。删除水印主要有两种方法。

（1）在"页面布局"选项卡的"页面背景"组中，单击"水印"按钮，打开"水印"集，从中选择"删除水印"选项，即可把添加到文档中的水印去掉。

（2）打开"水印"对话框，选择"无水印"，也可以把文档中添加的水印去掉。

7. 插入 SmartArt 图形

SmartArt 图形是信息和观点的视觉表示形式，多用于在文档中演示流程、层次结构、循环或者关系。SmartArt 图形包括列表、层次结构图、流程图、关系图、循环图、矩阵图、棱锥图和图片图，利用 SmartArt 工具可以制作出精美的文档图表。

1）插入 SmartArt 图形

插入 SmartArt 图形的步骤如下。

（1）单击"插入"选项卡中的"SmartArt"按钮，弹出"选择 SmartArt 图形"对话框，如图 5-65 所示。

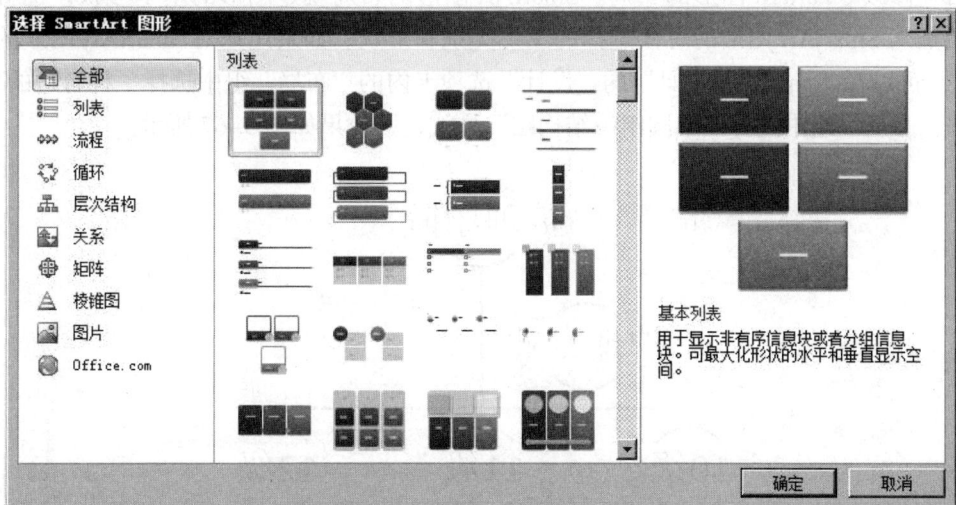

图 5-65　"选择 SmartArt 图形"对话框

（2）从中选择一种图像样式，如选择左侧的"层次结构"，然后选择右侧图库中的"组织结构图",单击"确定"按钮,即可在文档中插入一个层次结构图。

(3)在图形上面单击鼠标输入文字,也可以在左侧的文本框中输入文字,输入文字后的效果如图 5-66 所示。

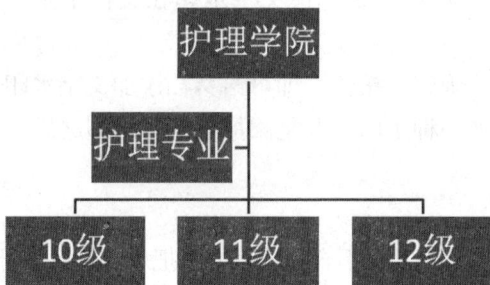

图 5-66 输入文字后的效果图

2)修改和设置 SmartArt 图形

插入 SmartArt 图形之后,如果对图形样式和效果不满意,可以对其进行必要的修改。从整体上讲,SmartArt 图形是一个整体,但它是由图形和文字组成的。因此,Word 允许用户对整个 SmartArt 图形、文字和构成 SmartArt 的子图形分别进行设置和修改。

(1)增加和删除项目。一般的 SmartArt 图形是由一条一条的项目组成的,有些 SmartArt 图形的项目是固定不变的,而很多则是可以修改的。如果默认的项目不够用,可以添加项目。选中 SmartArt 图形图表中的某个项目,在"SmartArt 工具"的"设计"选项卡内单击"添加形状"按钮,在下拉菜单中选择适合的命令即可在选中的项目的前面、后面、上面或下面添加项目。如果要删除项目,只需选中构成本项目的图形,按下键盘上的 Del 键即可。

(2)修改 SmartArt 图形的布局。SmartArt 图形的布局就是图形的基本形状,也就是在刚开始插入 SmartArt 图形的时候选择的图形类别和形状。如果用户对 SmartArt 图形的布局不满意,可以在"SmartArt 工具"的"设计"选项卡内的"布局"组中选择一种合适的样式。如果在"布局"组中选择"半圆组织结构图"样式,则效果如图 5-67 所示。

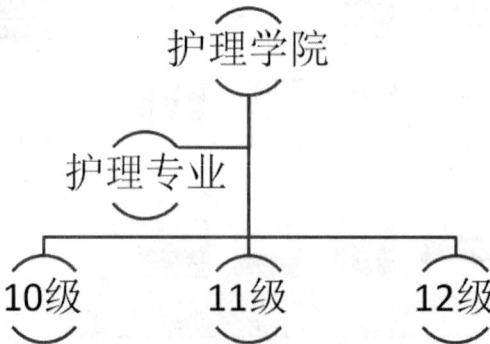

图 5-67 修改样式后的效果图

(3)修改 SmartArt 图形样式。在"SmartArt 工具"的"设计"选项卡内的"SmartArt 样式"

组是动态的，它会随着插入的 SmartArt 图形的不同自动变化，用户从中可以选择合适的样式。

（4）修改 SmartArt 图形颜色。在"SmartArt 工具"的"设计"选项卡内单击"更改颜色"按钮，在下拉菜单中即可显示出所有的图形颜色样式，如图 5-68 所示，在颜色样式列表中即可选择合适的颜色。

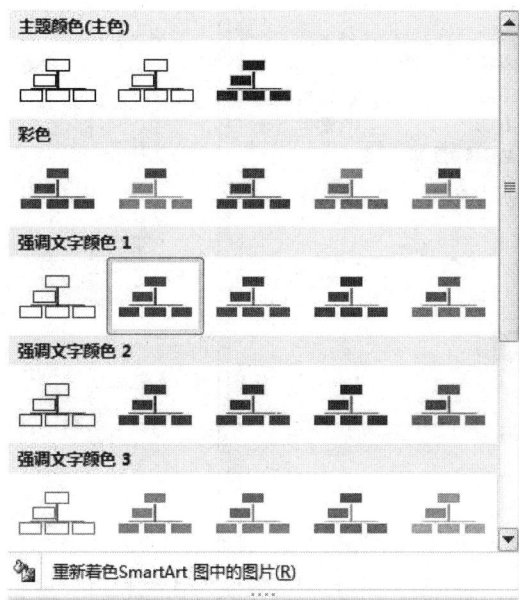

图 5-68　修改 SmartArt 图形颜色样式

（5）设置 SmartArt 图形填充。在"SmartArt 工具"的"格式"选项卡中单击"形状填充"按钮，弹出下拉菜单，用户可以通过其中的命令为 SmartArt 设置填充色、填充纹理或填充图片。

（6）设置 SmartArt 图形效果。在"SmartArt 工具"的"格式"选项卡内单击"形状效果"按钮，弹出下拉菜单，选择合适的效果即可。

用户可以通过其中的命令为 SmartArt 图形设置阴影、映像、棱台、三维旋转效果。设置图形效果的方法与前面为图片、绘制的图形设置效果的方法基本相同。

8. 文档的页面设置与打印

1）页面设置

用户在完成文档的编辑之后、打印文档之前，需要对文档的页面进行设置。页面设置主要是设置页边距、纸张大小、纸张方向等。进行页面设置主要有两种方法。

（1）在"页面布局"选项卡上的"页面设置"组中即可设置页边距、纸张方向、纸张大小等。

（2）在"页面设置"组中单击右下角的对话框启动器，打开"页面设置"对话框，即可设置页边距，如图 5-69 所示。

①页边距。页边距是指文本内容距纸张边缘的距离。设置页边距的方法是在"页面布局"

选项卡上的"页面设置"组中，单击"页边距"按钮，打开"页边距"集，如图 5-70 所示，从中选择所需的页边距类型。还可以通过单击"页边距"集中的"自定义边距"选项打开"页面设置"对话框，在"页边距"选项卡中自己定义页边距，依次在"上""下""左""右"框中，输入新的页边距值即可。

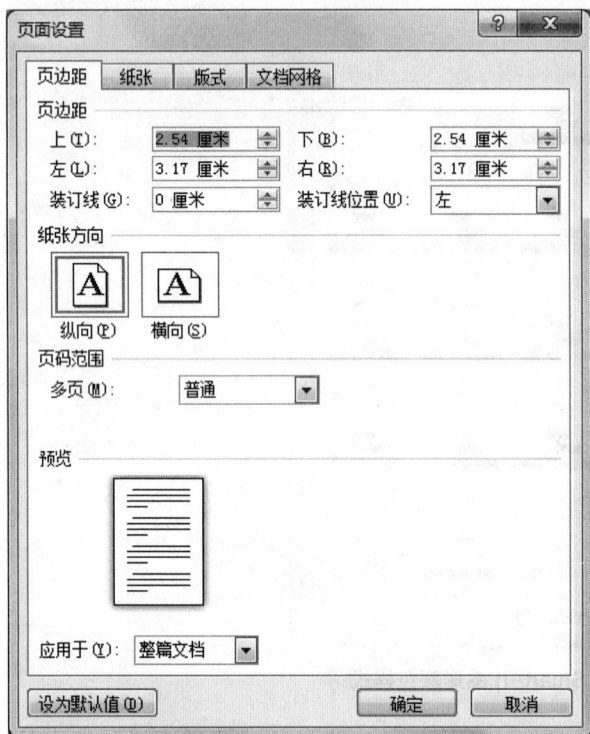

图 5-69 "页面设置"对话框

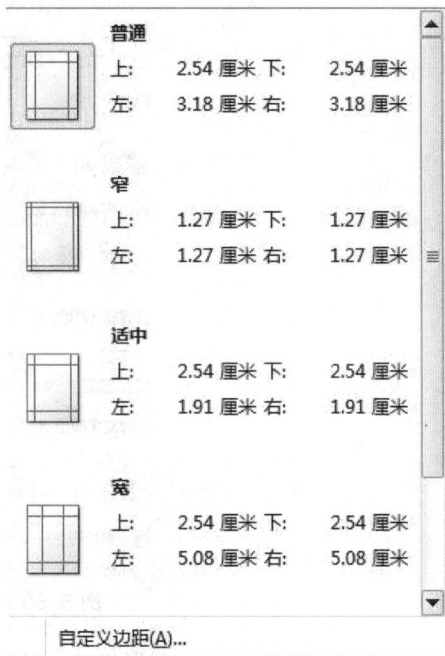

图 5-70 "页边距"集

②纸张大小。常用的纸张大小有 A4、B5、A3 等，而 Word 默认的纸张大小是 A4，因此，如果需要的纸张大小不是 A4 的时候，就需要设置纸张的大小了。设置纸张大小的方法是在"页面布局"选项卡上的"页面设置"组中，单击"纸张大小"按钮，打开"纸张大小"集，从中选择合适的纸张。也可以单击"其他页面大小"，打开"页面设置"对话框，在"纸张"选项卡下进行设置。

③纸张方向。Word 中默认的纸张方向是纵向，但有的特殊格式需要把纸张设置为横向的，因此需要对纸张方向进行设置，设置方法是在"页面布局"选项卡上的"页面设置"选项卡中，单击"纸张方向"按钮，选择"纵向"或"横向"。也可以打开"页面设置"对话框，在"页边距"选项卡中设置纸张方向。

除了可以设置页边距、纸张大小、纸张方向外，还可以设置文字方向、指定页面行数和字符数，给文本分类、添加分隔符等内容。

2）打印预览和打印

完成页面设置后可以利用打印预览功能观看打印效果，若无误就可以打印文档了。打印预览和打印文档需要选择"文件"列表中的"打印"命令，打开"打印"界面，如图 5-71 所示。

图5-71 "打印"界面

（1）打印预览。正式打印之前可以先进行打印预览，打印预览的效果和打印出的效果是一致的。因此可以通过打印预览找出文档设置的问题。

Word 2010的打印预览和打印是在同一个界面中的，在"打印"界面的右部是文档的打印预览的效果。预览效果的大小可以通过界面右下角的"显示比例"进行调整，预览时的翻页通过界面下方的调整按钮进行。

（2）打印。在打印之前需要对打印形式、内容等进行设置。在"文件"列表中选择"打印"选项，打开"打印"界面，可以设置以下内容。

①在"打印份数"中设置需要打印的文档数量。

②在"打印机"中选择所使用的打印机对应的驱动程序。

③在"设置"中可以设置打印的范围、打印方向，同时还可以设置页面是单面打印还是双面打印，以及设置页边距、纸张大小等。

牛刀小试

健康电子板报制作，请利用Word 2010制作出此电子板报，并按图示和要求进行文稿排版，效果如图5-72所示。

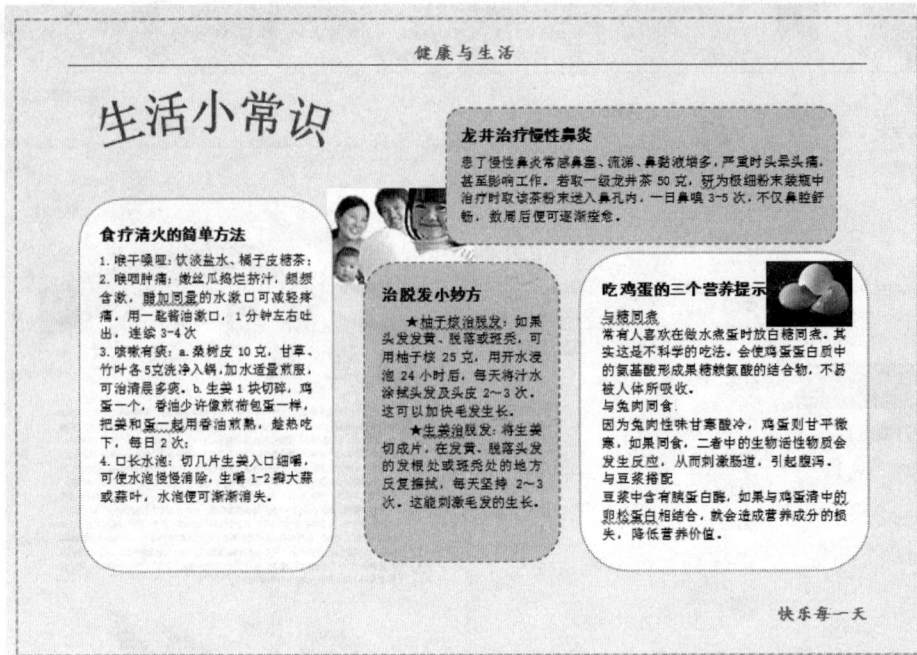

图 5–72　健康电子板报效果图

建立新的 Word 文档，输入文字，并按照图片和要求进行设置，要求如下。

（1）标题（生活小常识）用艺术字完成，设置为艺术字字库样式 3，新宋体，四号，颜色为绿色。

（2）四部分文字（食疗清火的简单方法、龙井治疗慢性鼻炎、治脱发小妙方、吃鸡蛋的三个营养提示）用文本框完成，标题文字设置为黑体、四号、加粗、黑色。其他文字设置为新宋体、小四、黑色，根据图片添加相应的项目符号和编号。

（3）根据图片为文本框设置相应的边框和底纹。

（4）插入图片 1、2，调整大小，放在适当位置，将中间图片设置为置于底层。

（5）为文档添加背景色为橄榄绿。

（6）添加如图 5–72 所示的页面边框。

（7）设置页眉为健康与生活（居中对齐），页脚为快乐每一天（右对齐），要求楷体、三号、加粗，页面边距设置上、下为 2cm，左、右为 3cm。

（8）保存文档，以"健康电子板报 .docx"命名。

注：要求中的（5）（6）（7）条可以在学习完任务 5 再操作完成。

任务 4　毕业论文排版

（任务目标）

- 掌握数学公式的插入方法。
- 掌握大纲级别和样式的设置方法。

- 掌握使用导航窗格的方法。
- 掌握使文档能够自动生成目录的方法。
- 掌握分隔符的作用以及使用方法。
- 掌握页眉、页脚的设置方法。

任务描述

一篇完整的毕业论文由封面、摘要、关键字、目录、正文、总结、致谢和参考文献等多个部分组成。用 Word 2010 为毕业论文排版，包括文字和段落格式、页眉、页脚、样式、目录等。

知识要点

（1）大纲级别。大纲级别是用于为文档中的段落指定等级结构的段落格式，共包含 9 个级别，从 1 级至 9 级，数字越小，级别越高。大纲级别可以帮助文档撰写者更加清晰、方便地查看文档结构，并对文档进行更多的处理。例如，在指定了大纲级别后，就可在大纲视图或文档结构图中查看或快速定位文档，简化排版过程，也可以据此自动生成目录。

（2）导航窗格。导航窗格是一个完全独立的窗格，它由文档各个不同等级的标题组成，因此能够清晰地显示整个文档的层次结构。使用"导航窗格"可以对整个文档进行快速浏览，同时还能在文档中进行定位。

（3）自动生成文档目录。目录是论文不可或缺的一部分。但在实际情况中，很多同学在撰写完论文之后，通常会采用手动编制的方式在首页添加目录。这样的方式除了工作量巨大之外，还往往因为章节标题的格式调整、内容的页码变动等原因，使目录与正文出现差距。为了解决这些问题，Word 2010 提供了自动生成目录的功能，不但能够自动生成目录，还能够在论文发生变动后方便、快捷地更新目录。

（4）分隔符。很多文档有特殊的排版需求，例如不同的页眉、页脚，从新的一页开始新的章节，或是将文档分为两栏。Word 2010 提供了三种类型的分隔符来达到这些需求，分别是分页符、分节符和分栏符。在"页面布局"选项卡下的"页面设置"组中，单击"分隔符"按钮即可弹出不同类型的分隔符。

（5）题注。题注是文档中给图片、表格、图表、公式等项目添加的名称和编号。使用题注功能可以保证文档中的图片、表格或图表等项目能够顺序地自动编号。当移动、插入或删除带题注的项目时，Word 可以自动更新题注的编号。而且一旦某一项目带有题注，还可以对其进行交叉引用。

（6）脚注和尾注。脚注一般位于页面底端，说明要注释的内容；尾注一般位于文档结尾处，集中解释文档中要注释的内容或标注文档中所引用的其他文章的名称。

任务实施

1. 插入数学公式

在编辑有关自然科学的文章或整理试卷时，经常需要使用各种数学公式、数学符号等。

在 Word 2010 中，有多个内置的公式可以直接插入，如二次公式、勾股定理等，也可以使用"插入新公式"命令编制所需的新公式。

1）利用内置公式插入数学公式

具体步骤如下。

（1）单击"插入"选项卡下"符号"组中的"公式"按钮，打开如图 5-73 所示的数学公式集。

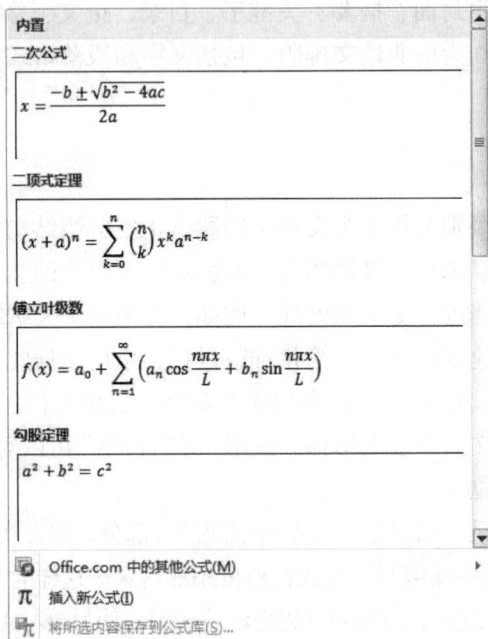

图 5-73　数学公式集

（2）在数学公式集中选择需要的公式，在文本插入点会出现所选的公式，此时只需用鼠标单击公式中需要更改的字符，字符显示灰色就可根据需要对其重新编辑。

2）插入新的公式

若需要的公式在内置公式中没有，可以利用"插入新公式"命令插入数学公式，具体步骤如下。

（1）单击"插入"选项卡下"符号"组的"公式"中的"插入新公式"命令，在文本编辑区的插入点处会出现一个空的公式编辑框。

（2）选中该公式编辑框，在选项卡标签中会出现公式工具的"设计"选项卡，如图 5-74 所示。

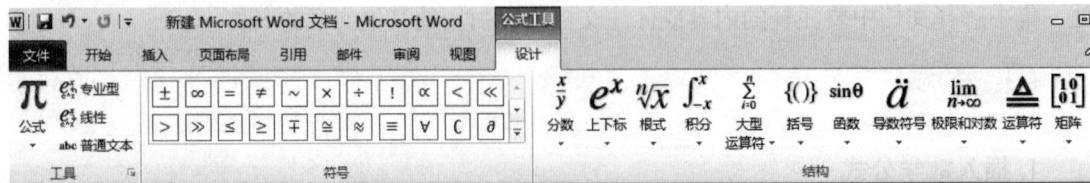

图 5-74　公式工具的"设计"选项卡

（3）利用"设计"选项卡的各组工具设置数学公式。在"符号"组中可以输入键盘无法输入的数学符号；在"结构"组中，有分数、上下标、根式、积分、大型运算符、分隔符、函数、导数符号、极数和对数、运算符和矩阵等多种运算方式，在其对应的下方都有一个小箭头，可以展开各种运算方式集，从中选择需要的运算方式。

（4）公式编辑完成后，在 Word 文档空白处单击即可返回。

（5）数学公式插入完成后，若要修改公式，只需单击公式，即可打开"公式工具"功能区中的"设计"选项卡，进行相应的修改。

2. 设置大纲级别

大纲级别用于为文档中的段落指定等级结构（1～9级）的段落格式。例如，指定了大纲级别后，就可在大纲视图或导航窗格中处理文档。

1）视图的切换

Word 文档默认的视图方式是页面视图，而大纲级别的设置需要在大纲视图中进行。因此，需要把视图方式从页面视图切换到大纲视图，视图的切换步骤如下。

（1）选择"视图"选项卡，单击"文档视图"组中的"大纲视图"按钮，即可打开大纲视图，如图 5-75 所示。

（2）在"大纲工具"栏中可以看到当前文本的大纲级别情况。

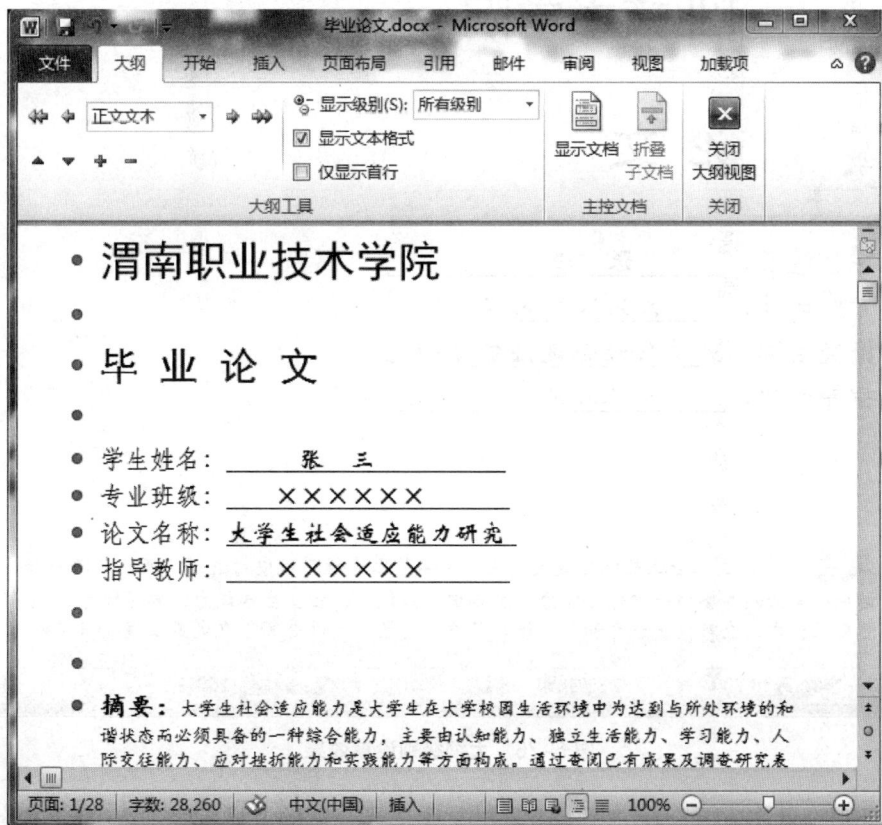

图 5-75　大纲视图的显示效果

2）设置大纲级别

在大纲视图方式下就可以给章节标题设置恰当的大纲级别了。方法是单击每一个标题的任意位置或选中标题，在"大纲"选项卡下的"大纲工具"组中设置该标题的大纲级别。例如，把"摘要"的大纲级别设置为"1级"的步骤如下。

（1）选中"摘要"两个字。

（2）在"大纲"选项卡下的"大纲工具"组中的大纲级别中选择"1级"即可，设置效果如图5-76所示。

使用相同的方法，将论文每一章标题的大纲级别都设置为"1级"，将每一节标题的大纲级别设置为"2级"，以此类推。最后，还要检查每一小节下方的正文，是否被正确设置为大纲级别的"正文文本"。

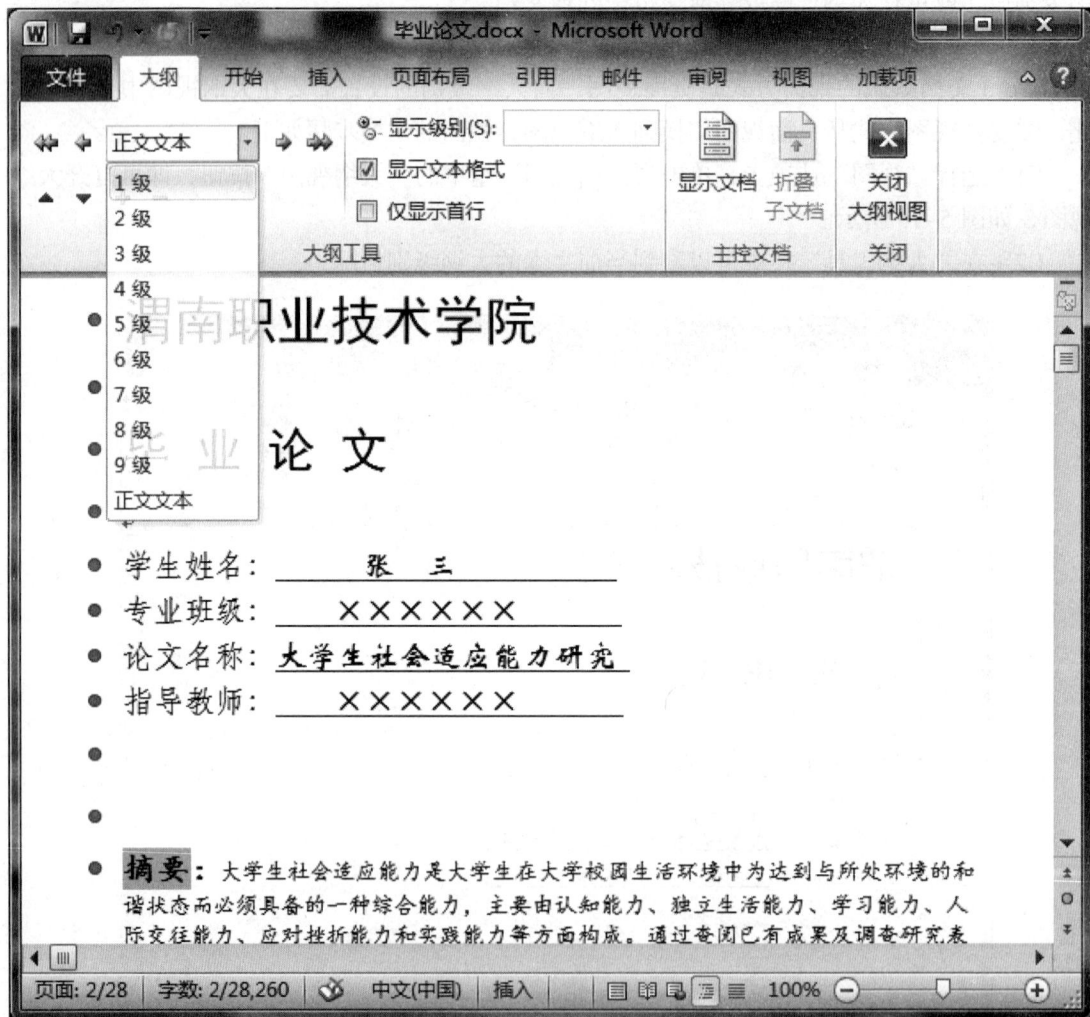

图5-76 大纲级别设置效果

大纲级别设置完成后，在"大纲工具栏"中选择合适的"显示级别"。在该任务中，由于最低的大纲级别为"2级"的小节标题，因此选择"2级"即可。此时大纲视图的显示效果如图 5-77 所示。

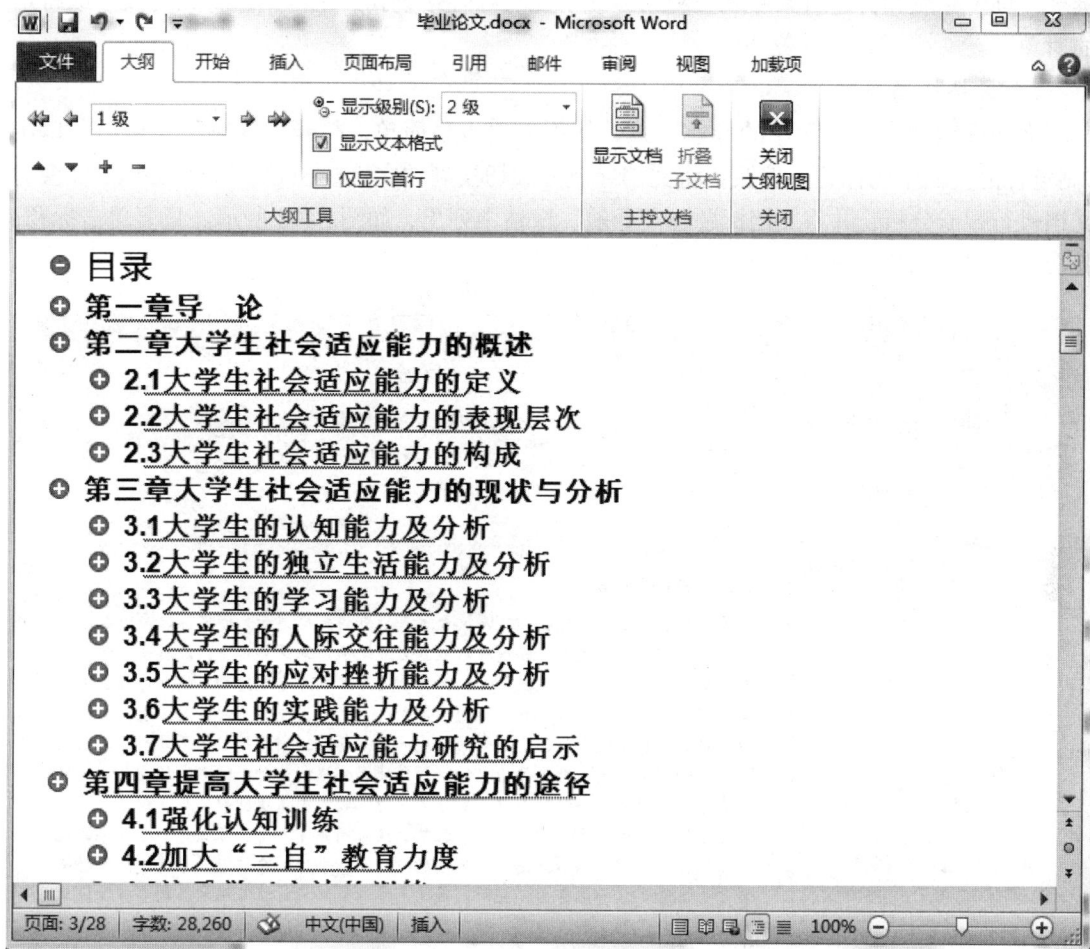

图 5-77　大纲视图的显示效果

3）退出"大纲视图"

大纲视图正确设置后就可以从"大纲视图"退出，单击"大纲"选项卡下"关闭"组中的"关闭大纲视图"按钮，这时的视图转换为"页面视图"。

3. 使用导航窗格

用 Word 编辑文档，有时会遇到长达几十页，甚至上百页的超长文档，在以往的 Word 版本中，浏览这种超长的文档很麻烦，要查看特定的内容，必须双眼盯住屏幕，然后不断滚动鼠标滚轮，或者拖动编辑窗口上的垂直滚动条查阅，用关键字定位或用键盘上的翻页键查找，既不方便、也不精确，有时为了查找文档中的特定内容，会浪费很多时间。Word 2010 新增的"导航窗格"可以解决以上问题，为用户精确导航。

打开"导航窗格"的方法是：打开"视图"选项卡，对"显示"组中的"导航窗格"进行勾选，即可在 Word 2010 编辑窗口的左侧打开"导航窗格"。

Word 2010 新增的文档导航功能的导航方式有 4 种：文档标题导航、文档页面导航、关键字（词）导航和特定对象导航。利用导航功能可以轻松查找、定位到想查阅的段落或特定的对象。

1）文档标题导航

文档标题导航是最简单的导航方式，使用方法也最简单，打开"导航"窗格后，单击"浏览你的文档中的标题"按钮，将文档导航方式切换到"文档标题导航"，Word 2010 会对文档进行智能分析，并将文档标题在"导航"窗格中列出，如图 5-78 所示。只要单击标题，就会自动定位到相关段落。

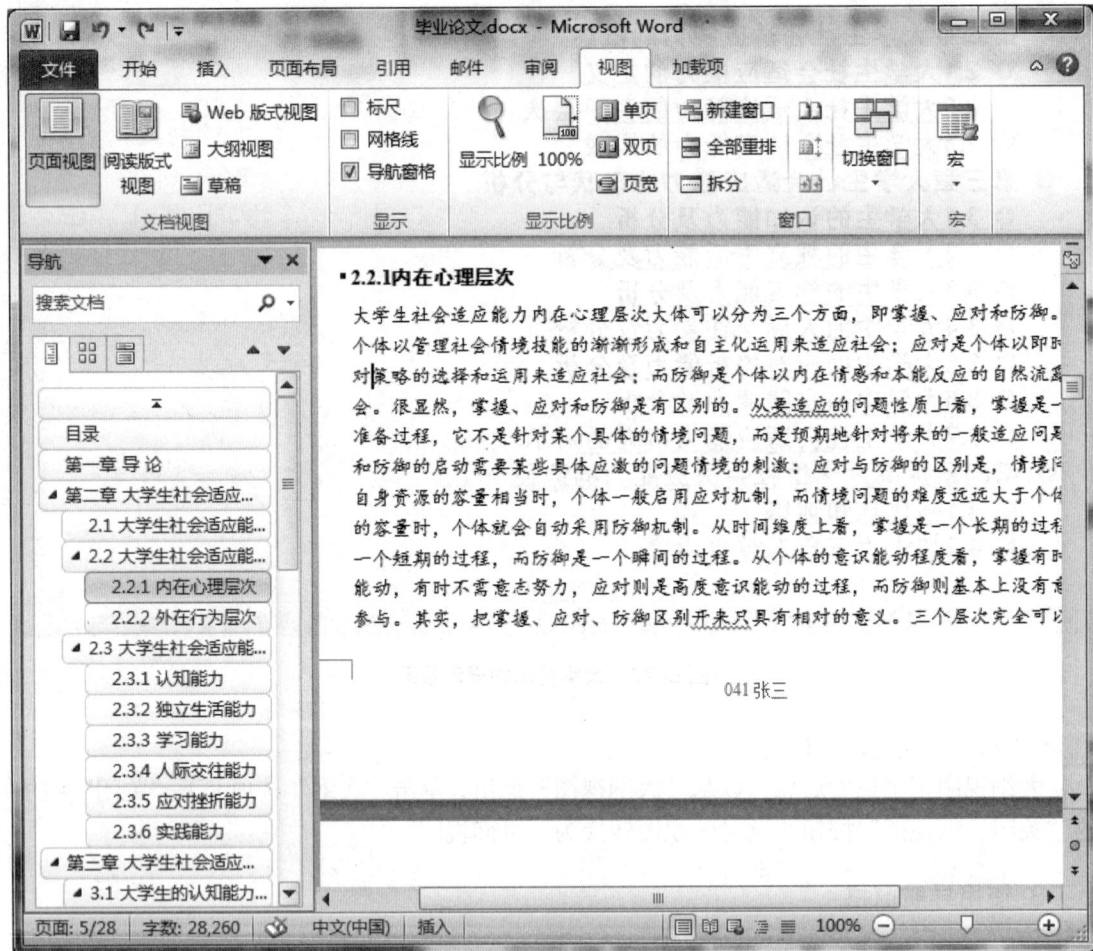

图 5-78 文档标题导航

文档标题导航有先决条件，打开的超长文档必须事先设置有标题。如果没有设置标题，就无法用文档标题进行导航，而如果文档设置了多级标题，导航效果会更好、更精确。

2）文档页面导航

用 Word 编辑文档会自动分页，文档页面导航就是根据 Word 文档的默认页码进行导航的，单击"导航"窗格上的"浏览你的文档中的页面"按钮，将文档导航方式切换到"文档页面导航"，Word 2010 会在"导航"窗格上以缩略图形式列出文档分页，如图 5-79 所示。只要单击分页缩略图，就可以定位到相关页面查阅。

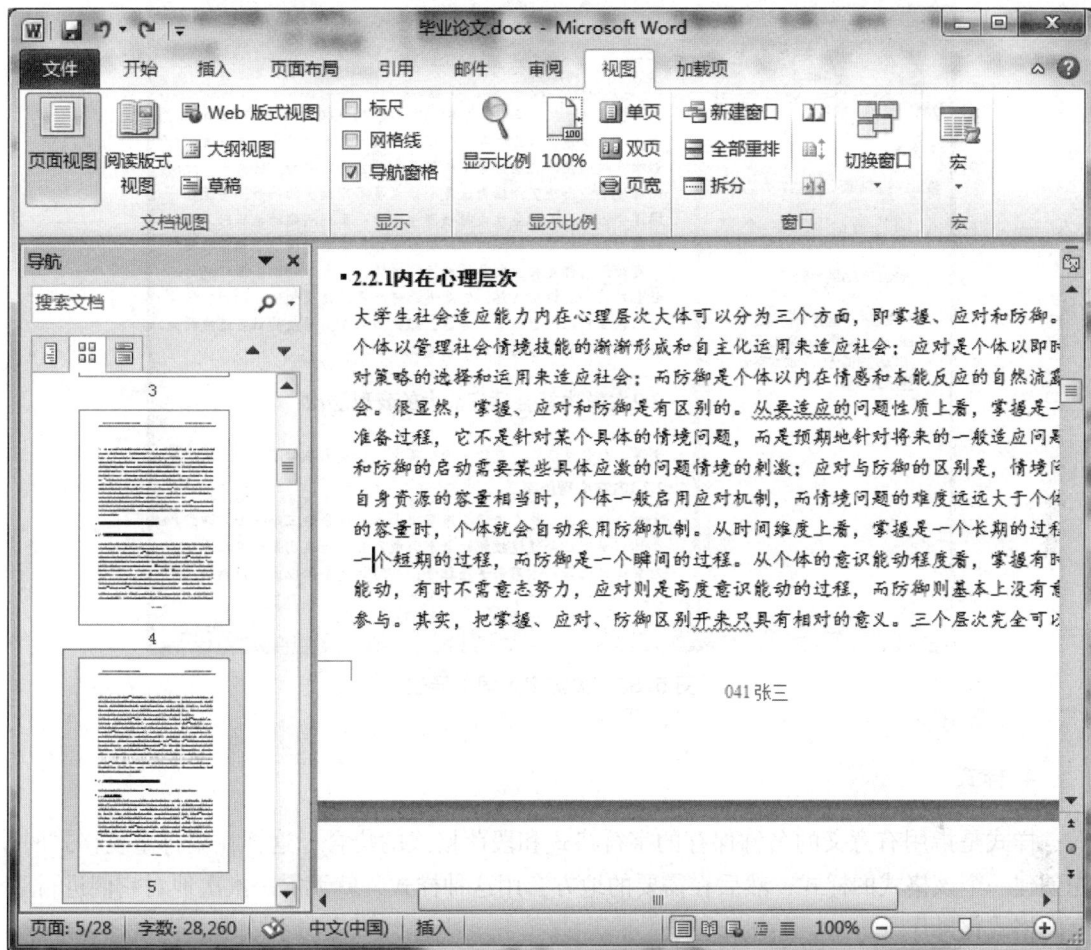

图 5-79 文档页面导航

3）关键字（词）导航

除了通过文档标题和页面进行导航，Word 2010 还可以通过关键字（词）导航。单击"导航"窗格上的"浏览你当前搜索的结果"按钮，然后在文本框中输入关键字（词），"导航"窗格上就会列出包含关键字（词）的导航链接，如图 5-80 所示。单击这些导航链接，就可以快速定位到文档的相关位置。

4）特定对象导航

一篇完整的文档，往往包含图形、表格、公式、批注等对象，利用 Word 2010 的导航功能可以快速查找文档中的这些特定对象。单击搜索框右侧放大镜后面的▼，选择"查找"栏中的相关选项，就可以快速查找文档中的图形、表格、公式和批注。

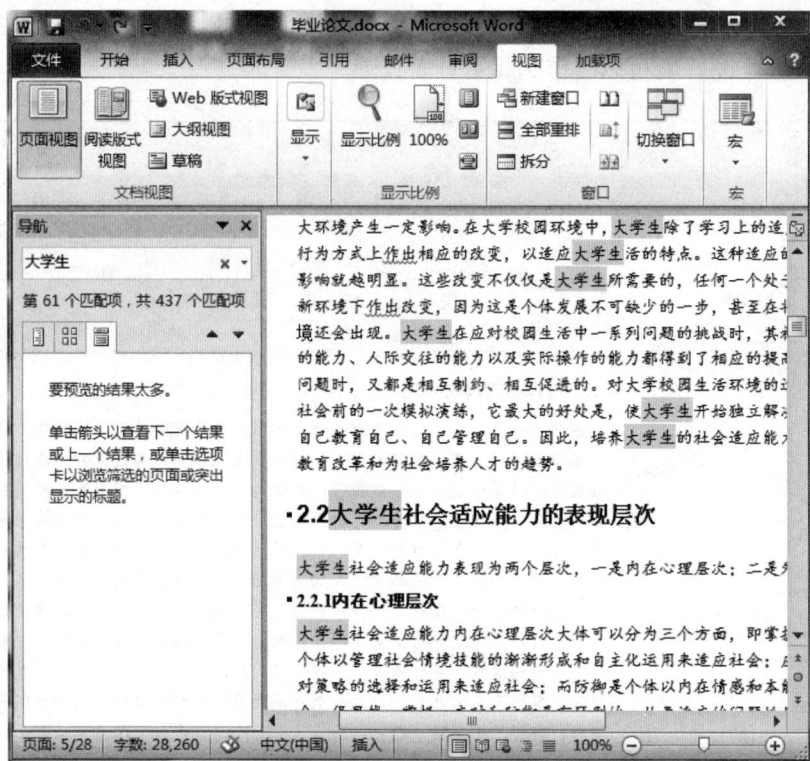

图 5-80 关键字（词）导航

4. 样式

样式是指用有意义的名称保存的字符格式和段落格式的集合，这样在编排重复格式时，先创建一个该格式的样式，然后在需要的地方套用这种样式，就无需一次次地对它们进行重复的格式化操作了。

1）设置样式

样式有多种，为标题添加样式，可以采用标题样式功能，对于正文也可以添加相应的样式。设置样式的步骤如下。

（1）在要设置样式的段落的任意位置单击。

（2）打开"开始"选项卡，在"样式"组中选择相应的样式，如图 5-81 所示。

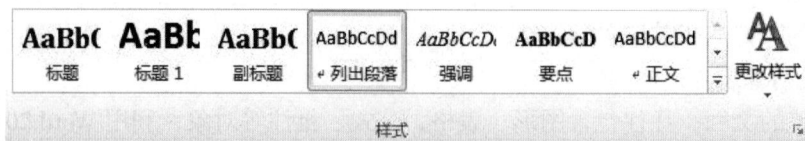

图 5-81 "样式"组

2）清除样式

对于已经设置了样式或已经设置了格式的文档，用户可以随时将其样式或格式清除，步骤如下。

（1）打开 Word 2010 文档窗口，选中需要清除样式或格式的文本块或段落。

（2）在"开始"选项卡中单击"样式"组右卜角的对话框启动器，打开"样式"窗格。

（3）在样式列表中单击"全部清除"按钮即可清除所有样式和格式。

3）更改样式

Word 2010 中内置了很多已经设置好的样式，用户可以利用这些样式设置整篇文档。具体的设置方法是：打开"开始"选项卡，在"样式"组中单击"更改样式"按钮，在"样式集"中选择合适的样式即可。

5. 自动生成文档目录

目录的作用就是列出文档中的各级标题以及每个标题所在的页码。使用目录有助于用户迅速了解整个文档的内容，并且能够很快地查找到自己所需要的信息。

1）插入目录

利用大纲级别或样式设置好文档结构之后，就可以根据文档结构中标题的级别和对应的页码为文档自动生成目录了。自动生成目录的步骤如下。

（1）将插入点定位到需要插入目录的位置。

（2）打开"引用"选项卡，找到"目录"组中的"目录"按钮。

（3）单击"目录"按钮，打开"目录"集，如图 5-82 所示。

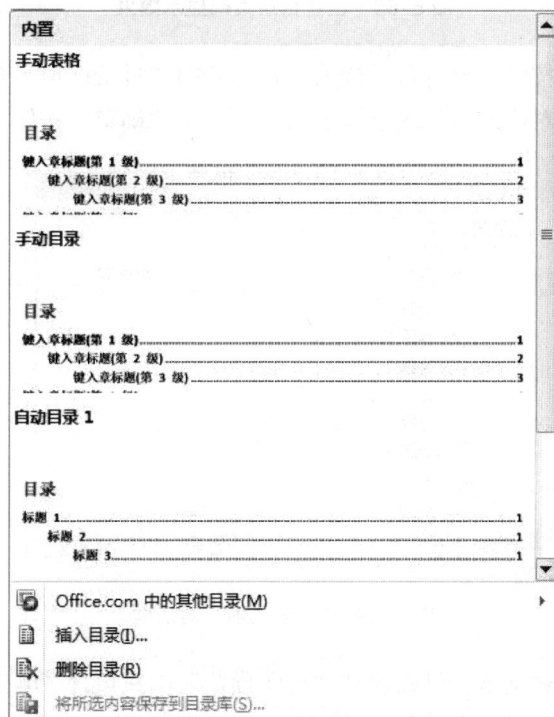

图 5-82 "目录"集

（4）在"目录"集中单击"插入目录"选项，打开"目录"对话框。

（5）在"目录"对话框中进行设置，勾选"显示页码"和"页码右对齐"复选框，在"打印预览"下查看目录显示效果，如图5-83所示。

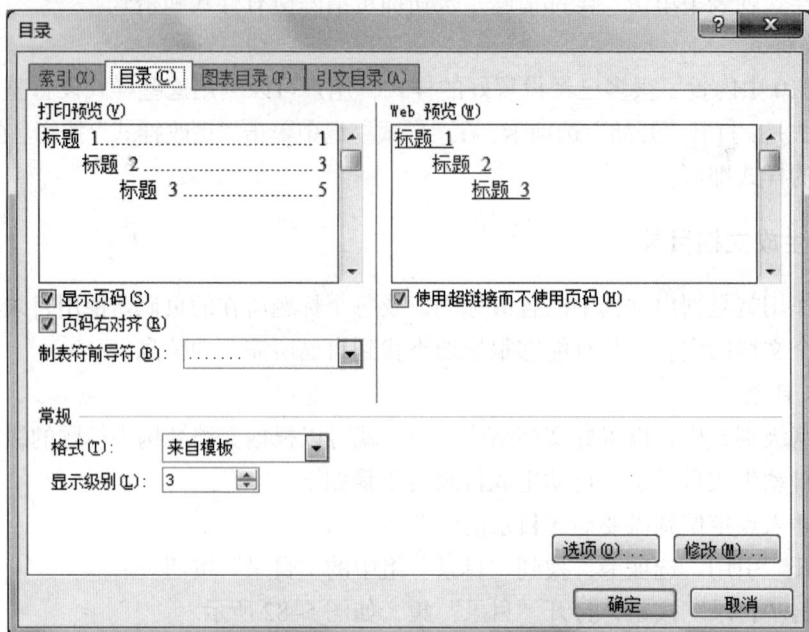

图5-83 设置目录页码显示效果

（6）单击"选项"按钮，设置目录选项。在打开的"目录选项"对话框中进行设置，设置目录级别为2级，将对应的目录级别3删除，并单击"确定"按钮，如图5-84所示。

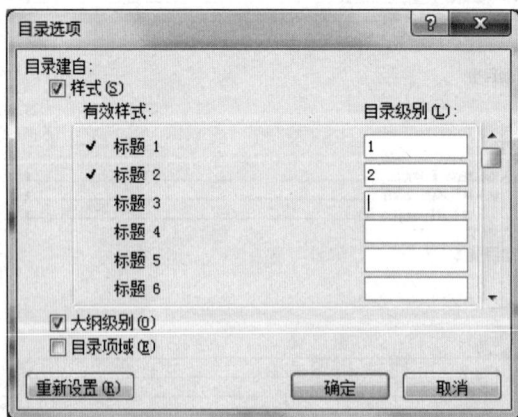

图5-84 "目录选项"对话框

（7）返回"目录"选项卡，可以看到"打印预览"中只包含了1级目录和2级目录。单击"修改"按钮，为目录设置合适的样式。

（8）在打开的"样式"对话框中，选择"目录1"，在"预览"中可以查看"目录1"当前的默认样式为"宋体""五号""加粗"等。单击"修改"按钮修改"目录1"的样式，如

图 5-85 所示。

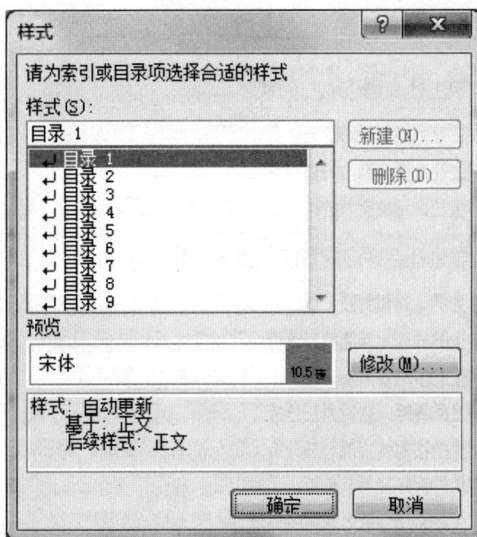

图 5-85 "样式"对话框

（9）在打开的"修改样式"对话框中可以为目录设置字体和段落的样式，这里按照图 5-86 所示设置"目录 1"的样式。单击"确定"按钮返回，如图 5-86 所示。

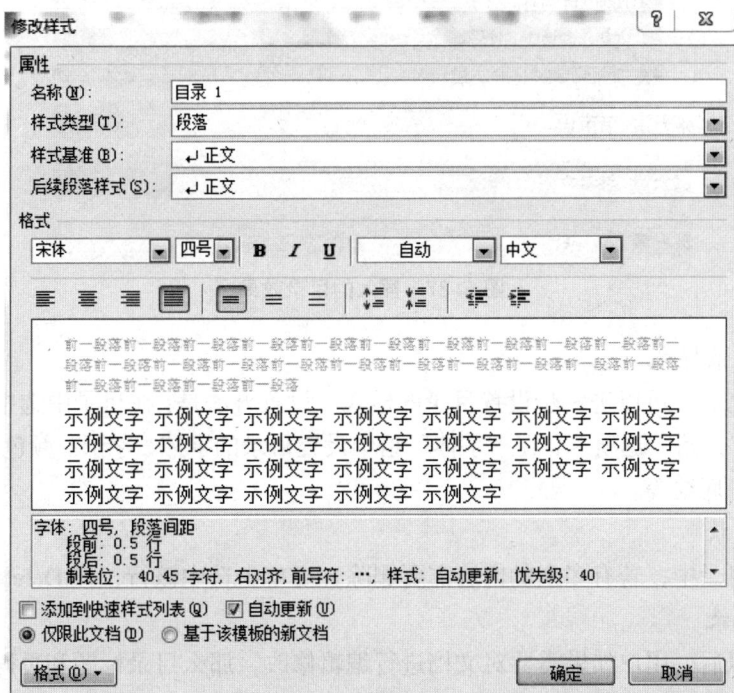

图 5-86 "修改样式"对话框

（10）使用相同的方法为"目录 2"设置样式。设置完毕后，可在"目录"选项卡中预览目录的效果。单击"确定"按钮在文档插入点自动生成目录，效果如图 5-87 所示。

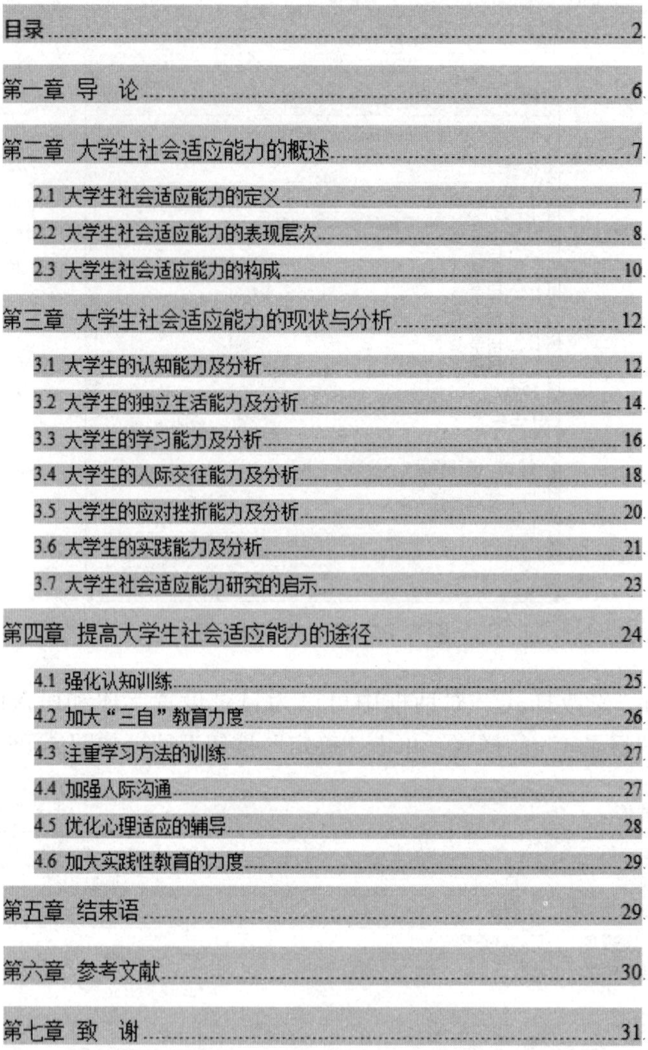
目录......2
第一章 导 论......6
第二章 大学生社会适应能力的概述......7
2.1 大学生社会适应能力的定义......7
2.2 大学生社会适应能力的表现层次......8
2.3 大学生社会适应能力的构成......10
第三章 大学生社会适应能力的现状与分析......12
3.1 大学生的认知能力及分析......12
3.2 大学生的独立生活能力及分析......14
3.3 大学生的学习能力及分析......16
3.4 大学生的人际交往能力及分析......18
3.5 大学生的应对挫折能力及分析......20
3.6 大学生的实践能力及分析......21
3.7 大学生社会适应能力研究的启示......23
第四章 提高大学生社会适应能力的途径......24
4.1 强化认知训练......25
4.2 加大“三自”教育力度......26
4.3 注重学习方法的训练......27
4.4 加强人际沟通......27
4.5 优化心理适应的辅导......28
4.6 加大实践性教育的力度......29
第五章 结束语......29
第六章 参考文献......30
第七章 致 谢......31

图 5-87 插入的目录效果

2）设置目录样式

插入目录之后，可以进一步设置目录的样式。设置方法是：在目录中选中需要设置的目录内容，打开“开始”选项卡，在“字体”组中设置目录的字体、字形、颜色等，在“段落”组中设置行距、底纹等。

3）删除目录

在生成的目录中，若有多余的内容需要删除，可单击选中该行，按 Delete 键即可删除。

4）更新目录

插入目录以后，用户如果需要对文档进行编辑修改，那么目录标题和页码都有可能发生变化，此时必须对目录进行更新，以便用户可以进行正确的查找。Word 2010 提供了自动更新目录的功能，使用户不需手动修改目录。更新目录主要有以下两种方法。

（1）选中目录，打开“引用”选项卡，在“目录”组中单击“更新目录”按钮，打开“更新目录”对话框。在“更新目录”对话框中选择，若文档的章节标题没有变化，只需要更新目录的页码，则选择"只更新页码"；否则，选择"更新整个目录"。单击"确定"按钮，即可完成目录的更新。

（2）选中目录，在目录上单击右键，在弹出的快捷菜单中单击"更新域"选项，打开"更新目录"对话框，同方法（1）。在"更新目录"对话框中进行设置，即可完成目录的更新。

6. 插入分隔符

1）插入分节符

分节符是指为表示节的结尾而插入的标记。对文档分节后，才能够设置奇偶不同的页眉，以及与前一节不同的页码。因此要对文档设置奇偶不同的页眉或设置不同的页码，需要先在文档的恰当位置进行分节设置。

分节符包含节的格式设置元素，如页边距、页面的方向、页眉和页脚以及页码的顺序。分节符共有4种类型，下一页、连续、奇数页和偶数页。

（1）"下一页"：插入一个分节符，新节从下一页开始。分节符中的"下一页"与分页符的区别在于前者分页又分节，而后者仅仅起到分页的效果。

（2）"连续"：插入一个分节符，新节从同一页开始。

（3）"奇数页"或"偶数页"：插入一个分节符，新节从下一个奇数页或偶数页开始。

插入分节符的步骤如下。

（1）将插入点定位到需要分页的内容后。

（2）打开"页面布局"选项卡，单击"分隔符"按钮，在弹出菜单中单击"分节符"中的"下一页"选项，此时即可在插入点处对论文进行分节，如图5-88所示。

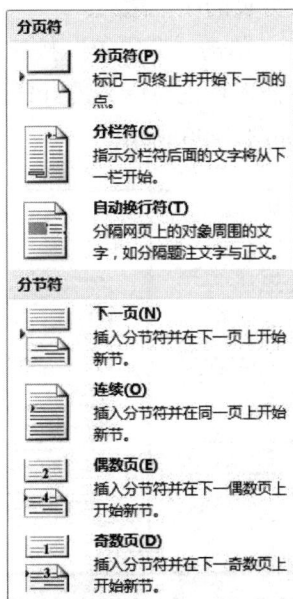

图5-88　"分节符"菜单

（3）分别在论文的"摘要""目录"页面进行类似处理，将论文划分为"封面""摘要""目录""正文"4部分，插入完毕的效果如图5-89所示。

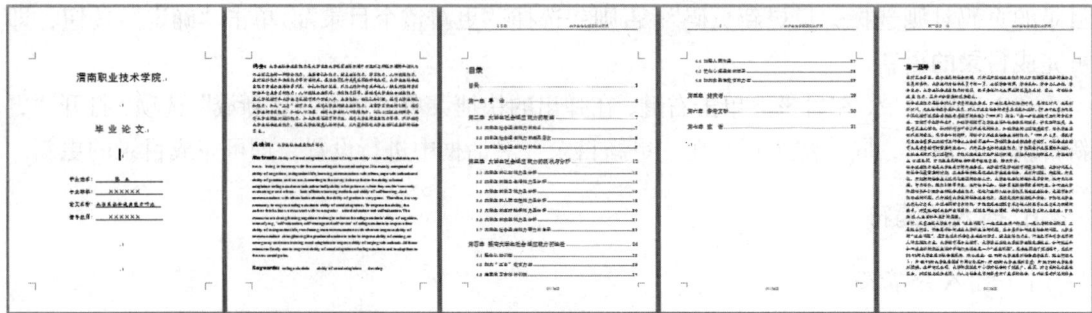

图 5-89 插入分节符的显示效果

分节符起着分隔其前面文本格式的作用，如果删除了某个分节符，它前面的文字会合并到后面的节中，并且采用后者的格式设置。

通常情况下，分节符只能在 Word 的草稿视图下看到。在草稿视图中，双虚线代表一个分节符。如果想在页面视图或大纲视图中显示分节符，只需选中"开始"选项卡下"段落"组中的"显示/隐藏编辑标记" ↵ 即可。

2）插入分页符

分页符是分页的一种符号，在上一页结束以及下一页开始的位置。Word 2010 中可插入一个"自动"分页符（或软分页符），也可以插入"手动"分页符（或硬分页符），在指定位置强制分页。在普通视图下，分页符是一条虚线，又称为自动分页符。在页面视图下，分页符是一条黑灰色宽线，鼠标指向并单击后，变成一条黑线。

插入分页符的步骤如下。

（1）将插入点定位到需要进行分页的文本之后。

（2）打开"页面布局"选项卡，单击"分隔符"按钮，在弹出的菜单中单击"分页符"中的"分页符"选项，此时即可在插入点处对论文进行分页。

（3）"分页符"插入后的效果如图 5-90 所示。

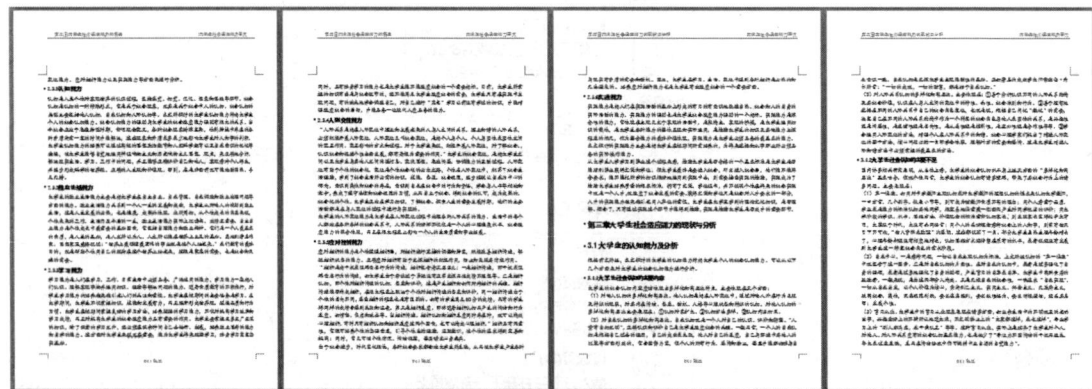

图 5-90 插入分页符的效果

7. 页眉和页脚的应用

页眉和页脚是指在每一页顶部和底部的注释性文字或图形，通常显示文档的附加信息，常用来插入时间、日期、页码、单位名称、徽标等，页眉也可以添加文档注释等内容。其中，页眉在页面的顶部，页脚在页面的底部。

　　页眉和页脚不是随文本输入的，而是通过命令设置的。页眉、页脚只能在页面视图和打印预览方式下看到。

　　1）插入页眉和页脚

插入页眉和页脚的具体方法如下。

（1）打开"插入"选项卡，在"页眉和页脚"组中单击"页眉"或"页脚"按钮。

（2）在"页眉"编辑窗口中输入页眉文字，在"页脚"编辑窗口中输入页脚文字。

（3）单击"页眉页脚工具"中"设计"选项卡下"关闭"组中的"关闭页眉和页脚"按钮，完成设置并返回文档编辑区。

　　2）修改和删除页眉与页脚

要删除插入的页眉或页脚，只要双击鼠标左键，选定内容按 Del 键即可。修改页眉和页脚，只要双击页眉和页脚区域，进入页眉和页脚编辑区，再对其内容进行修改即可。

　　3）页眉和页脚的高级应用

（1）设置奇偶页不同的页眉。在撰写毕业论文时，有时需要添加奇偶页不同的页眉。例如，若需要在奇数页页眉的左侧添加"渭南职业技术学院"，在偶数页页眉的右侧添加论文的标题"大学生社会适应能力研究"，具体的操作步骤如下。

①将插入点定位在论文"正文"开始的页面上，并打开"插入"选项卡，单击"页眉"按钮，在下拉列表中选择"空白"选项，如图 5-91 所示。

图 5-91　插入"空白"页眉

②切换至论文"正文"第1页的页眉区域，输入"渭南职业技术学院"，同时可以在"开始"选项卡中的"字体"组中设置其字体格式。

③打开"页眉和页脚"工具的"设计"选项卡，在"选项"组中勾选"奇偶页不同"复选框，如图5-92所示。

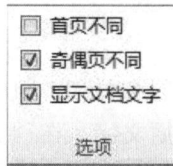

图5-92 "选项"组

④返回论文"封面"的页眉区域，在"选项"组中勾选"首页不同"复选框，即可去掉封面的页眉。

⑤返回"摘要"的页眉区域，在"选项"组中勾选"首页不同"复选框，并在"导航"组中取消"链接到前一条页眉"，这样可以保证在修改前一节（"封面"）页眉时，当前节（"摘要"）的页眉不受影响。

⑥返回"目录"的页眉区域，同样在"导航"组中取消"链接到前一条页眉"。

⑦返回"正文"第一页的页眉区域，在"导航"组中取消"链接到前一条页眉"，并输入偶数页的页眉"大学生社会适应能力研究"。

⑧此时可对比"目录""页眉"和"正文"第一页的页眉，由于分别是奇数页和偶数页，因此在页眉区域显示的文字是不同的。

（2）设置与前一节不同的页码。在完成毕业论文时，会要求页码从正文开始。要完成这个要求，需要把页脚设置成"与前一节不同的页码"，完成这个任务的具体步骤如下。

①把光标定位到论文"正文"的第一页的页脚区域中，找到"页眉页脚工具"中的"设计"选项卡下的"导航"组，在"导航"组中单击取消"链接到前一页页眉"。

②单击"页眉和页脚"组中的"页码"按钮，在下拉列表中单击"页面底端"选项，在下拉列表中选择"普通数字2"选项，此时将重新插入页码，如图5-93所示。

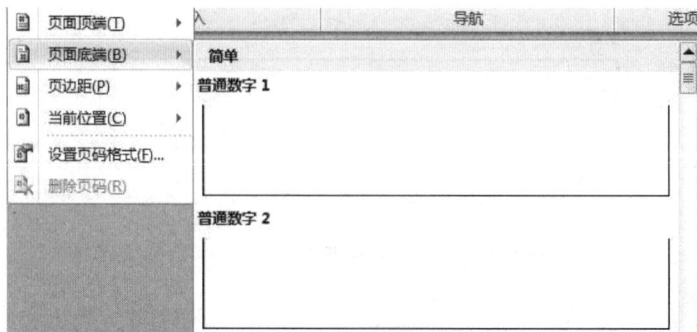

图5-93 为"正文"偶数页添加页码

③单击"页眉和页脚"组中的"页码"按钮，在下拉列表中选择"设置页码格式"选项，弹出"页码格式"对话框，如图5-94所示。

图 5-94 "页码格式"对话框

④在"页码格式"对话框中，在"页码编号"中选中"起始页码"。将"起始页码"设置为"1"，单击"确定"按钮，完成页码的重新编号。

⑤使用同样的方法，为"摘要"和"目录"两节分别设置从 1 开始的页码。

8. 为图片和表格设置题注

很多文档特别是论文中都包含图片、表格或图表，在插入图片、表格或图表之后，需要为其加上相应的编号和名称。编号和名称可以使图片、表格和图表的说明更加清晰、直观，但也带来了额外的工作量。例如，在一篇论文中插入了多张图片，并且也为它们配上了编号和名称，如果需要在中间再加入一张图片或删除掉其中的一张图片时，就需要对后边的所有图片的编号依次修改，若图片量很多，工作量将很大。

这种情况下，为插入的图片、表格或图表设置题注就可以很好地解决这个问题。使用题注功能可以保证文档中的图片、表格或图表等项目能够顺序地自动编号。如果移动、插入或删除带题注的项目时，Word 可以自动更新题注的编号。而且一旦某一项目带有题注，还可以对其进行交叉引用。

1）插入题注

插入题注之后，需要对图片、表格等项目的编号进行修改时，题注可以自动更新。插入题注的具体步骤如下。

（1）选中需要插入题注的图片，单击"引用"选项卡中的"题注"组的"插入题注"按钮，打开"题注"对话框，如图 5-95 所示。

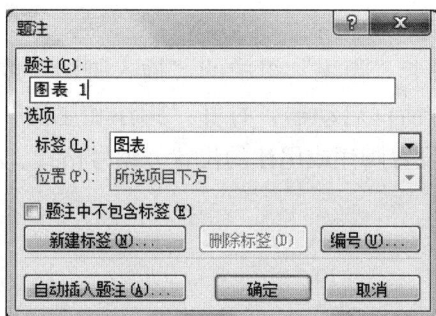

图 5-95 "题注"对话框

（2）在"题注"对话框中，"题注"一栏显示的即是插入题注后的内容，当前显示的是默认的"图表 1"。如果觉得默认的这几种标签类型不合适，可单击"新建标签"按钮，在"新建标签"对话框中创建所需要的标签。

（3）在"标签"下拉列表中可以选择题注的类型，如果插入的是图表，可以选择"图表"。

（4）设置编号。单击"编号"按钮，打开"题注编号"对话框，从中选择需要的题注格式，可以设置编号样式，如图 5-96 所示。

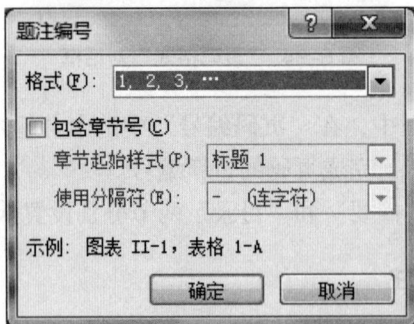

图 5-96 "题注编号"对话框

（5）设置题注的位置。在"位置"下拉列表中选择题注出现的位置，可设置题注出现在对象的上方或下方。

（6）最后单击"确定"按钮，即可自动建立好题注。

2）更新题注

题注设置完毕后，若需要插入新的图片、表格或其他项目，原题注的编号都可以快速自动更新。

自动更新的方法是选中需要更新的题注，单击鼠标右键，在快捷菜单中选择"更新域"，即可对题注进行更新。

9. 添加脚注和尾注

脚注一般位于页面底端，说明要注释的内容；尾注一般位于文档结尾处，集中解释文档中要注释的内容或标注文档中所引用的其他文章的名称。

1）插入脚注或尾注

（1）选择要插入脚注或尾注的文字。

（2）单击"引用"选项卡"脚注"组中的"插入脚注"或"插入尾注"按钮，或者可以单击"脚注"组中的对话框启动器，打开"脚注和尾注"对话框，如图 5-97 所示。在"脚注和尾注"对话框中设置脚注或尾注的位置、编号格式、起始编号、编号是否连续等内容。

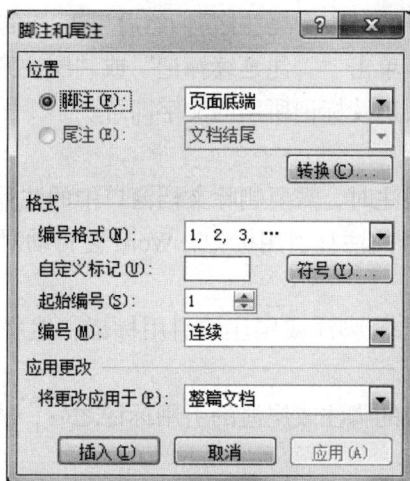

图 5-97　"脚注和尾注"对话框

（3）在页面底端或文档结尾出现插入点，直接输入注释内容。

（4）双击脚注或尾注编号，即可返回到文档中的引用标记处。

2）脚注与尾注的转换

添加的脚注和尾注之间可以相互转换，转换的具体步骤如下。

（1）在"脚注和尾注"对话框中，单击"转换"按钮，打开"转换注释"对话框。

（2）从中选择合适的选项，单击"确定"按钮即可完成脚注和尾注间的转换。

在"转换注释"对话框中为用户提供了三个选项，分别是"脚注全部转换成尾注"（功能是将文档中的所有脚注全部转换成尾注）"尾注全部转换成脚注"（功能是将文档中的所有尾注全部转换成脚注）"脚注和尾注相互转换"（功能是将文档中的所有脚注转换成尾注、所有尾注转换成脚注）。

3）创建脚注或尾注延续标记

如果脚注或尾注的注释内容过长以致页面无法容纳，可以创建延续标记使脚注或尾注被延续到下一页。创建脚注或尾注延续标记，必须在草稿视图方式下，具体步骤如下。

（1）在"视图"选项卡的"文档视图"组中单击"草稿"按钮，把视图方式改为草稿视图。

（2）在"引用"选项卡上的"脚注"组中，单击"显示备注"按钮，在窗口下方会显示"备注"窗格。如果文档同时包含脚注和尾注，会打开"显示备注"对话框，如图 5-98 所示。

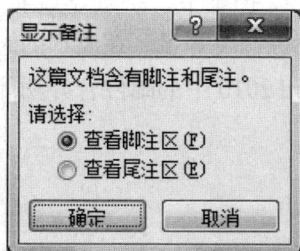

图 5-98　"显示备注"对话框

（3）选择"查看脚注区"或"查看尾注区"，然后单击"确定"按钮。

（4）在注释窗格列表中，单击"脚注延续标记"或"尾注延续标记"即可。

（5）在注释窗格中，输入延续标记所用的文字即可。

4）删除脚注或尾注

在文档中要删除脚注或尾注时，需要删除文档窗口中的注释引用标记，而非注释中的文字。如果删除了一个自动编号的注释引用标记，Word 会自动对注释进行重新编号。删除脚注或尾注的方法有以下两种。

（1）在文档中选中要删除的脚注或尾注的引用标记，然后按 Delete 键或退格键，即可删除所选中的脚注或尾注。

（2）把光标定位到要删除的脚注或尾注的引用标记之后，然后按两下退格键，也可删除脚注或尾注。

牛刀小试

毕业生在毕业前需要完成一篇本专业的论文，请根据所学专业完成一篇相关论文，并按要求设置论文。

（1）设置论文的格式。

（2）根据论文的标题，设置论文的大纲级别。

（3）为论文添加目录。

（4）为论文中的图表设置题注。

（5）为论文添加页眉和页脚，要求奇数页的页眉为论文题目，偶数页的页眉为学校名称。

任务 5 制作活动邀请函

任务目标

- 掌握文本的分栏方法。
- 掌握设置边框和底纹的方法。
- 掌握邮件合并的基本方法和技巧。

任务描述

渭南职业技术学院为庆祝 5·12 护士节，护理学院特举办我院第 20 届护理技能大赛，经过一系列的选拔、比赛，马上要进行决赛了。在决赛的时候需要邀请我院领导及合作医院领导作为评委参加。可以利用 Word 2010 中的邮件合并功能制作邀请函，邀请各位领导作为评委参加知识竞赛的决赛。

知识要点

（1）分栏。将某页、某部分或整篇文章的内容分成多个栏，可以使版面更加生动、更具可读性。

（2）边框和底纹。为了让文档中的重要内容更醒目，可以给一些文本添加边框和底纹，或者给整个页面添加页面边框。

（3）邮件合并。邮件合并是在主文档的固定内容中，合并与发送相关信息的数据源，从而批量生成需要的邮件文档。在 Word 2010 中，邮件合并功能是在"邮件"选项卡中进行设置的。在"邮件"选项卡中使用邮件合并功能可以轻松地制作批量的准考证、成绩单、信封、邀请函以及工资条等。

（4）打印 Word 文档。打印文档之前可以进行页面设置以及打印预览，如果没有错误或不合适的设置，就可以正式打印。

⭐【任务实施】

1. 分栏

在编排报纸、杂志等文档时，经常需要将某页、某部分或整篇文章的内容分成多个栏，其栏宽可以相等、也可以不等，以使版面更加生动。建立分栏时必须换到"页面视图"方式，否则不能显示出分栏的效果。

进行分栏操作时，首先应确定进行分栏的范围。若要对局部段落进行分栏，应先选取这些段落，若要对整篇文档进行分栏，可不必选取，但应在"分栏"对话框中选取应用范围为"整篇文档"。创建分栏的具体操作步骤如下。

（1）选中要进行分栏的文本。

（2）单击"页面布局"选项卡中"页面设置"组的"分栏"按钮。

（3）选择合适的栏数。

（4）也可以单击"更多分栏"选项，打开"分栏"对话框进行设置，如图 5-99 所示。

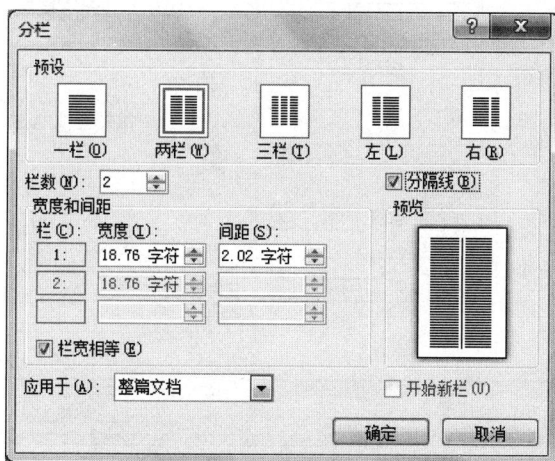

图 5-99　"分栏"对话框

（5）选择合适的栏数，添加"分隔线"，单击"确定"按钮，效果如图 5-100 所示。

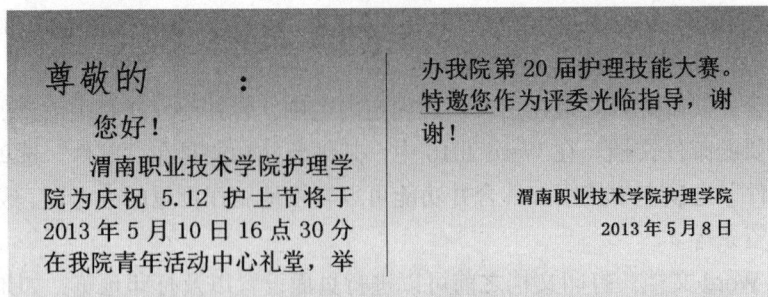

尊敬的 ____：

您好！

渭南职业技术学院护理学院为庆祝 5.12 护士节将于 2013 年 5 月 10 日 16 点 30 分在我院青年活动中心礼堂，举

办我院第 20 届护理技能大赛。特邀您作为评委光临指导，谢谢！

渭南职业技术学院护理学院
2013 年 5 月 8 日

图 5-100　效果图

2. 边框与底纹

为了使页面更加美观、醒目、突出重点，有时需要给文档中的某些重要字符或段落加上边框或底纹。边框和底纹的应用范围可以是文字，也可以是段落。应用于文字时，只在有文字的地方加边框和底纹；应用于段落时，整个段落都会加上边框和底纹。

1）添加边框

给文本添加边框的步骤如下。

（1）选中要添加边框的文本。

（2）单击"开始"选项卡"段落"组中的"边框与底纹"按钮，打开"边框与底纹"对话框，如图 5-101 所示。

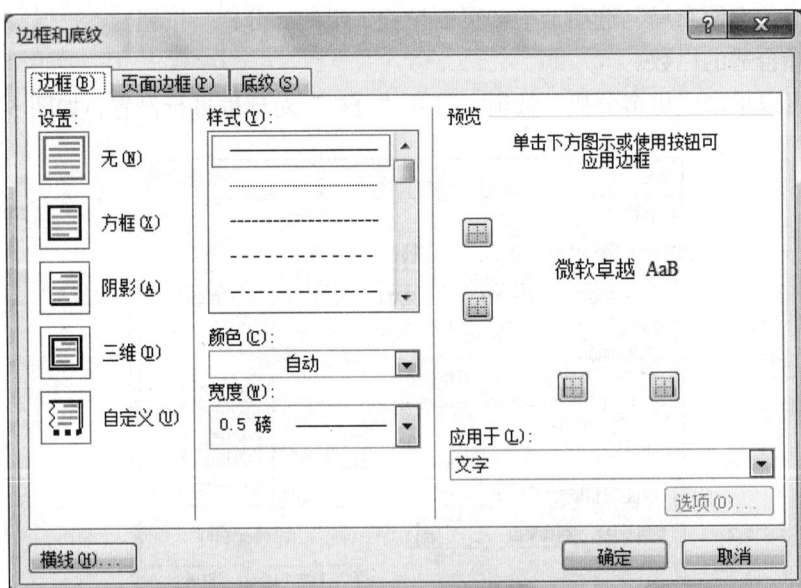

图 5-101　"边框与底纹"对话框

（3）在"边框"选项卡中设置边框的样式、颜色、宽度以及应用范围，单击"确定"按钮。

除了给文本添加边框之外，还可以给页面添加边框。添加页面边框的方法和添加文本的方法类似，具体步骤如下。

（1）打开需要添加页面边框的文档。

（2）单击"开始"选项卡"段落"组中的"边框与底纹"按钮，打开"边框与底纹"对话框。

（3）在"页面边框"选项卡中设置边框的样式、颜色、宽度以及应用范围，同时还可以选择为文档添加"艺术型"边框。

（4）设置完成后，单击"确定"按钮，即可插入页面边框。

2）添加底纹

给文本添加底纹的步骤如下所示。

（1）选中要添加底纹的文本。

（2）单击"开始"选项卡"段落"组中的"边框与底纹"按钮，打开"边框与底纹"对话框。在"底纹"选项卡中设置底纹的填充颜色、图案样式以及应用范围，单击"确定"按钮。

3. 邮件合并概述

邮件合并是在主文档的固定内容中合并与发送相关信息的数据源，从而批量生产成需要的邮件文档。

邮件合并的步骤如下。

（1）设置主文档。主文档包含的文本和图形会用于合并文档的所有版本。例如，套用信函中的寄信人地址或称呼用语。

（2）将文档连接到数据源。数据源是一个文件，它包含要合并到文档的信息。例如，信函收件人的姓名和地址。邮件合并除可以使用由 Word 创建的数据源之外，还可以使用多种其他类型的数据源，如 Excel 工作簿、Access 数据库、FoxPro 文件等。只要有这些文件存在，邮件合并时就不需要再创建新的数据源，直接打开这些数据源使用即可。需要注意的是在使用 Excel 工作簿时，必须保证数据文件是数据库格式，即第一行必须是字段名，数据行中间不能有空行等。这样可以使不同的数据共享，避免重复劳动，提高办公效率。

（3）调整收件人列表或项目列表。Word 2010 为数据文件中的每一记录生成主文档的一个副本。如果数据文件为邮寄列表，这些记录可能就是收件人。如果只希望为数据文件中的某些记录生成副本，可以选择要包括的记录。

（4）向文档添加邮件合并域。执行邮件合并时，来自数据文件的信息会填充到邮件合并域中。

（5）预览并完成合并。打印整组文档之前可以预览每个文档副本。

4. 批量制作邀请函

（1）制作主文档。新建一个 Word 文档，在文档中建立邀请函模板，如图 5–102 所示。

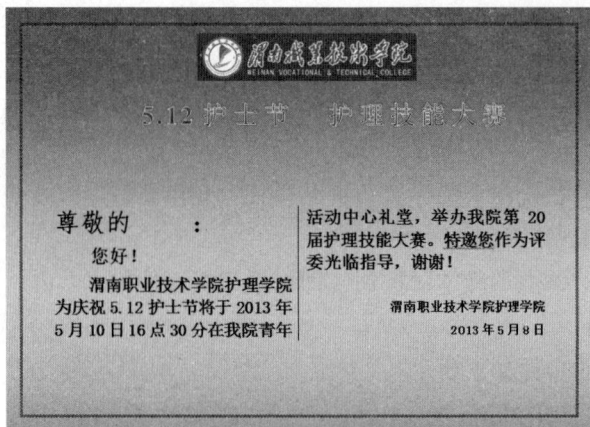

图 5-102　邀请函模板

（2）制作数据源。数据源可以以表格的形式建立在 Word 文档中，也可以建立在 Excel 工作簿中，或者数据库中。例如，在 Excel 中建立数据源，如图 5-103 所示。

	B	C	D	E	F	G	H	I	J	K
1	姓名	性别	称谓	单位	学历	职务				
2	钱 博	男	先生	渭南职业技术学院	博士	院长				
3	程小南	男	先生	渭南职业技术学院	博士	副院长				
4	丁一剑	男	先生	渭南职业技术学院	博士	副院长				
5	柳爱萍	女	女士	渭南职业技术学院	研究生	副院长				
6	张 华	女	女士	渭南职业技术学院	研究生	副院长				
7	柳爱萍	女	女士	渭南中心医院	研究生	副院长				
8	刘珊珊	女	女士	渭南妇幼保健院	研究生	副院长				

图 5-103　数据源

（3）选择"邮件"选项卡中的"开始邮件合并"组，在列表中选择"信函"，准备编辑邀请函。

（4）选择收件人。在"开始邮件合并"组中，单击"选择收件人"按钮，在列表中选择"使用现有列表"。

（5）导入数据源。单击"使用现有列表"选项，打开"选取数据源"对话框，选取所需要的数据源，单击"打开"按钮，弹出"选取表格"对话框，如图 5-104 所示，从中选择"Sheet1$"，单击"确定"按钮，将数据源导入到主文档中。

图 5-104　"选取表格"对话框

（6）编辑收件人列表。在"邮件"选项卡上的"开始邮件合并"组中，单击"编辑收件人列表"按钮。在弹出的"邮件合并收件人"对话框中可以删除或添加合并的收件人，还可以取消无效信息，最后单击"确定"按钮，如图5-105所示。

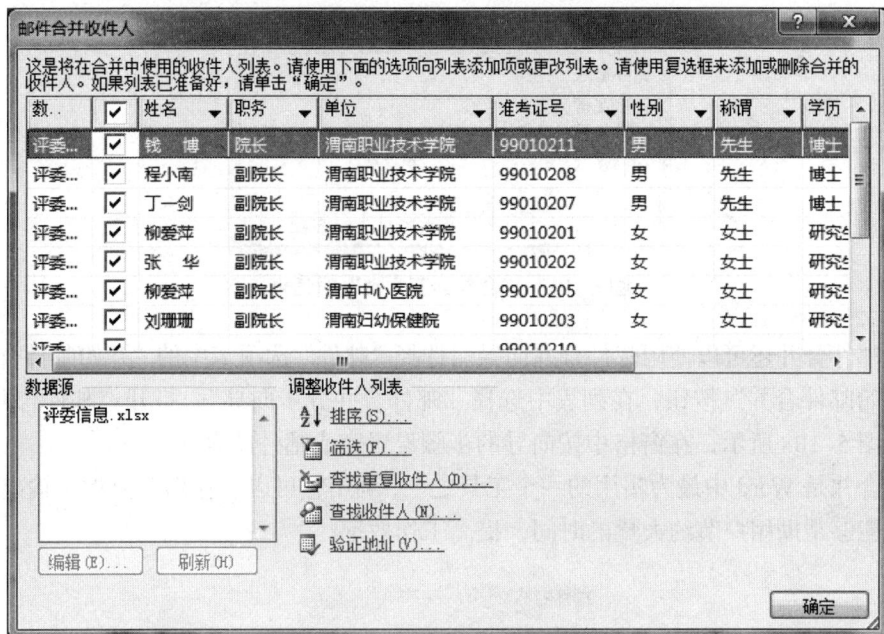

图 5-105 "邮件合并收件人"对话框

（7）编写和插入域。将光标放置在主文档的合适位置，在"邮件"选项卡的"编写和插入域"组中，单击"插入合并域"按钮，插入相应的域，效果如图5-106所示。

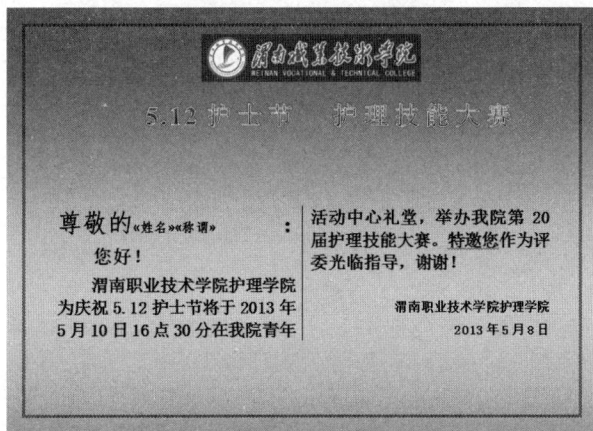

图 5-106 插入合并域

（8）预览邮件合并结果。在"邮件"选项卡中的"预览结果"组中，单击"预览结果"按钮，可以在主文档中预览插入合并域后的效果。

（9）完成并合并。在"邮件"选项卡中的"完成"组中单击"完成并合并"按钮，在下拉列表中选择"编辑单个文档",打开"合并到新文档"对话框,如图5-107所示。在"合并到新文档"对话框中选择"全部",单击"确定"按钮,会生成一个新文档,所有的相关信息将会出现在新文档中。

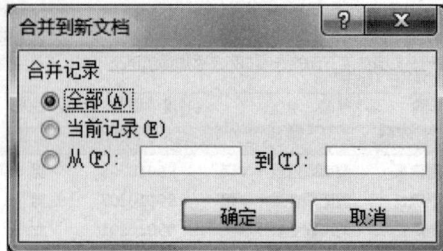

图5-107 "合并到新文档"对话框

设置邮件合并还可以使用邮件合并向导。选择"邮件"选项卡中的"开始邮件合并"组,单击"开始邮件合并"按钮,在列表中选择"邮件合并分步向导",打开"邮件合并"任务窗格,如图5-108所示,在窗格中按向导的步骤设置完成邮件的合并。

邮件合并是 Word 中最为实用的一个工具之一,利用它可以制作出需要批量输出的文档。这项功能能够帮助用户节约大量的时间,提高工作效率。

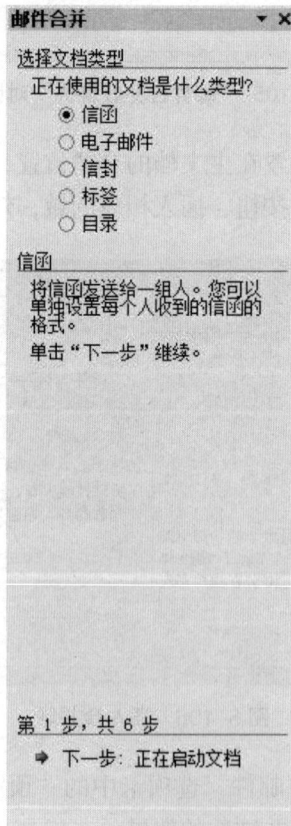

图5-108 "邮件合并"任务窗格

🔥牛刀小试

9月底，要进行全国计算机等级考试，请利用邮件合并功能批量制作出参加考试考生的准考证。准考证的格式如图5-109所示，数据源如图5-110所示。

2013 年全国计算机等级考试（一级）

准 考 证

准考证号：	报考等级：	贴
姓　　名：	考试时间：	相
身份证号：	座 位 号：	片

注：考生必须带准考证、身份证，不得带手机等通信工具。

图 5-109　准考证效果图

	B	C	D	E	F	G	H
1	姓名	准考证号	身份证号	报考等级	考试时间	座位号	
2	张　磊	6105021201	3667262402	一级	1	15	
3	李兰芳	6105021202	6137265102	一级	3	6	
4	张爱明	6105021203	6137269104	一级	3	7	
5	温晓娜	6105021204	4237261101	一级	4	12	
6	钱亮亮	6105021205	8172589001	一级	4	23	
7	兰小朵	6105021206	3097261702	一级	5	17	
8	刘楠楠	6105021207	2527261001	一级	5	18	
9	钱洋博	6105021208	1387259601	一级	6	21	
10	赵一嫚	6105021209	2472582003	一级	7	24	
11	王　强	6105021210	1957260301	一级	8	20	
12	刘慧慧	6105021211	4237263102	一级	11	14	
13	王乐伟	6105021212	6137264103	一级	15	12	
14							
15							

图 5-110　数据源

综合实训5

用 Word 2010 文档设计并制作机电工程学院 2013 年招生简章宣传册。要求作品主题明确、内容丰富、色彩搭配合理、版式合理，并以学生姓名为文件名保存。

具体要求如下。

（1）要求用 A4 纸张，至少 5 页，设置合适的页边距，并在页眉处表明作品名称，页脚处添加学号和日期。

（2）要求文档中包括文字、表格、图片、绘制图形、艺术字、文本框等。

（3）要求应用分栏、边框与底纹、文字格式、段落格式、首字下沉等多种方式排版。

项目 6　Excel 2010 应用

Excel 2010 是美国微软公司发布的 Office 2010 办公套装软件中的一个重要组成部分，它不仅具有一般电子表格软件所包括的数据处理、制表和图形等功能，还具有智能化的计算、数据管理、数据分析等能力，界面友好、操作方便、功能强大、易学易用，深受广大用户的喜爱，是一款优秀的电子表格制作软件。

教学目标

- 能够根据已有的数据进行录入，并能对表格数据进行格式化。
- 能使用公式和函数对表格数据进行处理。
- 学会对表格中的数据进行排序、筛选和分类汇总。
- 能根据已有数据建立正确的图表。
- 学会打印电子表格的基本方法。

项目实施

任务1　创建学生基本信息表

任务目标

- 熟悉 Excel 2010 的工作界面。
- 掌握工作表的基本操作。
- 掌握表格数据的输入方法。
- 掌握单元格的编辑方法。
- 掌握单元格格式的设置方法。
- 掌握单元格样式的添加方法。
- 掌握自动套用表格格式功能。
- 掌握条件格式的用法。

任务描述

本学期结束时，班主任要为本班同学建立一张本学期的学生成绩表，要求包含学生的学号、姓名、出生日期、是否党员以及各科成绩，并且要求表格美观大方，于是班主任打开

Excel 2010 开始制作"学生成绩表"。

（知识要点）

（1）熟悉 Excel 2010 的工作界面。Excel 2010 的工作界面之所以深受广大用户的喜爱，是因为其界面较前些版本更加友好，在 Excel 2010 中最明显的变化就是取消了传统的菜单操作方式，而代之各种功能区。在 Excel 2010 窗口上方看起来像菜单的名称其实是功能区的名称，单击这些名称时并不会打开菜单，而是切换到与之相对应的功能区，只需单击相应的标签，即可切换至对应的选项卡，如"开始""插入"等。每个功能区根据功能的不同又分为若干个组。

（2）数据的输入与编辑。Excel 中数据的输入首先要选定单元格，单元格中的数据类型可以是文本型、数值型、日期型等。Excel 还可以选用自动填充功能对单元格进行数据输入。对输入完成的工作表，用户还需要对表格中的数据进行移动、复制、添加、修改及删除等操作，以便制作出用户满意的电子表格。

（3）添加（删除）行、列。Excel 电子表格能在活动单元格的上方或左侧插入新的单元格，同时将同一列中的其他单元格下移或将同一行中的其他单元格右移。同样，还可以把当前单元格中多余的行或列删除，同时将同一列中的其他单元格上移或将同一行中的其他单元格左移。

（4）单元格数字格式。不同的应用场合需要使用不同的数字格式，如货币、日期、时间、分数等。例如，要求某列的数字为 1 位小数，此单元格数字格式的设置有两种方法。

一种方法是快捷菜单方法。首先选择该列单元格，单击右键选择"设置单元格格式"选项，在对话框中选择"数据"选项卡，在分类列表框中选择"数值"，在右侧小数位数中选择或输入"1"，这样该列的格式就为"数值型"，而且小数位数为"1 位"。

另一种方法是选项卡方法。在"开始"选项卡的"数字"组中，单击右下角的小按钮，打开"设置单元格格式"对话框，剩下的操作同快捷菜单的方法。

"开始"选项卡上"数字"组中的可用数字格式有很多种，若要查看所有可用的数字格式，单击"数字"旁边的对话框启动器，下面概括说明了各种数字格式。

①常规：输入数字时 Excel 所应用的默认数字格式。多数情况下，采用"常规"格式的数字以输入的方式显示。然而，如果单元格的宽度不够显示整个数字，则"常规"格式会用小数点对数字进行四舍五入。"常规"数字格式还对较大的数字（12 位或更多位）使用科学计数（指数）表示法。

②数值：用于数字的一般表示。用户可以指定要使用的小数位数，是否使用千位分隔符以及如何显示负数。

③货币：用于一般货币值并显示带有数字的默认货币符号。用户可以指定要使用的小数位数，是否使用千位分隔符以及如何显示负数。

④会计专用：也用于货币值，但是它会在一列中对齐货币符号和数字的小数点。

⑤日期：根据用户指定的类型和区域设置（国家/地区），将日期和时间序列号显示为日期值。以星号（＊）开头的日期格式受在"控制面板"中指定的区域日期和时间设置的更改的影响。不带星号的格式不受"控制面板"设置的影响。

⑥时间：根据用户指定的类型和区域设置（国家／地区），将日期和时间序列号显示为时间值。以星号（＊）开头的时间格式受在"控制面板"中指定的区域日期和时间设置的更改的影响。不带星号的格式不受"控制面板"设置的影响。

⑦百分比：将单元格值乘以100，并用百分号（％）显示结果。可以指定要使用的小数位数。

⑧分数：根据所指定的分数类型以分数形式显示数字。

⑨科学计数：以指数符号的形式显示数字，将其中一部分数字用E+n代替，其中，E（代表指数）将前面的数字乘以10的n次幂。例如，2位小数的"科学计数"格式将12345678901显示为1.23E+10，即用1.23乘以10的10次幂。用户可以指定要使用的小数位数。

⑩文本：将单元格的内容视为文本，并在输入时准确显示内容，即使输入数字也是如此。

⑪特殊：将数字显示为邮政编码、电话号码或社会保险号码。

⑫自定义：允许用户修改现有数字格式代码的副本。使用此格式可以创建自定义数字格式并将其添加到数字格式代码的列表中。可以添加200到250个自定义数字格式，具体取决于计算机上所安装的Excel的语言版本。

（5）单元格对齐方式。单元格的对齐方式是指单元格中的文本和数据的内容相对单元格上、下、左、右的位置。Excel 2010中系统默认的数据对齐方式是文字左对齐，数字右对齐，逻辑值居中对齐。当然，根据需要可以对单元格内容的对齐方式重新进行设置。设置单元格对齐方式有三种方法，选中需要设置对齐方式的单元格，在"开始"功能区的"对齐方式"分组中，用户可以单击"文本左对齐"、"居中"、"文本右对齐"、"顶端对齐"、"垂直居中"、"底端对齐"按钮直接设置单元格的对齐方式；也可以直接单击"开始"选项卡中单元格组中的"格式"右下角的黑色小三角，在弹出的下拉菜单中选择"设置单元格格式"选项，弹出"设置单元格格式"对话框，在"设置单元格格式"中，用户可以获得更丰富的单元格对齐方式选项，从而实现更高级的单元格对齐设置；也可以选中需要设置对齐方式的单元格，单击右键，在打开的快捷菜单中选择"设置单元格格式"命令，打开"设置单元格格式"对话框，在打开的Excel 2010"设置单元格格式"对话框中，切换到"对齐"选项卡。选择合适的对齐方式，并单击"确定"按钮即可。

（6）单元格字体格式。为了使整张工作表版面更为鲜明，通常需要对不同的单元格设置不同的字体。单元格字体格式一般包括字体的选用，字号大小，字形是否加粗斜体，字体的颜色设置及字体特殊效果等。

（7）单元格样式。样式其实就是把字体、字形、字号和缩进等格式的设置特性作为一个集合，进行命名和存储，以方便以后的使用。用户可以自定义所需的单元格样式，也可以直接套用Excel 2010系统提供的多种单元格样式。应用某种样式时，同时应用该样式中所有的格式设置效果。

（8）单元格的边框和底纹。Excel工作表中的表格框线均是虚线，如果不进行任何边框设置，在打印输出后将不带表格线。为了使表格风格多样化，可以为表格选用各种不同的线型，根据需要还可以为单元格添加或删除某些边框线。除此之外，对单元格的颜色和图案也可以进行有针对性的设置。

①设置单元格的边框线，可以选用各种不同的线型，有如下两种方法。

方法一：利用菜单命令设置单元格的边框线。

a.选定要设置边框线的单元格或单元格区域。

b.单击"开始"选项卡中单元格组中的"格式"右下角的黑色小三角，在弹出的下拉菜单中选择"设置单元格格式"选项，弹出"设置单元格格式"对话框，在该对话框中单击"边框"选项卡，在"边框"选项卡中设置边框、线条类型、颜色等，如果要设置斜线单元格，只需要单击"边框"项中的"斜线"按钮，最后单击"确定"按钮即可。

c.设置完成后，单击"确定"按钮。

方法二：利用右键设置单元格的边框线。选定要设置边框线的单元格或单元格区域，单击右键，在弹出的菜单中选择"设置单元格格式"选项，打开"设置单元格格式"对话框。在该对话框中单击"边框"选项卡，在"边框"选项卡中设置边框、线条类型、颜色等即可。

②可以通过使用纯色或特定图案填充单元格来为单元格添加底纹。设置单元格的底纹，其实也就是设置单元格的颜色和图案，操作方法如下。

a.用纯色填充单元格：选择要应用底纹的单元格，在"开始"选项卡上的"字体"组中选择填充颜色按钮。除此之外也可以直接单击"开始"选项卡中单元格组中的"格式"右下角的黑色小三角，在弹出的下拉菜单中选择"设置单元格格式"选项，弹出"设置单元格格式"对话框，在该对话框中单击"填充"选项卡，在"填充"选项卡中完成下列任一操作。

• 若要用纯色填充单元格，单击"填充颜色" 旁边的箭头，然后在"主题颜色"或"标准色"下面，单击所要的颜色。

• 若要用自定义颜色填充单元格，单击"填充颜色" 旁边的箭头，单击"其他颜色"，然后在"颜色"对话框中选择所要的颜色。

• 若要应用最近选择的颜色，请单击"填充颜色" 。

b.用图案填充单元格：选择要应用底纹的单元格，在"开始"选项卡上的"字体"组中，单击"设置单元格格式"对话框启动器（键盘快捷方式为Ctrl+Shift+F）；也可以直接单击"开始"选项卡中单元格组中的"格式"右下角的黑色小三角，在弹出的下拉菜单中选择"设置单元格格式"选项，弹出"设置单元格格式"对话框，在"设置单元格格式"对话框"填充"选项卡上的"背景色"下，单击要使用的背景色。之后，执行下列操作之一。

• 若要使用包含两种颜色的图案，在"图案颜色"框中单击另一种颜色，然后在"图案样式"框中选择图案样式。

• 若要使用具有特殊效果的图案，单击"填充效果"，然后在"渐变"选项卡上单击所需的选项。

对于已经设置底纹的单元格，如果想要删除单元格底纹，需要选择含有填充颜色或填充图案的单元格，在"开始"选项卡上的"字体"组中，单击"填充颜色"旁边的向下小箭头，在弹出的小窗口中单击选择"无填充颜色"即可删除单元格底纹。

③设置工作表中所有单元格的默认填充色。

在Excel 2010中，不可更改工作表的默认填充色。默认情况下，工作簿中的所有单元格不包含任何填充色。但是，如果用户经常创建的工作簿所包含的工作表中，所有单元格都有特定的填充色,那么可以创建 Excel 模板。例如,如果经常创建所有单元格都是红色的工作簿,那么可以创建模板来简化此任务,操作方法如下。

a. 创建一个新的空工作表,单击"全选"按钮选中整个工作表。

b. 在"开始"选项卡上的"字体"组中,单击"字体颜色" 旁边的箭头,然后选择所要的颜色,只是在更改工作表上单元格的填充色时,网格线可能会变得很不清楚。为了在屏幕上突出显示网格线,可以尝试使用边框和线条样式。这些设置位于"开始"选项卡上的"字体"组中。若要对工作表应用边框,需选择整个工作表,再单击"字体"组中"边框" 旁边的三角按钮,然后单击"所有框线"。

c. 在"文件"选项卡上,单击"另存为"按钮,在"文件名"文本框中,输入要用于该模板的名称。

d. 在"保存类型"框中,单击"Excel 模板"按钮,再单击"保存"按钮,然后关闭工作表,模板将自动放置在"模板"文件夹中,这样可确保在用户要使用该模板来创建新工作簿时,可以直接获得该模板。

e. 如果需要基于模板打开新工作簿,可以在"文件"选项卡上单击"新建"按钮,然后在"可用模板"中选择"我的模板",在"新建"对话框中的"个人模板"下,单击刚刚创建的模板即可。

(9)套用表格格式。Excel 2010 中提供了 60 种表格样式,套用这些预设的样式可以为用户的工作节省时间。除了可以套用单元格样式外,还可以直接套用工作表样式。

(10)设置条件格式。如果用户要突出显示某些符合特定条件的一组单元格数据内容,就需要用到条件格式,使用条件格式可以根据指定的公式或数值确定搜索条件,并将此格式应用到工作表选定范围中符合条件的单元格,它可以帮助我们直观地查看和分析表格数据。

（任务实施）

1. 创建工作表

1)熟悉 Excel 2010 的工作界面

首先要启动 Excel 2010,与 Word 的启动与退出操作类似,启动 Excel 的常用方法有三种。

(1)菜单方式。

单击"开始"→"程序"→"Microsoft Office"→"Microsoft Excel 2010"命令,即可启动 Excel 2010。

(2)快捷方式。

双击建立在 Windows 桌面上的 Microsoft Office Excel 2010 快捷方式图标或快速启动栏中的图标即可快速启动 Excel 2010。

(3)直接方式。

如果桌面上或者本地硬盘上有已经建立的 Excel 文档,用户可双击该 Excel 文档,在打开该文档的同时,也会启动 Excel 应用程序。

启动 Excel 后即可看到 Excel 2010 的工作界面,其工作界面由"文件"选项卡、快速访问工具栏、标题栏、功能区、编辑栏、垂直(水平)滚动条、状态栏、工作表格区等组成,工作界面如图 6-1 所示。

图 6-1　Excel 2010 工作界面

（1）"文件"选项卡。单击 Excel 工作界面左上角的"文件"选项卡，可以运用其中的新建、打开、保存等命令来操作 Excel 文档。它为用户提供了一个集中位置，便于用户对文件执行所有操作，包括共享、打印或发送等，还可以使用激活和加载项，方法如下。

①单击"文件"选项卡。

②单击"选项"按钮，然后单击"加载项"类别。

③在"Excel 选项"对话框底部附近，确保选中"管理"框中的"Excel 加载项"，然后单击"转到"按钮。

④在"加载项"对话框中，选中要使用的加载项所对应的复选框，然后单击"确定"按钮。

⑤如果 Excel 显示一则消息，指出无法运行此加载项并提示用户安装它，单击"是"按钮以安装加载项。

（2）快速访问工具栏。Excel 2010 的快速访问工具栏是一个自定义工具栏，其中显示了最常用的命令，方便用户使用。单击快速访问工具栏中的任何一个选项，都可以直接执行其相应的功能。默认的常用快速访问工具栏有"保存""撤销""恢复"等，如果用户想定义自己的快速访问工具栏，可以单击快速访问工具栏右边的小三角，弹出"自定义快速访问工具栏"下拉菜单，在菜单中把需要添加的工具按钮前面的对号选中，即可被添加到快速访问工具栏上。如果需要删除某个工具按钮，直接将其前面的对号去掉即可。

例如，把"新建""打开"等按钮添加到快速访问工具栏上的方法是单击快速访问工具栏右边的小三角，弹出"自定义快速访问工具栏"下拉菜单，在下拉菜单中分别在"新建""打开"两项前面打上对号即可完成添加。

（3）标题栏。标题栏位于窗口的顶部，显示应用程序名和当前使用的工作簿名。对于新建立的 Excel 文件，用户所看到的文件名是工作簿 1，这是 Excel 2010 默认建立的文件名。标题栏的最右端是控制按钮，单击控制按钮，可以最小化、最大化（还原）或关闭窗口。

（4）功能区。Excel 2010 中，传统菜单和工具栏已被选项卡所取代，这些选项卡可将相关命令组合到一起，用户可以轻松地查找以前隐藏在复杂菜单和工具栏中的命令和功能。并且，通过 Office 2010 中改进的功能区，可以自定义选项卡和组或创建自己的选项卡和组以适合自己独特的工作方式，从而可以更快地访问常用命令，另外还可以重命名内置选项卡和组或更改其顺序。

　　默认情况下，Excel 2010 的功能区中的选项卡包括"开始""插入""页面布局""公式""数据""审阅""视图"选项卡。每个功能区根据功能的不同又分为若干个组，每个功能区所拥有的功能如下所述。

　　①"开始"功能区。它包括剪贴板、字体、对齐方式、数字、样式、单元格和编辑 7 个组，对应 Excel 2003 的"编辑"和"格式"菜单中的部分命令。该功能区主要用于帮助用户对 Excel 2010 表格进行文字编辑和单元格的格式设置，是用户最常用的功能区。

　　②"插入"功能区。它包括表、插图、图表、迷你图、筛选器、链接、文本和符号几个组，对应 Excel 2003 中"插入"菜单的部分命令，主要用于在 Excel 2010 表格中插入各种对象。

　　③"页面布局"功能区。它包括主题、页面设置、调整为合适大小、工作表选项、排列几个组，对应 Excel 2003 的"页面设置"菜单命令和"格式"菜单中的部分命令，用于帮助用户设置 Excel 2010 表格页面样式。

　　④"公式"功能区。它包括函数库、定义的名称、公式审核和计算几个组，用于实现在 Excel 2010 表格中进行各种数据计算。

　　⑤"数据"功能区。它包括获取外部数据、连接、排序和筛选、数据工具和分级显示几个组，主要用于在 Excel 2010 表格中进行数据处理相关方面的操作。

　　⑥"审阅"功能区。它包括校对、中文简繁转换、语言、批注和更改 5 个组，主要用于对 Excel 2010 表格进行校对和修订等操作，适用于多人协作处理 Excel 2010 表格数据。

　　⑦"视图"功能区。它包括工作簿视图、显示、显示比例、窗口和宏几个组，主要用于帮助用户设置 Excel 2010 表格窗口的视图类型，以方便操作。

　　（5）编辑栏。在功能区的下方一行就是编辑栏，编辑栏的左端是名称框，用来显示当前选定单元格或图表的名字，编辑栏的右端是数据编辑区，用来输入、编辑当前单元格或单元格区域的数学公式等数据。当一个单元格被选中后，可以在编辑栏中直接输入或编辑该单元格的内容。随着活动单元数据的输入，复选框被激活，在框中有取消按钮 × 表示放弃本次操作，相当于按 ESC 键；确认按钮√表示确认保存本次操作；插入函数 f_x 按钮用于打开"插入函数"对话框。

　　（6）状态栏与显示模式。状态栏位于窗口底部，用来显示当前工作区的状态。Excel 2010 支持三种显示模式，分别为"普通"模式、"页面布局"模式与"分页预览"模式，单击 Excel 2010 窗口右下角的 ⊞ ▭ ⊡ 按钮可以切换显示模式。

　　（7）工作表格区。工作区窗口是 Excel 工作的主要窗口，启动 Excel 所见到的整个表格区域就是 Excel 的工作区窗口。

　　2）工作表的基本操作

　　Excel 和 Word 的新建、打开、保存方法都基本一样，在新建并打开一个 Excel 文件后，默认情况下一个工作簿包含 3 张工作表，根据需要，用户可以插入或删除工作表，重命名、切换、移动、复制工作表。

（1）Excel 中的几个基本概念。

①工作簿：在 Excel 中，一个工作簿就是一个 Excel 文件，它是工作表的集合体，工作簿就像日常工作的文件夹。一张工作簿中可以放多张工作表，但是最多只能放 255 张工作表。

②工作表：工作表是显示在工作簿窗口中的表格，是工作簿文件的基本组成部分。每张工作表都以标签的形式排列在工作簿的底部，Excel 工作表是由行和列组成的一张表格，行号用数字 1、2、3、4 等来表示，列号用英文字母 A、B、C、D 等表示。工作表是数据存储的主要场所，一个工作表可以由 1048576 行和 16384 列构成。当需要进行工作表切换的时候，只需要用鼠标单击相应的工作表标签名称即可。

③单元格：行和列交叉的区域称为单元格。是 Excel 工作表中的最小单位，单元格按所在的行列交叉位置来命名，命名时列号在前、行号在后，如单元格 "B6"。单元格的名称又称单元格的地址。

（2）工作表的新建与保存。

①新建工作簿。启动 Excel 2010 时，系统自动新建一个名为 "工作簿 1" 且包含 3 个空白工作表 Sheet 1、Sheet 2、Sheet 3 的工作簿。继续创建新的工作簿可使用以下三种方法。

方法一：单击 "文件" 选项卡，然后单击 "新建" 命令，弹出 "可用模板" 窗格，在 "可用模板" 下，单击 "空白工作簿" 或根据需要选择 "最近打开的模板" 等选项，单击 "创建" 按钮即可。

方法二：单击快速访问工具栏的 "新建" 按钮，直接弹出一个新的空白工作簿，即完成了新工作簿的创建工作。

方法三：使用快捷键 Ctrl+N，直接弹出一个新的空白工作簿。

②工作簿的打开。启动 Excel 后可以打开一个已经建立的工作簿文件，也可同时打开多个工作簿文件，最后打开的工作簿位于最前面。打开工作簿可使用以下四种方法。

方法一：单击 "文件" → "打开" 命令，弹出 "打开" 对话框，选择目标文件所在的位置，单击 "打开" 按钮，或者双击该文档，即可打开。

方法二：单击快速访问工具栏的 "打开" 按钮，弹出 "打开" 对话框，选择目标文件所在的位置，单击 "打开" 按钮，或者双击该文档，即可打开。

方法三：使用快捷键 Ctrl+O，弹出 "打开" 对话框，选择需要打开的文件即可。

方法四：如果要打开最近使用过的工作簿，在 "文件" 菜单下 "最近使用过的文件" 菜单中会弹出所有最近使用的文件列表，单击选择要打开的文件名即可。

③工作簿的保存。工作簿在编辑后需要保存，可使用以下三种方法。

方法一：单击 "文件"，在弹出的子菜单下选择 "保存" 选项，若第一次保存该文件，弹出 "另存为" 对话框，首先选择文件保存的位置，然后在 "文件名" 框中，输入工作簿的名称，在 "保存类型" 列表中，选择 "Excel 工作簿"，然后单击 "保存" 按钮。如果直接单击 "文件" 菜单下的 "另存为" 子菜单命令，则可以将当前文件另存为另一个新文件。

方法二：单击快速访问工具栏的 "保存" 按钮即可，若第一次保存该文件，会弹出 "另存为" 对话框。

方法三：使用快捷键 Ctrl+S，若第一次保存该文件，会弹出 "另存为" 对话框。

④工作簿的关闭。关闭工作簿文件有以下四种方法。

方法一：单击"文件"→"关闭"命令。

方法二：单击工作簿窗口右上角的"关闭"按钮。

方法三：双击工作簿窗口左上角"控制菜单"图标，或者单击工作簿窗口左上角"控制菜单"图标，再在弹出的控制菜单中选择"关闭"命令。

方法四：单击该文档，使其成为当前文档，按 Alt+F4 组合键。

如果当前工作簿文件是新建的，或当前文件已被修改尚未存盘，系统将提示是否保存修改。单击"保存"按钮，存盘后退出；单击"不保存"按钮，不存盘退出；单击"取消"按钮，则返回原工作簿编辑状态。

（3）工作表的插入和删除。

①插入工作表。

方法一：在"开始"选项卡下，单击"单元格"组中的"插入"按钮，在弹出的列表里选择"插入工作表"。

方法二：右击工作表标签，在弹出的快捷菜单中选择"插入"选项，在弹出的对话框中选择"工作表"，然后单击"确定"按钮，则在当前工作表的前面插入一个新的工作表。

②删除工作表。

方法一：在"开始"选项卡下，单击"单元格"组中的"删除"按钮，在弹出的列表里选择"删除工作表"。

方法二：右击要删除工作表的标签，从弹出的快捷菜单中选择"删除"命令即可。

（4）工作表的重命名与切换。

①工作表的重命名。

方法一：选择要更名的工作表，如 Sheet1，在"开始"选项卡下，单击"单元格"组中的"格式"按钮，在弹出的下拉菜单里选择"重命名工作表"，进入编辑状态，输入工作表名"学生成绩表"即可。

方法二：右击要更名的工作表标签，从弹出的快捷菜单中选择"重命名"选项，然后输入新的工作表名。

方法三：双击要更名的工作表标签，然后输入新的工作表名即可。

②工作表的切换。直接单击需要切换到的目标工作表标签即可。

③工作表标签的设置。可以修改工作表标签的颜色，有两种方法。

方法一：右击选择需要修改的工作表标签，在弹出的下拉菜单中选择"工作表标签颜色"，弹出"主题颜色"框，在弹出框中选择需要的颜色即可。

方法二：选择要修改的工作表，如 Sheet1，在"开始"选项卡下，单击"单元格"组中的"格式"按钮，在弹出的下拉菜单里选择"工作表标签颜色"，弹出"主题颜色"框，在弹出框中选择需要的颜色即可。

（5）工作表的移动、复制。

有时为了提高工作效率，对于结构完全或者大部分相同的工作表来说，常常需要移动、复制等操作。

①工作表的移动。无论是在同一个工作簿还是在不同工作簿中，移动工作表的方法都是一样的，方法如下。

方法一：首先选择"学生成绩表"工作表标签，在"开始"选项卡下，单击"单元格"组中的"格式"按钮，在弹出的下拉菜单中选择"移动或复制工作表"，打开"移动或复制工作表"对话框，在"下列选定工作表之前"列表框中选择 Sheet3 选项，单击"确定"按钮完成移动操作，如图 6-2 所示。

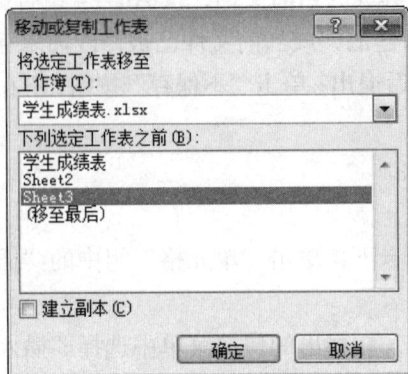

图 6-2 "移动或复制工作表"窗口

方法二：右击学生成绩表标签，在弹出的快捷菜单中选择"移动或复制工作表"选项，打开"移动或复制工作表"对话框，剩余操作同方法一。

方法三：在同一个工作簿中，选定目标工作表，按住鼠标左键向左、右拖动，拖至目标位置后释放鼠标，此时可以看到目标工作表位置已经发生了改变。

②工作表的复制。

方法一：首先选择"学生成绩表"工作表标签，在"开始"选项卡下，单击"单元格"组中的"格式"，在弹出的下拉菜单中单击"移动或复制工作表"，打开"移动或复制工作表"对话框，如图 6-2 所示，在"下列选定工作表之前"列表框中选择 Sheet3 选项，勾选"建立副本"复选框，单击"确定"完成复制操作。

方法二：右击学生成绩表标签，在弹出的快捷菜单中选择"移动或复制工作表"选项，打开"移动或复制工作表"对话框，剩余操作同方法一。

方法三：在同一个工作簿中，选定目标工作表，按住鼠标左键同时按下 Ctrl 键不放向左、右拖动，拖至目标位置后释放鼠标，此时可以看到目标工作表被复制。

（6）工作表的拆分与冻结。

①工作表的拆分。

拆分工作表是把当前工作表窗口拆分成几个窗格，每个窗格都可以使用滚动条来显示工作表的各个部分。使用拆分窗口可以在一个文档窗口中查看工作表的不同部分，既可以对工作表进行水平拆分，也可以对工作表进行垂直拆分。一般有以下两种方法。

方法一：用菜单命令拆分。选定单元格（拆分的分割点），单击"视图"选项卡下"窗口"组中的"拆分"命令，以选定单元格为拆分的分割点，工作表将被拆分为 4 个独立的窗口。

方法二：用鼠标拆分。用鼠标拖动工作表标签拆分框或双击工作表标签拆分框。

②取消拆分工作表。取消当前工作表的拆分，恢复窗口原来的形状。

方法一：用菜单命令取消。单击"视图"选项卡下"窗口"组中的"拆分"命令，即取消当前的拆分操作。

方法二：用鼠标取消。直接双击分割条即可取消拆分，恢复窗口原来的形状。

③工作表的冻结。工作表中有很多数据时，如果使用垂直或水平滚动条浏览数据，行标题或列标题也随着一起滚动，这样查看数据很不方便。使用冻结窗口功能就是将工作表的上窗格和左窗格冻结在屏幕上。这样，当使用垂直或水平滚动条浏览数据时，行标题和列标题将不会随着一起滚动，一直在屏幕上显示。工作表冻结的操作方法如下。

选定目标单元格作为冻结点单元格，单击"视图"选项卡下"窗口"组中的"冻结窗格"命令，弹出下拉菜单，在下拉菜单中选择冻结拆分选项如"冻结拆分窗格"命令等即可。

取消冻结窗格的方法也很简单，单击"视图"选项卡下"窗口"组中的"冻结窗格"命令，在弹出的下拉菜单中选择"取消冻结窗格"命令，即可取消冻结窗格把工作表恢复原样。

（7）保护工作表。

为了防止工作表被别人修改，可以设置对工作表的保护。保护工作表功能可防止修改工作表中的单元格、Excel表、图表等。

①保护工作表。选定需要保护的工作表，如Sheet1，单击"审阅"选项卡的"更改"组中的"保护工作表"命令，弹出"保护工作表"对话框，选择需要保护的选项，输入密码，单击"确定"按钮。

②保护工作簿。选定需要保护的工作簿，单击"审阅"选项卡的"更改"组中的"保护工作簿"命令，弹出"保护结构和窗口"对话框，在"保护工作簿"列中选择需要保护的选项，输入密码，单击"确定"按钮。其中，选择"结构"选项，保护工作簿的结构，避免插入、删除等操作；选择"窗口"选项，保护工作簿的窗口，不被移动、缩放等操作。

如果对工作表或工作簿进行了保护，在"审阅"选项卡的"更改"组中的"保护工作表"变为"撤销工作表保护"，"保护工作簿"变为"撤销工作簿保护"。如果要取消对工作表或工作簿的保护，单击"审阅"选项卡的"更改"组中的"撤销工作表保护"或"撤销工作簿保护"选项。如果设置了密码，选择所需选项后将弹出"撤销工作表保护"或"撤销工作簿保护"对话框，输入密码，单击"确定"按钮即可取消保护。

（8）隐藏和恢复工作表。

当工作簿中的工作表数量较多时，有些工作表暂时不用，为了避免对重要的数据和机密数据的误操作，可以将这些工作表隐藏起来，这样不但可以减少屏幕上显示的工作表，还便于对其他工作表的操作，如果想对隐藏的工作表进行编辑，还可以恢复显示隐藏的工作表。

①隐藏工作表。选定要隐藏的工作表，如Sheet1，在"开始"选项卡下，单击"单元格"组中的"格式"，在弹出的下拉菜单中选择"可见性"下的"隐藏和取消隐藏"下拉菜单，在弹出的菜单中选择"隐藏工作表"命令选项，即可隐藏该选定的工作表。

②恢复工作表。在"开始"选项卡下，单击"单元格"组中的"格式"，在弹出的下拉菜单中选择"可见性"下的"隐藏和取消隐藏"下拉菜单，在弹出的菜单中选择"取消隐藏工作表"命令选项，弹出"取消隐藏"对话框，选择要恢复显示的工作表，如Sheet1，单击"确定"按钮，即可恢复该工作表的显示。

2. 输入表格数据

在 Excel 2010 工作表中的单元格和 Word 一样，可以输入文本、数字以及特殊符号等，数据类型也各不相同。Excel 2010 的数据类型包括文本型数据、数值型数据、日期时间型数据，不同数据类型输入的方法是不同的，所以在电子表格输入数据之前，首先要了解所输入数据的类型。

要在单元格中输入数据首先要定位单元格，可以采用以下方法。

（1）单击输入数据的单元格，直接输入数据，按下 Enter 键确认。

（2）双击单元格，单元格内出现插入光标，将插入光标移到适当位置后开始输入，这种方法常用于对单元格内容的修改。

（3）单击单元格，然后单击编辑栏，并在其中输入或编辑单元格中的数据，输入的内容将同时出现在单元格和编辑栏上，通过单击"输入"按钮确认输入。如果发现输入有误时，可以利用退格键或 Delete 键删除字符，也可用 ESC 键或单击"取消"按钮取消输入。

1）输入文本型数据

文本可以是任何字符串或数字与字符串的组合。在单元格中文本自动左对齐。一个单元格中最多可输入 3200 个字符。当输入的文本长度超过单元格列宽且右边单元格没有数据时，允许覆盖相邻单元格显示。如果相邻的单元格中已有数据，则输入的数据在超出部分处截断显示。默认单元格中的数据显示方式为"常规"，其代表的意思是如果输入的是字符，则按文本类型显示；如果输入的是日期格式，则按日期格式显示；如果输入的是 0 ~ 9 的数据，则按数值型数据显示。所以当把数字作为文本输入时应当使用以下的方法。

将数字作为文本输入，一般采用以下三种方法。

（1）应在数字前面加上一个单引号'，如"'2356"。

（2）在数字前加一个等号并把数字用双引号括起来，如 = "245228"。

（3）选定单元格，在"开始"选项卡下，单击"单元格"组中的"格式"，在弹出的下拉菜单中选择"设置单元格格式"，再选择"数字"选项卡中的"文本"项，单击"确定"按钮，则该单元格输入的数字将作为文本处理。

如果 Microsoft Excel 在单元格中显示"#####"，则可能是输入的内容过长，单元格不够宽，无法显示该数据。若要扩展列宽，双击包含出现"#####"错误的单元格的列的右边界。这样可以自动调整列的大小，使其适应数字。也可以拖动右边界，直至列达到所需的大小。另外当单元格的宽度不够时，还可以设置自动换行，也可以缩小字体填充。如果需要换行显示，在"开始"选项卡下的"对齐方式"组中，单击"自动换行"即可，还可以利用组合键 Alt+Enter；如果需要缩小填充，选择目标单元格，单击"开始"选项卡下的"单元格"组中的"格式"，在弹出的下拉菜单中选择"设置单元格格式"，在打开的对话框中选择"对齐"选项卡，在文本控制复选框中选择缩小字体填充即可，这些也可以复选自动换行进行换行显示。

练习文本输入应用，输入"学生成绩表"的"姓名""出生日期""是否党员"三列数据内容。

2）输入数值型数据

数值型数据也是 Excel 工作表中最常见的数据类型。数值型自动右对齐，如果输入的数值超过单元格宽度，系统将自动以科学记数法表示。若单元格中填满了"#"符号，说明该单元格所在列没有足够的宽度显示这个数值。此时，需要改变单元格列的宽度。

在单元格中输入数字时需注意下面几点。

（1）输入正数时，正号"+"可以忽略；输入负数时，在数字前面加上一个减号"–"或将其放在括号"（）"内。

（2）输入分数时，应先输入一个"0"加一个空格，如输入"0 3/5"，表示五分之三。否则，系统会将其作为日期型处理。

（3）输入百分数时，先输入数字，再输入百分号，则该单元格将应用百分比格式。

3）输入日期型数据

Excel把日期和时间作为特殊类型的数值。这些数值的特点是采用了日期或时间的格式。在单元格中输入可识别的时间和日期数据时，单元格的格式自动从"通用"转换为相应的"日期"或者"时间"格式，而不需要去设定该单元格为"日期"或者"时间"格式。输入的日期和时间自动右对齐，如果输入的时间和日期数据系统不可识别，则系统视为文本处理。

系统默认时间用24小时制的方式表示，若要用12小时制表示，可以在时间后面输入AM或PM，用来表示上午或下午，但和时间之间要用空格隔开。

可以利用快捷键快速输入当前的系统日期和时间，具体操作为按Ctrl+;键可以在当前光标处输入当前日期；按Ctrl+Shift+;键可以在当前光标处输入当前时间。

按照上面输入日期时间的方法可以完成"学生成绩表"中的"出生日期"列，效果如图6-3所示。

出生日期
1989/4/3
1989/10/1
1987/4/28
1988/12/6
1990/8/9
1987/5/7
1990/2/3
1990/2/1
1989/11/15
1984/8/17

图6-3　"出生日期"列

4）自动填充功能

在Excel表格的制作过程中，对于相同数据或者有规律的数据，Excel自动填充功能可以快速地对表格数据进行录入，从而减少重复操作所造成的时间浪费，提高用户的工作效率。

（1）使用填充序列。

方法一：自己手动添加一个新的自动填充序列。

①单击"Office"按钮，然后单击"文件"下的"选项"子菜单，打开"Excel选项"对话框。

②单击左侧的"常规"选项卡，然后单击右侧的"编辑自定义列表"按钮，此时将会打开"自定义序列"对话框。

③在"输入序列"下方输入要创建的自动填充序列。

④单击"添加"按钮，则新的自定义填充序列出现在左侧"自定义序列"列表的最下方。

⑤单击"确定"按钮，关闭对话框。

方法二：从当前工作表中导入一个自定义的自动填充序列。

①在工作表中输入自动填充序列，或者打开一个包含自动填充序列的工作表，并选中该序列。

②单击"Office"按钮，然后单击"文件"下的"选项"子菜单，打开"Excel选项"对话框。

③单击左侧的"常规"选项卡，然后单击右侧的"编辑自定义列表"按钮，打开"自定义序列"对话框。此时在"从单元格中导入序列"右侧框中出现选中的序列。

④单击"导入"按钮，序列出现在左侧"自定义序列"列表的最下方。

（2）应用举例

情况一：通过控制柄填充数据。

Excel 2010中，选择单元格后，出现在单元格右下角的黑色小方块就是控制柄。操作方法如下。

①选定起始单元格或单元格区域，如"学生成绩表"中的学号列0980901。

②光标指向单元格或单元格区域右下方的控制柄。

③按住鼠标左键拖动控制柄到向下填充所有目标单元格后释放鼠标左键，就会产生有序的学号。

情况二：通过对话框填充序列数据。

在Excel 2010中，像等差、等比、日期等有规律的序列数据，用户也可以通过序列对话框来填充，具体操作方法如下。

①首先在一个目标单元格中（如B1）输入内容"2"，然后选定要填充数值的所有目标单元格，如B1：B10。

②在"开始"选项卡的"编辑"组中单击"填充"，在弹出的下拉菜单中选择"系列"命令打开"序列"对话框，如图6-4所示。

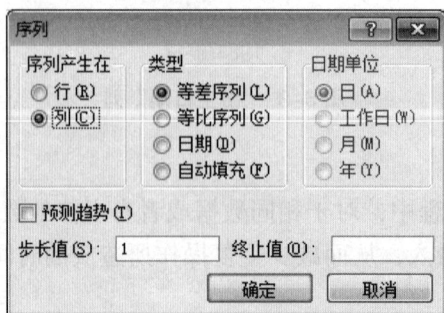

图6-4 "序列"对话框

③在"序列"对话框中进行相应的设置。在"序列产生在"选项中选择"列"；在"类型"

选项中选择"等比数列";"步长值"设定为2。

④单击"确定"按钮,则在B1∶B10区域填好一个2、4、8、16、…的等比序列。

情况三:利用"自动填充"功能填充单元格。

"自动填充"功能是根据被选中起始单元格区域中数据的结构特点,确定数据的填充方式。如果选定的多个单元格的值不存在等差或等比关系,则在目标单元格区域填充相同的数值;如果选定了多个单元格且各单元格的值存在等差或等比关系,则在目标单元格区域填充一组等差或等比序列,方法如下。

①选择工作表中已输入的序列。

②选择已经输入的数据序列,拖动控制柄向下选择要填充的目标单元格区域,松开鼠标后弹出"自动填充选项",选择不带格式填充按钮就可以完成序列填充。

5)设置数据有效性

对于大量数据需要输入时,有时难免会出错,那么用户可以把一部分检查工作交给计算机来处理,这就需要提前对单元格数据的有效性进行设置。如对目标单元格B2∶B8设置有效性,要求单元格的值在0～100。

(1)首先选择目标单元格B2∶B8,打开"数据"选项卡,单击"数据工具"组中的"数据有效性"下的小三角形,在弹出的菜单中选择"数据有效性",打开"数据有效性"对话框。

(2)在"数据有效性"对话框中的"设置"选项卡下单击"允许"下拉菜单,在展开的下拉菜单中选择"整数",如图6-5所示。

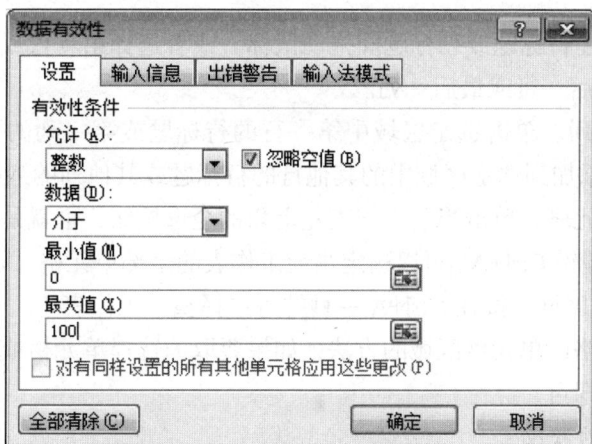

图6-5 "数据有效性"对话框

(3)单击"数据"的下拉菜单,在展开的下拉菜单中选择"介于"。在最小值文本框中输入最小值"0",在最大值文本框中输入最大值"100"。单击"确定"按钮,在单元格中显示效果。

3. 单元格的编辑

用户在对表格中的数据进行处理的时候,最常用的操作就是对单元格的操作,掌握单元格的基本操作可以提高制作表格的速度。Excel 2010 中单元格的基本操作包括插入、删除、合并、拆分等，但是要对单元格操作首先要选择单元格。

1）选择单元格

（1）选择单个单元格。将鼠标移动到目标单元格上单击即可，被选择的目标单元格以粗黑边框显示，并且被选择的单元格对应的行号和列号也以黄色突出显示。

（2）选择多个非连续的单元格（或单元格区域）。选择第一个单元格或单元格区域，然后在按住 Ctrl 键的同时选择其他单元格或区域。

也可以选择第一个单元格或单元格区域，然后按 Shift+F8 键将另一个不相邻的单元格或单元格区域添加到选定区域中。要停止向选定区域中添加单元格或单元格区域，只需要再次按 Shift+F8 键。在此提示一点，要取消对不相邻选定区域中某个单元格或单元格区域的选择，就必需首先取消整个选定区域。

（3）选择多个连续的单元格（或单元格区域）。单击目标区域中的第一个单元格，然后拖至最后一个单元格，或者在按住 Shift 键的同时按箭头键以扩展选定区域。

也可以选择该区域中的第一个单元格，然后按 F8 键，使用箭头键扩展选定区域。要停止扩展选定区域，请再次按 F8 键。

（4）选择整行或整列。单击行标题或列标题；也可以选择行或列中的单元格，方法是选择第一个单元格，然后按 Ctrl+Shift+ 箭头键（对于行，使用向右键或向左键；对于列，使用向上键或向下键）。如果行或列包含数据，那么按 Ctrl+Shift+ 箭头键可选择到行或列中最后一个已使用单元格之前的部分。按 Ctrl+Shift+ 箭头键一秒钟可选择整行或整列。

（5）多行或多列。

①相邻行或列。在行标题或列标题间拖动鼠标。或者选择第一行或第一列，然后在按住 Shift 键的同时选择最后一行或最后一列。

②不相邻的行或列。单击选定区域中第一行的行标题或第一列的列标题，然后在按住 Ctrl 键的同时单击要添加到选定区域中的其他行的行标题或其他列的列标题。

（6）选择全部单元格。单击当前工作表左上角的全选按钮，也就是行号和列号交叉处位置的标记，或使用快捷键 Ctrl+A，可以选定当前工作表的全部单元格。如果工作表包含数据，按 Ctrl+A 可选择当前区域。按住 Ctrl+A 一秒钟可选择整个工作表。

以上是选择单元格或单元格区域的方法，如果要取消选择单元格或单元格区域，单击工作表中的任意单元格即可。

2）单元格数据的修改

在工作表中输入数据时，常常需要对单元格的数据进行修改和清除操作。修改单元格数据一般有以下三种方法。

（1）在单元格中直接修改。

用鼠标双击要修改的单元格，将鼠标指针移到需要修改的位置，根据需要对单元格的内容直接进行修改即可。

（2）利用编辑栏修改单元格的内容。

选择要修改的单元格，使其变为活动单元格，该单元格中的内容将在编辑栏显示，单击编辑栏并将鼠标指针移到需要修改的位置，根据需要直接对单元格的内容进行修改。修改结束按 Enter 键或单击"确认"按钮保存修改，也可以按 Esc 键或单击"取消"按钮放弃本次修改。

（3）替换单元格的内容。

选择要修改的单元格，使其变为活动单元格，直接输入新的内容替换单元格原来的内容即可。

3）单元格数据的移动与复制

在 Excel 中移动与复制单元格内容有以下 4 种方法。

（1）使用鼠标拖动。

选择单元格或单元格区域，将鼠标放置到该单元格的边框位置，鼠标指针变成四向箭头。如果要移动单元格内容，按住鼠标左键并拖动到目标单元格，释放鼠标左键，即可完成单元格内容的移动；如果要复制单元格内容，按住鼠标左键的同时按下 Ctrl 键并拖动到目标单元格后释放鼠标左键，即可完成单元格内容的复制。

（2）使用菜单方式。

选择单元格或单元格区域，如果要移动单元格内容，单击"开始"选项卡下"剪贴板"组中的"剪切"命令；如果要复制单元格内容，单击"开始"选项卡下"剪贴板"组中的"复制"命令。这时所选区域的单元格边框就会出现滚动的水波浪线。用鼠标单击目标单元格位置，单击"剪贴板"组中的"粘贴"命令即可将单元格的内容移动或复制到目标单元格。在复制单元格内容时，如果选择"粘贴"下的"选择性粘贴"命令，则弹出"选择性粘贴"对话框，按照对话框中的选项选择需要粘贴的内容。

（3）使用右键。

选择单元格或单元格区域，如果要移动单元格内容，单击右键在弹出菜单中选择"剪切"按钮，如果要复制单元格内容，选择"复制"按钮，这时所选区域的单元格边框就会出现滚动的水波浪线。然后单击选择目标单元格位置，在右键菜单中选择"粘贴"按钮即可。

（4）使用快捷键。

选择单元格或单元格区域，如果要移动单元格内容，按快捷键 Ctrl+X，如果要复制单元格内容，按快捷键 Ctrl+C。这时所选区域的单元格边框就会出现滚动的水波浪线。然后单击选择目标单元格位置，按快捷键 Ctrl+V 完成粘贴操作即可。

4）插入和删除单元格

在处理工作表时，在已存在工作表的中间位置常常需要插入单元格或删除已经不需要的单元格。

（1）插入单元格。

①通过菜单插入。

选择目标单元格，在"开始"选项卡的"单元格"组中单击"插入"下方的下拉按钮，在弹出的下拉菜单中选择"插入单元格"即可。如果需要插入一行，首先选定要插入行的任意一个单元格，或者单击行号选择整行，然后单击"开始"选项卡的"单元格"组中"插入"下方的下拉按钮，在弹出的下拉菜单中选择"插入工作表行"子菜单，Excel 在当前位置插入一行，原有的行自动下移。若要在当前的工作表中插入多行，首先选定需要插入行的单元格区域（注，插入的行数是选定单元格区域的行数），然后单击"开始"选项卡的"单元格"

组中"插入"下方的下拉按钮，在弹出的下拉菜单中选择"插入工作表行"，则可在当前的单元格区域位置插入多个空白行，原有的单元格区域行自行下移。

如果需要在当前的工作表中插入一列，首先选定要插入列的任意一个单元格，或者单击列号选择整列，然后单击"开始"选项卡的"单元格"组中"插入"下方的下拉按钮，在弹出的下拉菜单中选择"插入工作表列"子菜单，Excel 在当前位置插入一列，原有的列自动右移。若要在当前的工作表中插入多列，首先选定需要插入列的单元格区域（注，插入的列数是选定单元格区域的列数），然后单击"开始"选项卡的"单元格"组中"插入"下方的下拉按钮，在弹出的下拉菜单中选择"插入工作表列"子菜单，则可在当前的单元格区域位置插入多个空白列，原有的单元格区域列自行右移。

②通过右键插入。

选择目标单元格，在目标单元格上右击，在弹出的快捷菜单中选择"插入"命令，弹出下拉菜单，如果需要添加行，选择"在上方插入表行"，Excel 在当前位置的上方插入一行空白行；如果需要添加列，选择"在左侧插入表列"，Excel 在当前位置的左侧插入一列空白列。

（2）删除单元格。

①通过菜单删除。

选择目标单元格，在"开始"选项卡的"单元格"组中单击"删除"下方的下拉按钮，在弹出的下拉菜单中选择"删除单元格"即可。如果要删除整行，选择整行或者该行内的某一单元格，在"开始"选项卡的"单元格"组中单击"删除"下方的下拉按钮，在弹出的下拉菜单中选择"删除表格行"即可。如果要删除整列，选择整列或者该列内某一单元格，在"开始"选项卡的"单元格"组中单击"删除"下方的下拉按钮，在弹出的下拉菜单中选择"删除表格列"即可。

②通过右键删除。

选择目标单元格，在目标单元格上单击右键，在弹出的快捷菜单中选择"删除"命令，弹出下拉菜单，如果要删除整行选择"表行"即可；如果删除整列选择"表列"即可。

5）合并与拆分单元格

在表格制作过程中，有时候为了表格整体布局的考虑，需要将多个单元格合并为一个单元格或者需要把一个单元格拆分为多个单元格。

（1）通过菜单合并。

首先选择需要合并的所有目标单元格，在"开始"选项卡的"对齐方式"组中单击"合并后居中"的下拉菜单，选择合并单元格即可完成单元格的合并；也可以单击"开始"选项卡的"单元格"组中"格式"下方的下拉按钮，在弹出的下拉菜单中选择"设置单元格格式"，接着在弹出的对话框中设置选择"对齐"选项卡，在文本控制下的复选框中单击选择"合并单元格"也可完成单元格的合并。

（2）通过右键合并。

首先选择需要合并的所有目标单元格，然后单击右键，在弹出的快捷菜单中选择"设置单元格格式"，剩余操作同方法一。

例如，打开"学生成绩表"，如果想让标题居中对齐，首先要合并单元格，选择 A1 单元格，按住鼠标左键一直拖到 El 单元格，即选中 Al：El 单元格区域，在"开始"选项卡的"对齐方式"组中单击"合并后居中"的下拉菜单，选择"合并后居中"即可完成单元格的合并居中，如图 6-6 所示。

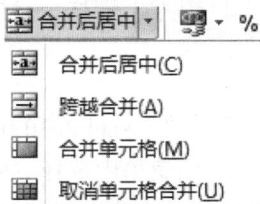

图 6-6　"合并后居中"下拉菜单

拆分单元格的方法和合并单元格是互逆过程，所以如果想拆分合并后的单元格只需再次单击"合并后居中"按钮或者选择其下拉菜单中的"取消单元格合并"即可完成单元格的合并拆分。也可以打开"设置单元格格式"对话框，选择"对齐"选项卡，单击文本控制下的复选框"合并单元格"取消选择即可完成单元格的拆分。

6）调整单元格的行高

在实际应用中，有时用户输入的数据内容超出单元格的显示范围，这时用户需要调整单元格的行高或者列宽以容纳其内容。如"学生成绩表"中标题字体变大后要求行高要做出调整，方法如下。

（1）鼠标拖动调整。

利用鼠标拖动调整，这种方法适合粗略调整，精确度不高。将鼠标移到所选行如第一行标题行标的下边框处，当鼠标变为上下的双向箭头时，按下鼠标用鼠标拖动该边框调整行的高度即可。

（2）自动调整功能。

将鼠标移到所选行如第一行标题行标的下边框处，当鼠标变为上下的箭头时，双击鼠标，该行的高度自动调整为最高项的高度；或者鼠标选择第一行标题行，在"开始"选项卡的"单元格"组中单击"格式"按钮，在弹出的下拉菜单中选择"自动调整行高"也可达到刚才的效果。

（3）精确调整行高。

利用菜单命令调整，精确度比较高，在 Excel 2010 中要精确调整行高，操作方法为单击"单元格"组中的"格式"，在弹出的菜单中选择"行高"，弹出"行高"对话框，在对话框中的"行高"文本框中输入要设置的行高值进行行高的设置即可，如对学生成绩表的标题行行高设置为 25。

7）调整单元格的列宽

在实际应用中有时需要调整单元格的列宽，方法如下。

（1）鼠标拖动调整。

利用鼠标拖动调整，这种方法适合粗略调整，精确度不高。将鼠标移到目标列右边框标记处，当鼠标变为左右的双向箭头时，按下鼠标用鼠标拖动该边框调整列的宽度即可。

（2）自动调整功能。

将鼠标移到目标列列标的右边框处，当鼠标变为左右的双向箭头时，双击鼠标，该列的宽度自动调整为最高项的宽度；或者鼠标选择目标列，在"开始"选项卡的"单元格"组中单击"格式"按钮，在弹出的下拉菜单中选择"自动调整列宽"也可达到刚才的列宽效果。

（3）精确调整列宽。

利用菜单命令调整，精确度比较高，在 Excel 2010 中要精确调整列宽，操作方法如下。单击"单元格"组中的"格式"，在弹出的菜单中选择"列宽"，弹出"列宽"对话框，在对话框中的"列宽"文本框中输入要设置的列宽值进行列宽的设置即可。

学生成绩表的数据输入完成如图 6-7 所示。

	A	B	C	D	E	F	G	H
1				学生成绩表				
2	学号	姓名	出生日期	是否党员	大学英语	高等数学	大学语文	计算机基础
3	0980901	李丽丽	1989/4/3	FALSE	59	60	70	71
4	0980902	赵瑾	1989/10/1	FALSE	56	73	81	92
5	0980903	高玉明	1987/4/28	TRUE	64	76	88	83
6	0980904	张芳丽	1988/12/6	FALSE	66	89	97	74
7	0980905	陈然	1990/8/9	TRUE	84	86	81	93
8	0980906	马晓敏	1987/5/7	FALSE	69	49	60	56
9	0980907	王平	1990/2/3	FALSE	81	89	78	88
10	0980908	陈勇强	1990/2/1	FALSE	96	88	99	87
11	0980909	杨明明	1989/11/15	FALSE	89	87	47	90
12	0980910	刘鹏飞	1984/8/17	TRUE	98	87	81	90

图 6-7　学生成绩表

4. 格式化表格

使用 Excel 2010 创建工作表后，还可以通过添加边框和底纹等效果进行格式化操作，使表格外观更加美化。

1）设置字体格式及对齐方式

首先打开制作完成的学生成绩表，可以在"开始"选项卡中的"字体"组中选择，也可以选中要修改字体的文本后，在弹出的字体面板中进行修改。

（1）在"学生基本信息"表中，选定要设置格式的单元格，如 A1：H1，单击"开始"选项卡中"单元格"组中的"格式"右下角的黑色小三角，在弹出的下拉菜单中选择"设置单元格格式"选项，弹出"设置单元格格式"对话框，在该对话框中单击"字体"选项卡，设置字体为"宋体"、字形设置为"加粗"、字号选择 24、颜色设置为"红色"等，设置完成后，单击"确定"按钮，即可得到所需的字体效果，如果想调整单元格中文本和数据的位置使标题居中对齐，只需单击"开始"选项卡中"对齐方式"组中的"合并后居中"选项，效果如图 6-8 所示。

学生成绩表							
学号	姓名	出生日期	是否党员	大学英语	高等数学	大学语文	计算机基础

图 6-8　标题行设置效果

（2）在"学生基本信息"表中，选定要设置格式的单元格，如A2：H12，单击右键，在弹出的菜单中选择"设置单元格格式"选项，弹出"设置单元格格式"对话框，在该对话框中单击"字体"选项卡，设置字体为"宋体"、字形设置为"常规"、字号设置为12、颜色设置为"黑色"等，全部设置完成后，单击"确定"按钮。如果需要设置单元格中文本和数据的对齐方式，可以在"设置单元格格式"对话框中单击"对齐"选项卡，在"文本对齐方式"下的"水平对齐"下的下拉列表里选择"居中"，再在"垂直对齐"的下拉列表里选择"居中"，全部设置完成后，单击"确定"按钮，即可得到如图6-9所示的效果。

学号	姓名	出生日期	是否党员	大学英语	高等数学	大学语文	计算机基础
0980901	李丽丽	1989/4/3	FALSE	59	60	70	71
0980902	赵瑾	1989/10/1	FALSE	56	73	81	92
0980903	高玉明	1987/4/28	TRUE	64	76	88	83
0980904	张芳丽	1988/12/6	FALSE	66	89	97	74
0980905	陈然	1990/8/9	TRUE	84	86	81	93
0980906	马晓敏	1987/5/7	FALSE	69	49	60	56
0980907	王平	1990/2/3	FALSE	81	89	78	88
0980908	陈勇强	1990/2/1	FALSE	96	88	99	87
0980909	杨明明	1989/11/15	FALSE	89	87	47	90
0980910	刘鹏飞	1984/8/17	TRUE	98	87	81	90

图6-9 "居中"后效果图

（3）调整单元格中文本和数据的位置也可以直接利用"开始"选项卡中"对齐方式"组中的"左对齐""右对齐""居中对齐"等命令直接对单元格的对齐方式进行设置。

2）设置单元格格式与样式

（1）设置行高和列宽。单元格的行高和列宽可以粗略调整也可以精确定义，同时还可以通过系统自动调整。此部分内容在"调整单元格行高和列宽"中已陈述过，这里不再冗述。

（2）单元格数字的设置。例如对新工作簿1中的D列、E列、F列和G列数字格式进行小数位数的设置，这部分操作同单元格的数字格式设置，可以根据具体要求操作，这里不再冗述。

（3）单元格样式。在Excel 2010中自带很多种单元格样式，对单元格格式进行设置时都可以直接套用。

选中A2：H2单元格区域，在"开始"选项卡下"样式"组中，单击"单元格样式"按钮，在弹出的单元格样式列表中选择"主题单元格样式"中的"强调文字颜色4"，将单元格设置为白色文字紫色底纹，如图6-10所示。

▲	A	B	C	D	E	F	G	H
1			学生成绩表					
2	学号	姓名	出生日期	是否党员	大学英语	高等数学	大学语文	计算机基础

图6-10 应用样式效果

3）设置套用表格格式

在Excel 2010中，可以通过添加边框和底纹的方式美化工作表，但如果套用表格样式就没必要每次都做这么繁琐的工作了。

选中学生成绩表中的A2:H12单元格区域，在“开始”选项卡下的“样式”组中，单击“套用表格格式”按钮，在弹出的面板中选择“表样式浅色17”，在弹出的“套用表格格式”对话框中勾选“表包含标题”，单击“确定”按钮，效果如图6-11所示。

	A	B	C	D	E	F	G	H
1	学生成绩表							
2	学号	姓名	出生日期	是否党员	大学英语	高等数学	大学语文	计算机基础
3	0980901	李丽丽	32601	FALSE	59	60	70	71
4	0980902	赵瑾	32782	FALSE	56	73	81	92
5	0980903	高玉明	31895	TRUE	64	76	88	83
6	0980904	张芳丽	32483	FALSE	66	89	97	74
7	0980905	陈然	33094	TRUE	84	86	81	93
8	0980906	马晓敏	31904	FALSE	69	49	60	56
9	0980907	王平	32907	FALSE	81	89	78	88
10	0980908	陈勇强	32905	FALSE	96	88	99	87
11	0980909	杨明明	32827	FALSE	89	87	47	90
12	0980910	刘鹏飞	30911	TRUE	98	87	81	90

图6-11 “套用表格格式”效果图

在“开始”选项卡下的“编辑”组中单击“排序和筛选”按钮，在弹出的下拉菜单中选择“筛选”按钮，取消自动筛选，如图6-12所示。

	A	B	C	D	E	F	G	H
1	学生成绩表							
2	学号	姓名	出生日期	是否党员	大学英语	高等数学	大学语文	计算机基础
3	0980901	李丽丽	32601	FALSE	59	60	70	71
4	0980902	赵瑾	32782	FALSE	56	73	81	92
5	0980903	高玉明	31895	TRUE	64	76	88	83
6	0980904	张芳丽	32483	FALSE	66	89	97	74
7	0980905	陈然	33094	TRUE	84	86	81	93
8	0980906	马晓敏	31904	FALSE	69	49	60	56
9	0980907	王平	32907	FALSE	81	89	78	88
10	0980908	陈勇强	32905	FALSE	96	88	99	87
11	0980909	杨明明	32827	FALSE	89	87	47	90
12	0980910	刘鹏飞	30911	TRUE	98	87	81	90

图6-12 “套用表格格式”最终效果图

4）条件格式

使用条件格式可以把指定的公式或数值作为条件，并将此格式应用到工作表选定范围中符合条件的单元格，在“开始”选项卡下“样式”组中，单击“条件格式”，在弹出的菜单中进行相应的选择和设置即可完成条件格式的设置，实例操作如下。

选择工作表中要使用条件格式的单元格区域D3:D12，在“开始”选项卡下“样式”组中，单击“条件格式”按钮，在弹出的菜单中选择“突出显示单元格规则”→“文本包含”，如图6-13所示。在“文本中包含”对话框中输入包含文本“周口市”，“设置为”框中选择“自定义”打开单元格格式设置对话框，设置字体颜色“黄色”，单击“确定”按钮，完成本例。

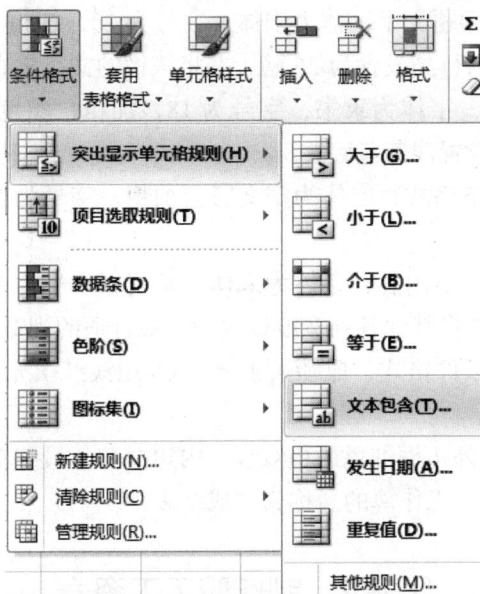

图 6-13 "条件格式"弹出菜单

🔪 牛刀小试

案例数据如图 6-14 所示。

	A	B	C	D	E	F	G	H	I
1	成绩表								
2	姓名	考号	语文	物理	化学	英语	生物	数学	政治
3	荆婷	1	96	50	42	61	57	57	57
4	李汝宁	2	117	52	43	83	56	60	96
5	刘伟	3	90	58	43	77	46	71	55
6	周苗	4	83	21	23	70	24	57	44
7	王娟	5	111	40	61	84	66	96	37
8	刘奎	6	100	49	36	73	43	55	51
9	王晏平	7	93	46	35	76	42	44	78
10	张丽纳	8	104	20	17	74	41	37	49
11	韩春	9	81	37	22	71	56	51	77
12	黄鹏	10	104	68	79	93	60	78	52
13	苏盼盼	11	93	14	33	61	32	49	37
14	王平	12	90	32	47	75	48	77	49
15	宋云飞	13	89	43	58	56	33	52	46
16	邢智力	14	88	37	19	64	14	37	20

图 6-14 案例数据图

案例操作要求如下。

（1）启动 Excel 2010 应用程序，创建一个工作簿，并将工作表标签命名为"成绩表"，同时设置工作表标签为红色。

（2）输入如图数据内容，要求输入过程中考号列要用填充的方式录入。

（3）各科成绩内容要求数据类型为数值型，小数位数为 0，设置姓名列的数据类型为文本。

（4）设置标题，要求标题合并单元格，并且水平、垂直方向均居中。调整标题行的行高为 22。

（5）设置标题，要求标题文字字体为宋体，字号为20，加粗，颜色为标准色红色。加双下划线，将表格栏标题的行高设置为25磅，并将该栏的文字垂直居中。

（6）设置列标题字段，字体为隶书，字号为18，加粗，颜色为浅蓝色，文字在水平、垂直方向均居中，单元格设置浅紫色底纹。

（7）设置第二列单元格格式，字体为华文彩云加粗，字号为16，颜色为黑色，单元格底纹为灰色。

（8）设置正文其他单元格内容，字体为宋体，常规，字号为16，颜色为黑色，文字在水平、垂直方向均居中，并将其他各列宽度设置为"最合适的列宽"。

（9）对各科成绩设置条件格式，成绩大于等于60用浅红填充色、深红色文本，成绩小于60用蓝色、加粗斜体。

（10）设置工作表正文外边框红色最粗双线，内边框蓝色最细单实线。

（11）保存文档到桌面，工作簿的名称为"成绩表"。

任务2　制作职工工资表

任务目标

- 掌握排列数据。
- 掌握筛选数据。
- 学会数据实现分类汇总。
- 学会数据进行合并计算。

任务描述

刘某作为方欣公司西北地区的销售经理，每个月底需对公司西北地区各类产品的销售情况进行统计和分析，并将结果提交至总公司。一月底，刘某根据每个省份传来的销售数据，将其汇总生成了方欣公司西北地区一月份销售情况表，通过排序、筛选、分类汇总等方法对表中数据进行了统计分析。

知识要点

（1）数据的排序。对数据排序有两种情况，一种是以单一条件（既只有一个关键字）排序的简单排序法，另一种是按照两个以上的关键字进行排序的方法（也叫高级排序）。

（2）数据的筛选。数据的筛选其实就是在数据表格中，隐藏不需要的数据，只显示满足条件的数据。Excel筛选又分为数据自动筛选和高级筛选，自动筛选是指根据用户设定的筛选条件，自动将表格中符合条件的数据显示出来，相对比较简单，而高级筛选指的是由用户自定义多种筛选条件的筛选操作，属于比较复杂的数据筛选操作。

（3）分类汇总。使用分类汇总，可以在数据清单适当的位置加上统计结果，使数据清单变得清晰易懂。

（4）合并计算。合并计算其实就是把多张工作表中的相同数据区域中的数据进行组合计算。

（任务实施）

1. 数据排序

首先创建一张方欣公司西北地区销售情况表，接下来以当前数据源（表）进行筛选、汇总、合并计算等操作。为了便于数据进行管理与查阅，对数据表中的数据按照某一字段的值进行排序，用来排序的字段称为关键字。数据表的排序可使用以下两种方法。

1）简单排序

简单排序一般用在工作表中数据需要按照某一单一条件进行排序时使用，方法有三种。

（1）在"开始"选项卡的"编辑"组中，单击"排序和筛选"按钮，按需要选择"升序"或"降序"，如图 6-15 所示。

（2）选择"数据"选项卡下的"排序和筛选"组，单击"升序"或"降序"按钮进行排序。

（3）右键单击需要排序的单元格，在弹出菜单中选择"排序"选项，在弹出的子列表中选择需要的排序方式，如图 6-16 所示。

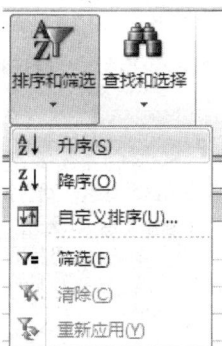

图 6-15　"排序和筛选"菜单

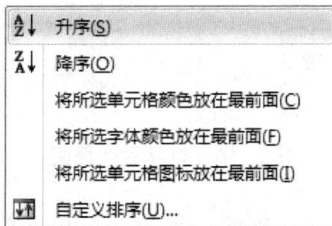

图 6-16　右键弹出菜单

操作举例，对刚建立好的方欣公司西北地区销售情况表的"一月份"表格数据单元格 C 列进行排序，首先选择目标单元格区域即 C 列，然后在"开始"选项卡的"编辑"组中单击"排序和筛选"按钮，在弹出的选项中选择"升序"，就可以把"一月份"的销售情况按 C 列升序排序。

2）高级排序

在数据列表中使用高级排序可以实现对多个字段数据进行同时排序。这多个字段也称为多个关键字，通过设置主要关键字和次要关键字，来确定数据排序的优先级。

打开方欣公司西北地区销售情况表的"一月份"表格，在"数据"选项卡的"排序和筛选"组中单击"排序"按钮，弹出一个"排序"对话框。在列下的"主要关键字"下拉列表中选择"类型"，在"次序"下拉列表中选择按"升序"方式排序；然后设置次要关键字，单击"添加条件"按钮，出现"次要关键字"选项，在"列"下拉列表中选择"销售"，并选择"降序"方式排序，如图 6-17 所示，单击"确定"按钮，得到排序后的数据显示结果，如图 6-18 所示。

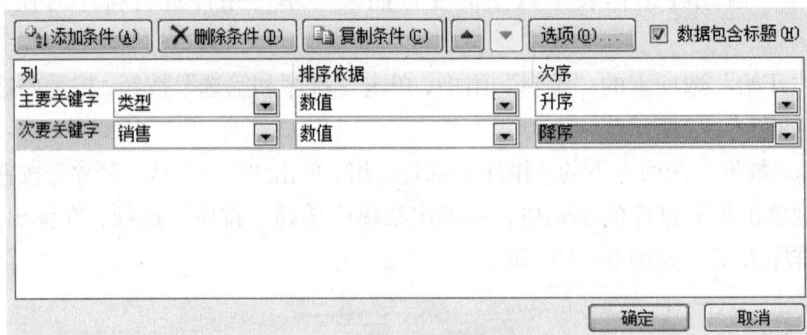

图 6-17 "排序"对话框

图 6-18 排序后效果图

在 Excel 2010 中，在选择排序依据时，还可以按单元格颜色、字体颜色或单元格图标等进行排序方式的设置。

2.数据筛选

1）自动筛选

自动筛选可以是按简单条件在数据表格中快速筛选出满足指定条件的数据，一般又分为单一条件筛选和自定义筛选，筛选出的数据显示在原数据区域。其操作方法如下。

（1）在"开始"选项卡的"编辑"组中，单击"排序和筛选"按钮，在下拉菜单中，单击"筛选"按钮，如图 6-19 所示。

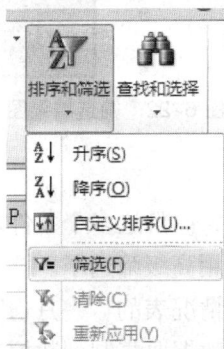

图 6-19 "排序和筛选"菜单

（2）在"数据"选项卡的"排序和筛选"组中，单击"筛选"按钮。

（3）选择数据目标区域中任意单元格，右击该单元格，在弹出的列表中选择"筛选"选项。

实例操作：选择方欣公司西北地区销售情况表的"一月份"表格中的"类型"列，在该列任意单元格上右击，在弹出的列表中选择"筛选"选项，在子列表中选择"按所选单元格的值筛选"，如图 6-20 所示，单击"文本筛选"选项中的"自定义筛选"，如图 6-21 所示，弹出"自定义自动筛选方式"对话框。在子列表中选择"类型"选项，并选择值"奶制品"，单击"确定"按钮，即可筛选出所需数据，如图 6-22 所示。

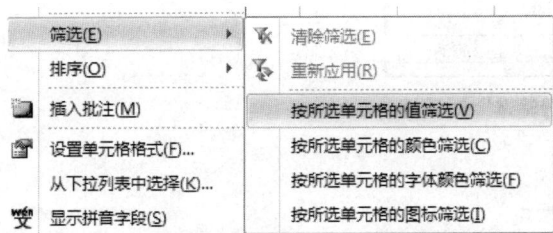

图 6-20 "筛选"下拉菜单

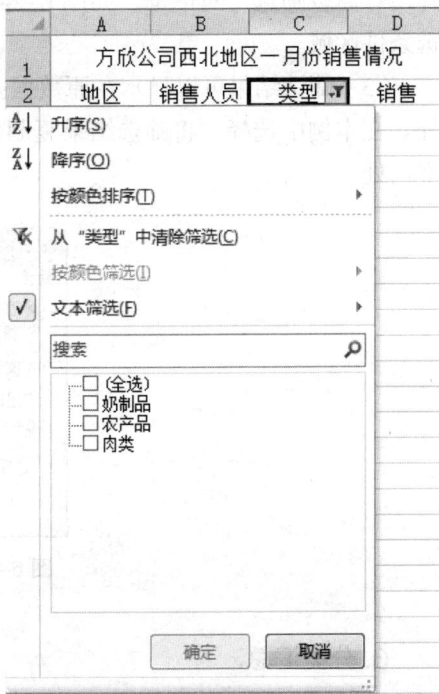

图 6-21 "文本筛选"弹出菜单

图 6-22　筛选结果图

2）高级筛选

如果要求筛选的数据是多个条件，而且这多个条件之间是"或"的关系，或者说筛选的结果需要放置到别的位置，就要考虑用高级筛选了。

如果要把方欣公司西北地区销售情况表的"一月份"表格的销售人员、类型和销售三个字段名作为筛选条件，而且筛选出的数据要复制到数据表下方的其他空白单元格处，具体操作步骤如下。

（1）在其他空白单元格区域下输入筛选条件，筛选条件在同行表示"与"的关系，条件在不同行表示"或"的关系，如图 6-23 所示。

销售人员	类型	销售
>2	奶制品	
		>6000

图 6-23　筛选条件

（2）选择 B、C、D 三列，单击"数据"选项卡，在"排序和筛选"组中选择"高级"选项，弹出"高级筛选"对话框，如图 6-24 所示。在"列表区域"中用鼠标拖选出刚刚输入的筛选条件区域。

（3）筛选结果可以显示在原数据区域中，也可以将筛选结果显示在表中其他的指定位置处。在本例中选择"将筛选结果复制到其他位置"，然后用鼠标拖选后面用于放置筛选结果空白处。

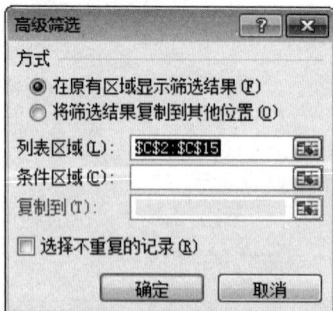

图 6-24　"高级筛选"对话框

3. 分类汇总

分类汇总其实就是对数据进行分类统计，也可能称它为分组计算。分类汇总可以使数据变得清晰易懂。分类汇总建立在已排序的基础上,即在执行分类汇总之前,首先要对分类字段进行排序,把同类数据排列在一起。

实例操作步骤如下。

(1)打开方欣公司西北地区销售情况表的"一月份"表格,首先对分类字段"类型"按升序方式进行排序。

(2)选择"数据"选项卡下"分级显示"组,单击"分类汇总"选项,弹出一个"分类汇总"对话框。

(3)在"分类汇总"对话框中,"分类字段"指定一个含有分类字段的列,选择"类型";"汇总方式"指定一个计算的方式,选择"平均值";"选定汇总项"指定要进行分类计算的数据所在的列(可选多个汇总项),选择"销售"。勾选"替换当前分类汇总"选项,新的分类汇总将替换数据表中原有的分类汇总;勾选"每组数据分页",在打印时,每个类别的数据将分页打印;勾选"汇总结果显示在数据下方",可在数据下方显示汇总数据的总计值,如图6-25所示。

(4)单击"确定"按钮,得到分类汇总后的数据显示结果,如图6-26所示。

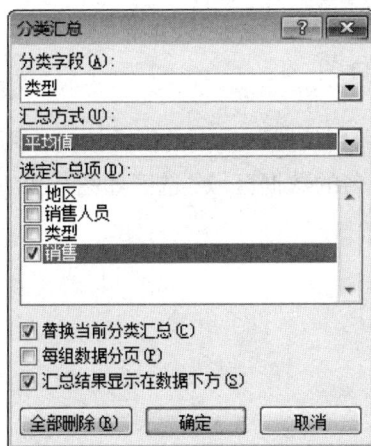

图6-25 "分类汇总"窗口   图6-26 "分类汇总"效果图

(5)分类汇总完成后,在工作表左端自动产生分级显示控制符。汇总后的数据表一般显示为三级,其中,"1、2、3"为分级编号;"+、-"为分级分组标记。单击分级分组标记,可选择分级显示;单击表格左侧的"1"按钮只显示总计数据项;单击"2"按钮则显示各项分类汇总的数据;单击"3"按钮,显示所有数据。

4. 合并计算

若要汇总和报告多个单独工作表中数据的结果,可以将每个单独工作表中的数据合并到一个工作表（或主工作表）中。所合并的工作表可以与主工作表位于同一工作簿中，也可以位于其他工作簿中。如果在一个工作表中对数据进行合并计算，则可以更加轻松地对数据进行定期或不定期的更新和汇总。

合并计算的方法如以下实例操作。

（1）要合并计算的每个区域都必须分别置于单独的工作表中，不能将任何区域放在需要放置合并的工作表中。打开方欣公司西北地区销售情况表，先把需要合并计算的地区和销售两列复制到一个新的区域 H2∶I15，再把"二月份"表要合并计算的地区和销售两列复制到一个新的区域 J2∶K15，新建一个新的工作表 a，在 a 表中选定用于存放结果数据的单元格如 A1。

（2）选择"数据选项卡"下"数据工具"组中的"合并计算"按钮，弹出"合并计算"对话框，如图 6-27 所示。

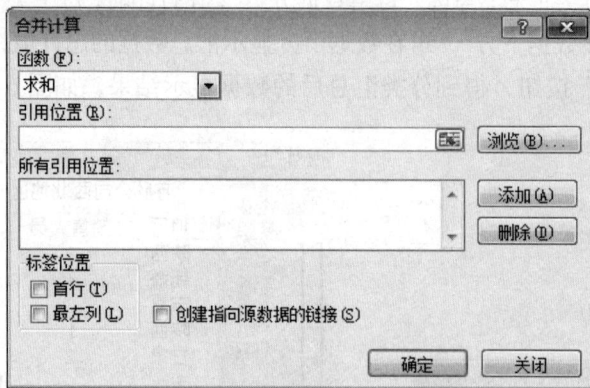

图 6-27 "合并计算"窗口

（3）在对话框中，"函数"选择为"求和"，单击"引用位置"后面的折叠按钮，用鼠标拖选工作表"二月份"表区域 H3∶I15，除去两字段中字段名的数据区域，选区如图 6-28 所示。

陕西	9100
新疆	6239
宁夏	5122
陕西	3571
甘肃	3338
青海	8677
甘肃	4500
新疆	1500
陕西	850
新疆	664
青海	7673
陕西	6596
青海	450

图 6-28 选区

（4）单击"折叠"按钮，恢复对话框。然后单击"添加"按钮，将数据区域添加到"所有引用位置"中。再单击"引用位置"后面的折叠按钮，把"二月份"表中的 J3∶K15 区域选中，单击"折叠"按钮，恢复对话框。然后单击"添加"按钮，将数据区域添加到"所有引用位置"中。勾选复选框"创建指向源数据的链接"和"最左列"，单击"确定"按钮，得到合并计算结果如图 6-29 所示。

		A	B	C
+	9	陕西		42234
+	16	新疆		18306
+	19	宁夏		10744
+	24	甘肃		16676
+	31	青海		35100

图 6-29　合并计算结果

(牛刀小试)

首先制作完成如图 6-30 所示的数据表作为数据源。

	A	B	C	D	E	F
1			医疗费用记录表			
2					季度：	第2季度
3	序号	日期	所属部门	员工姓名	医疗项目	费用金额
4	1	2009.4.5	行政部	刘新	住院费	55
5	2	2009.4.21	财务部	林琳	医药费	80
6	3	2009.4.27	销售部	马晓芳	诊断费	143
7	4	2009.5.10	后勤部	王新华	检查费	150
8	5	2009.5.6	后勤部	周新斌	医药费	150
9	6	2009.5.23	财务部	郑燕燕	诊断费	187
10	7	2009.6.18	行政部	杨耀东	医药费	200
11	8	2009.6.18	财务部	林琳	医药费	212
12	9	209.6.22	销售部	韩美辰	检查费	310
13	10	2009.6.30	销售部	高辉	医药费	1560

图 6-30　医疗费用记录表

案例操作要求如下。

（1）首先创建并输入完成如图 6-30 所示的数据表"医疗费用记录表"。

（2）把"医疗费用记录表"复制，分别粘贴到"Sheet2""Sheet3""Sheet4"中，并分别命名为"排序""筛选""分类汇总"。

（3）单击选择"排序"工作表，在该表中对医疗费用记录表按费用金额进行降序排序，当费用金额项相同时再按日期进行升序排序。

（4）单击选择"筛选"工作表，在该表中对季度报表用高级筛选，筛选出费用金额大于200 的所有记录。

（5）单击选择"分类汇总"工作表，在该表中对医疗费用记录表以"所属部门"为分类字段，将"费用金额"进行求"总和"。

任务 3　制作学生成绩表

(任务目标)

- 掌握公式的输入方法。
- 使用公式计算数据。

193

- 掌握函数的输入方法。
- 使用函数计算数据。
- 几种常用函数的使用。

（任务描述）

期末到来，课程陆续考试完毕，教务科发回了每个班的考试成绩，作为新上任的辅导员王飞想对本班学生成绩表进行数据统计比对，以便能更好地核算出学生成绩的整体分布情况。

（知识要点）

（1）公式。公式是对工作表中的数值进行计算和操作的等式，是一个由数值、运算符、单元格引用（地址）和函数与运算符组成的序列，它和数学运算中的公式很相似。Excel中公式使用时必须以等号开头，因此在空白的单元格中输入等号时，Excel 2010 会默认为输入公式。

（2）函数。函数其实就是 Excel 附带的预定义或内置的公式。在对表格数据计算时，如果数据量比较大，使用函数代替公式可以很轻松地计算出各种大量的数据，减少工作量。

（任务实施）

1. 单元格的引用

在公式和函数中使用单元格地址或单元格名字来表示单元格中的数据。公式的运算值随着被引用单元格的数据变化而发生变化。单元格引用就是指对工作表上的单元格或单元格区域进行引用。在计算公式中可以引用本工作表中任何单元格区域的数据，也可引用其他工作表或者其他工作簿中任何单元格区域的数据。Excel 提供了三种不同的引用类型，相对引用、绝对引用和混合引用。

1）相对引用

相对引用是直接引用单元格区域名，所以在公式中单元格的地址相对于公式的位置而发生改变。在公式中对单元格进行引用时，默认为相对引用。

例如，在新工作表中的 B2、C2、B3、C3 单元格的值分别为 5、3、8、4，单元格 D2 中的公式为"=B2-C2"，其运算结果为 2；当公式复制到单元格 D3 时，其中的公式改为"=B3-C3"，其运算结果为 4。

2）绝对引用

绝对引用是指把公式复制和移动到新位置时，公式中引用的单元格地址保持不变。设置绝对引用需在行标和列标前面加美元符号 $，例如要绝对引用 B2 单元格则输入"$B$2"。还是上面的例子，将单元格 D2 公式改为"=$B$2-$C$2"，其运算结果为 2；当公式复制到单元格 D3 时，单元格 D3 的公式仍然为"=$B$2-$C$2"不变，其运算结果也保持为 2。

3）混合引用

混合引用是指在一个单元格地址引用中，既包含绝对地址引用又包含相对地址引用。如果公式中使用了混合引用,那么在公式复制过程中,相对引用的单元格地址改变,而绝对引用的单元格地址保持不变。

如上例,将单元格 D2 公式改为 "=$B$2-C2",其运算结果为 2,如图 6-31 所示;当公式复制到单元格 D3 时,单元格 D3 的公式变为 "=$B$2-C3",其运算结果为 1,如图 6-32 所示。

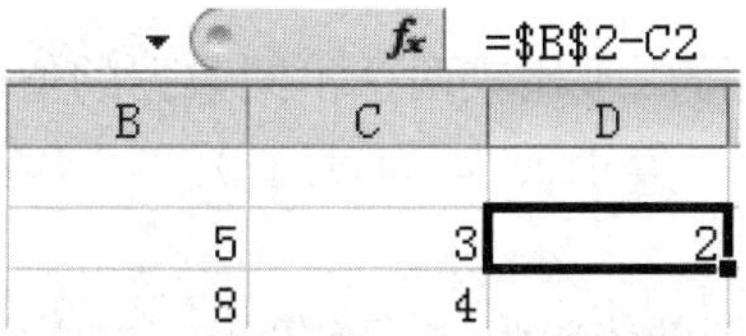

图 6-31 混合引用公式原结果

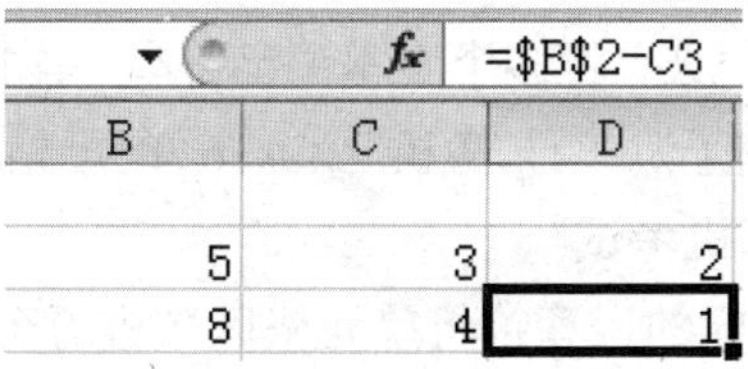

图 6-32 混合引用公式复制结果

4)引用同一工作簿中其他工作表的单元格

在同一工作簿中,可以引用其他工作表的单元格。如当前工作表是 Sheet1,要在单元格 A1 中引用 Sheet 2 工作表单元格区 B1 中数据,则可在单元格 A1 中输入公式 "=Sheet2!B1"。

5)引用其他工作簿的单元格

在 Excel 计算时也可以引用其他工作簿中单元格的数据或公式。如要在当前工作簿 Book1 中工作表 Sheet1 的单元格 A1 中,引用工作簿 Book2 中工作表 Sheet1 的单元 B2 的数据,选中 Book1 的工作表 Sheet1 的单元格 A1,输入公式 "=[Book2.xlsx]Sheet1!$B$2"。

2. 公式的输入与编辑

1)对公式的了解

想要在数据处理过程中能够灵活应用公式,用户首先要对公式的基础知识做简单的了解。

(1)公式包含的元素。

①运算符:对数据中的特定类型数据进行运算的符号。

②数值和任意字符串:包括数字或者文本等各类数据。

③函数及其参数:函数及其参数也是公式中的基本元素之一。

④单元格的引用:用于公式计算的大部分是来自单元格的数据,所以指定用于计算的单元格或者单元格区域也是进行公式运算必不可少的。

(2)公式的运算符。Excel 的运算符有 4 种类型,即算术运算符、比较运算符、文本运算符和引用运算符。

①算术运算符。算术运算符用于完成基本的数学运算，包括"（）"（小括号）、"+"（加号）、"–"（减号）、"*"（乘号）、"/"（除号）、"^"（乘幂）、"%"（百分号）、"–"（负号）等。

算术运算符的优先级从高到低依次为"（）"（小括号）、"–"（负号）、"%"（百分比）、"^"（乘幂）、"*"（乘）和"/"（除）、"+"（加）和"–"（减）。

例如公式"=3^2–6/3+8*20"，首先求出"3^2"，然后求出"6/3"和"8*20"，最后进行加减，公式结果为167。

②比较运算符。比较运算符用于比较两个不同数据的值的大小，其结果是逻辑值 True（真）或 False（假）。包括"="（等于）、">"（大于）、"<"（小于）、">="（大于等于）、"<="（小于等于）和"<>"（不等于）。

比较运算符的优先级从高到低依次为"="（等于）、"<"（小于）、">"（大于）、"<="（小于等于）、">="（大于等于）、"<>"（不等于）。

例如，若单元格 C4 中的数值是 73，那么公式"=C4<>80"的逻辑值为 True。

③文本运算符。它是指用"&"将多个文本（字符串）连接起来生成一个连续的字符串。

例如，A15 单元格中的值为"计算机"，A16 单元格中的值为"考试"，则公式"=A15&A16"的值就为"计算机考试"。

④引用运算符。它指用相应的运算符将单元格区域进行合并运算，包括：（冒号）、，（逗号）和空格，其中冒号为区域运算符，可以对两个引用之间的所有单元格进行引用；逗号为联合运算符，可以将多个引用合并为一个引用；空格为交叉运算符，可产生对同时属于两个引用的单元格区域的引用。

例如，A1：A5 是引用 A1 到 A5 的所有单元格；SUM（A1：A5，B2）中引用是将 A1 至 A5 和 B2 两个单元格区域合并为一个区域；SUM（B3：B8 A4：D4）中，是对同时属于两个区域的单元格 B4 的引用。

2）公式的输入

在单元格中输入公式和在单元格中输入数据的输入方法是相同的，只是公式必须以等号开头，下面以学生成绩表为例演示公式的输入方法。

（1）建立公式的方法。

①选择输入公式的单元格或者单元格区域。

②输入等号"="。

③输入数据序列，输入时可直接输入公式，也可用鼠标单击需要的单元格，在单元格之间用运算符连接。

④输入公式完成后单击"输入"按钮或者按回车键。

（2）公式输入举例。

①打开学生成绩表，单击要输入数据的单元格，在此工作表中选择存放计算结果的单元格如 G3 单元格，然后输入"="。

②选择参与计算的第一个单元格，如 E3 单元格，这时 E3 单元格就被闪烁虚线框包围，如图 6–33 所示。

SUM		▼	× ✓ *fx*	=E3						
	A	B	C	D	E	F	G	H	I	J	K
1					学生成绩表						
2	学号	姓名	出生日期	是否党员	大学英语	高等数学	大学语文	计算机基础	总分	平均成绩	评分级别
3	0980901	李丽丽	1989/4/3	FALSE	59	60	70	71	=E3		
4	0980902	赵瑾	1989/10/1	FALSE	56	73	81	92			
5	0980903	高玉明	1987/4/28	TRUE	64	76	88	83			
6	0980904	张芳丽	1988/12/6	FALSE	66	89	97	74			
7	0980905	陈然	1990/8/9	TRUE	84	86	81	93			
8	0980906	马晓敏	1987/5/7	FALSE	69	49	60	56			
9	0980907	王平	1990/2/3	FALSE	81	89	78	88			
10	0980908	陈勇强	1990/2/1	FALSE	96	88	99	87			
11	0980909	杨明明	1989/11/15	FALSE	89	87	47	90			
12	0980910	刘鹏飞	1984/8/17	TRUE	98	87	81	90			

图 6-33　选择单元格

③输入运算符并选择单元格地址，在本例中首先输入"+"号，然后再单击选择参与计算的下一单元格 F3，重复第③步再依次选择 G3 和 H3 单元格，如图 6-34 所示，输入后按回车键完成公式的输入，则在 I3 单元格中就出现计算结果 260。

SUM		▼	× ✓ *fx*	=E3+F3+G3+H3					
	A	B	C	D	E	F	G	H	I	J
1					学生成绩表					
2	学号	姓名	出生日期	是否党员	大学英语	高等数学	大学语文	计算机基础	总分	平均成绩
3	0980901	李丽丽	1989/4/3	FALSE	59	60	70	71	=E3+F3+G3+H3	
4	0980902	赵瑾	1989/10/1	FALSE	56	73	81	92		
5	0980903	高玉明	1987/4/28	TRUE	64	76	88	83		
6	0980904	张芳丽	1988/12/6	FALSE	66	89	97	74		
7	0980905	陈然	1990/8/9	TRUE	84	86	81	93		
8	0980906	马晓敏	1987/5/7	FALSE	69	49	60	56		
9	0980907	王平	1990/2/3	FALSE	81	89	78	88		
10	0980908	陈勇强	1990/2/1	FALSE	96	88	99	87		
11	0980909	杨明明	1989/11/15	FALSE	89	87	47	90		
12	0980910	刘鹏飞	1984/8/17	TRUE	98	87	81	90		

图 6-34　输入公式

3）修改公式

数据表中的计算结果都需要十分的准确，但是在输入公式的过程中，单元格的引用或者是运算符的输入难免会出错，用户就需要对该公式进行修改。

（1）选中单元格 I3，可以看到刚刚编辑的公式，如图 6-34 所示。

（2）单击公式编辑栏进入编辑状态，就可以直接在其中进行修改公式，本例将原公式"=E3+F3+G3+H3"改为"=sum(E3:G3)"，修改完成后按回车键。

（3）如果不想要当前公式及其运算的结果，那么可以直接将其删除，如果要删除 I3 单元格的公式及运算结果，首先选中该单元格，直接按 Delete 键即可。

4）复制公式

在工作表数据计算过程中，很多时候很多单元格的运算方法即公式是相同的，如果每一个公式都直接输入，那就大大增加了工作人员的工作量了，Excel 可以利用复制公式的方法在多处运行同一个公式，方法如下。

（1）单击选择包含已经编辑公式的单元格如 I3，在"开始"选项卡下的"剪贴板"中，选择"复制"。

（2）如需要复制公式和其他所有设置，单击要复制到的目标单元格区域，在"开始"选项卡下的"剪切板"中,选择"粘贴";如果只复制公式,则单击"选择性粘贴"命令,在弹出的"选择性粘贴"对话框中选择"公式",如图 6-35 所示。

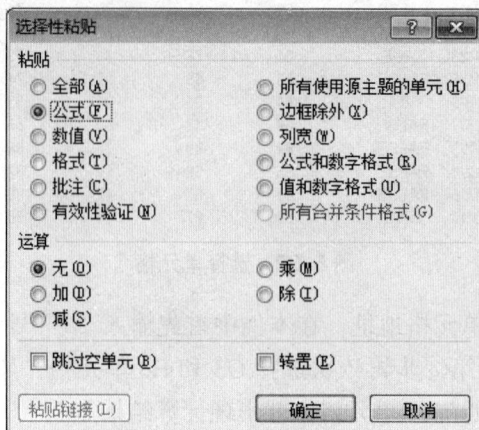

图 6-35 "选择性粘贴"窗口

(3)上例中公式的复制操作,还可以使用快速填充工具进行快速复制单元格公式。选中需要被复制的单元格 I3,将鼠标光标移动到该单元格的右下角的控制柄上,当光标变为黑色✚时按住鼠标不动向下方单元格拖动,完成所有目标单元格的公式复制,复制完成后松开鼠标。

3. 输入函数

函数是随 Excel 附带的预定义或内置公式,它们使用一些称为参数的特定数值按特定的顺序或结构进行计算。用户可以直接用它们对某个区域内的数值进行一系列运算,如分析和处理日期值和时间值、确定单元格中的数据类型、计算平均值和运算文本数据等。例如,SUM 函数对单元格或单元格区域进行加法运算。函数可作为独立的公式单独使用,也可以用于另一个公式中或另一个函数内。

1)函数的语法结构

一个函数包括函数名和参数两个部分,格式为函数名(参数 1,参数 2,…)。

函数名用来描述函数的功能,参数可以是数字、文本、逻辑值等,给定的参数必须能产生有效的值。参数也可以是常量、公式或其他函数,还可以是数组、单元格地址引用等。函数参数要用括号括起来,即使一个函数没有参数,也必须加上括号。函数的多个参数之间用,分隔。如果函数的参数是文本,该参数要用英文的双引号括起来。

2)直接输入函数

选定要输入函数的单元格,输入"=",并在后面输入函数名并设置好相应函数的参数,按回车键完成输入。

例如,要在 F12 单元格中计算区域 F1:F10 中所有单元格值的平均值。首先选定单元格 F12,直接输入"=AVERAGE(F1:F10)",然后按回车键。

3)插入函数

当用户不太了解函数格式和参数设置的相关信息时,可使用如下方式插入函数,具体操作步骤如下:

（1）打开学生成绩表，选中要输入函数的单元格 J3，单击公式编辑栏进入编辑状态，输入"="，单击编辑栏"插入函数"按钮或者单击"公式"选项中"函数库"组中的"插入函数"按钮，如图 6-36 所示。

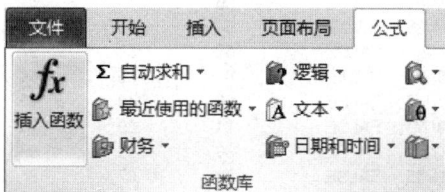

图 6-36 "插入函数"菜单

弹出"插入函数"对话框，在"选择函数"列表中选择 AVEGERAGE 函数，如图 6-37 所示，单击"确定"按钮，打开"函数参数"对话框。

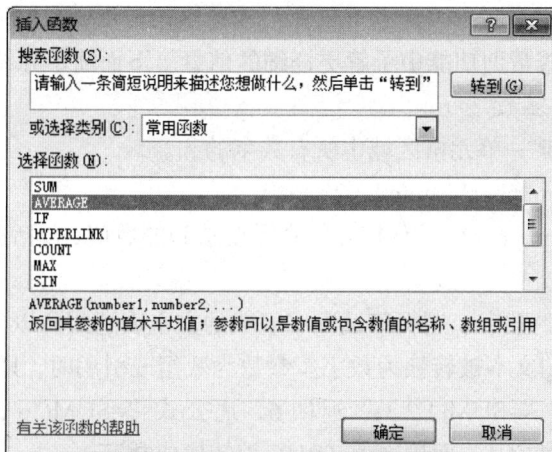

图 6-37 "插入函数"窗口

（2）在"函数参数"对话框中单击 Number1 后面的折叠按钮，用鼠标拖选单元格区域 E3：H3，单击折叠按钮，恢复对话框，如图 6-38 所示。然后单击"确定"按钮，H3 单元格的计算结果如图 6-39 所示。

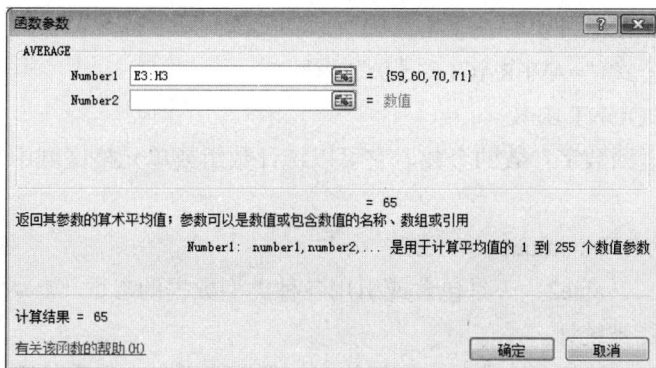

图 6-38 "函数参数"窗口

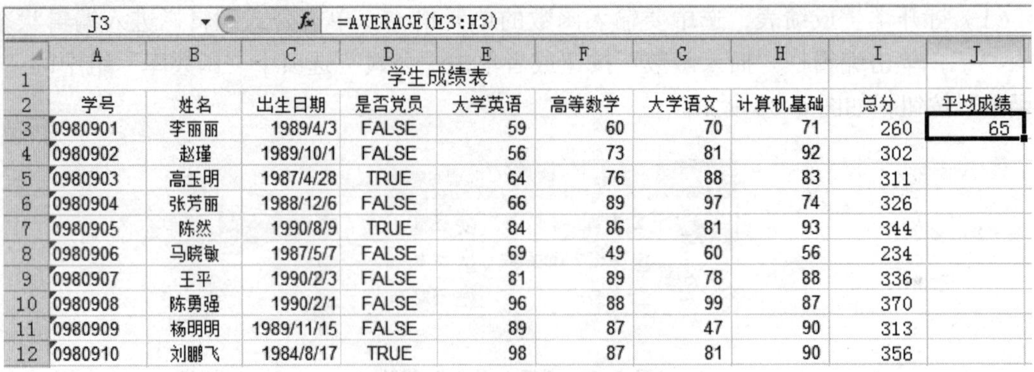

	J3		▾	f_x	=AVERAGE(E3:H3)					
▲	A	B	C	D	E	F	G	H	I	J
1	学生成绩表									
2	学号	姓名	出生日期	是否党员	大学英语	高等数学	大学语文	计算机基础	总分	平均成绩
3	0980901	李丽丽	1989/4/3	FALSE	59	60	70	71	260	65
4	0980902	赵瑾	1989/10/1	FALSE	56	73	81	92	302	
5	0980903	高玉明	1987/4/28	TRUE	64	76	88	83	311	
6	0980904	张芳丽	1988/12/6	FALSE	66	89	97	74	326	
7	0980905	陈然	1990/8/9	TRUE	84	86	81	93	344	
8	0980906	马晓敏	1987/5/7	FALSE	69	49	60	56	234	
9	0980907	王平	1990/2/3	FALSE	81	89	78	88	336	
10	0980908	陈勇强	1990/2/1	FALSE	96	88	99	87	370	
11	0980909	杨明明	1989/11/15	FALSE	89	87	47	90	313	
12	0980910	刘鹏飞	1984/8/17	TRUE	98	87	81	90	356	

图 6-39　插入函数计算结果

4. 常用函数的使用

由于 Excel 的函数相当多，因此本书仅介绍几种比较常用函数的使用方法，其他更多的函数可以从 Excel 的在线帮助功能中了解更详细的信息。下面简单介绍一些常用的函数。

1）求和——SUM 函数
- 主要功能：返回某一单元格区域中所有数字的和。
- 表达式：SUM（number1，number2，…）。
- 参数：number1,number2,…为 1～30 个需要求和的数值（包括逻辑值及文本表达式）、区域或引用。
- 说明：参数表中的数字、逻辑值及数字组成的文本表达式可以参与计算，其中逻辑值被转换为 1，数字组成的文本被转换为数字。参数为数组或引用时，只有其中的数字被计算。
- 应用举例：公式"=SUM(1,2,3)"返回 6，而公式"=SUM("6",2,TRUE)"返回 9，因为文本值 "6" 被转换成数字 6，而逻辑值 TRUE 被转换成数字 1。

2）求平均——AVERAGE 函数
- 主要功能：计算所有参数的算术平均值。
- 表达式：AVERAGE（number1，number2，…）。
- 参数：number1、number2、…是需要计算平均值的参数，参数个数最多为 30。
- 说明：参数可以是数字，或者是包含数字的名称和引用。如果引用参数包含文本、逻辑值或空白单元格，则这些值将被忽略。
- 应用举例：公式 "=AVERAGE(7,5,9)" 返回 7。

3）计数——COUNT 函数
- 主要功能：返回数字参数的个数。它可以统计数组或单元格区域中含有数字的单元格个数。
- 表达式：COUNT（value1，value2，…）。
- 参数：value1，value2，…是包含或引用各种类型数据的参数（1～30 个），其中只有数字类型的数据才能被统计。
- 说明：函数 COUNT 在计数时，将把数字、日期或以文本代表的数字计算在内。

- 应用举例：H1=1、H2=2、H3=3、H4="计算机应用基础"，则公式"=COUNT(H1:H4)"返回3。

4）四舍五入——ROUND 函数

- 主要功能：按指定的位数对数值进行四舍五入。
- 表达式：ROUND（number，num_digits）。
- 参数：其中 number 为要四舍五入的数值，num_digits 为执行四舍五入时采用的位数。
- 说明：如果参数 num_digits 为负数，则约等到小数点的左边；如果参数 num_digits 为零，则约等到最接近的整数。
- 应用举例：公式"=ROUND(235.62,1)"返回235.6。

5）返回余数——MOD 函数

- 主要功能：返回两数相除的余数，结果的正负号与除数相同。
- 表达式：MOD（number，divisor）。
- 参数：其中 number 为被除数，divisor 为除数。
- 说明：如果 divisor 为零，函数 MOD 返回错误值。
- 应用举例：公式"=MOD(65473,3)"返回1。

6）最大值——MAX 函数

- 主要功能：返回一组值中的最大值。
- 表达式：MAX（number1，number2，…）。
- 参数：number1，number2，…最多为30个，可以是数字、空白单元格、逻辑值或数字的文本表达式。
- 说明：如果参数为错误值或不能转换成数字的文本，将产生错误；如果参数不包含数字，函数 MAX 返回0。
- 应用举例：公式"=MAX(1,9,6,4,3,5)"返回9。

7）最小值——MIN 函数

- 主要功能：返回一组值中的最小值。
- 表达式：MIN（number1，number2，…）。
- 参数：number1，number2，…最多为30个，可以是数字、空白单元格、逻辑值或数字的文本表达式。
- 说明：如果参数为错误值或不能转换成数字的文本，将产生错误；如果参数不包含数字，函数 MIN 返回0。
- 应用举例：公式"=MAX(1,9,6,4,3,5)"返回1。

8）排位函数——RANK 函数

- 主要功能：返回某个数字在数字列表中的排位。数字的排位是其大小与列表中其他值的比值。
- 表达式：RANK（number，ref，order）。
- 参数：number 找到排位的数字，ref 表示数据列表数组或对数字列表的引用，order 表示排位的方式，如果为0或省略则表示降序排列，非0则为升序排列。
- 应用举例：在学生成绩表中增加一"名次"列，根据"总分"对学生进行排名，先单击要存放计算结果的单元格 J3，然后单击编辑栏输入公式 "=RANK(G3,$G$3:$G$10,0)"，单击"确定"按钮，然后复制公式就可以看到所有学生的总分排名。

9）判断真假——IF 函数

- 主要功能：是执行真假判断。根据逻辑计算的真假值，返回不同的结果。

- 表达式：IF（logical_test，value_if_true，value_if_false）。

- 参数：logical_test 表示计算结果为 True 或 False 的任意值或表达式；value_if true 表示 logical_test 为 True 时返回的值；value_if_false 表示 logical_test 为 False 时返回的值。

- 应用举例：在此学生成绩表中根据"平均成绩"的数据分布对"评分级别"列填充数据，要求平均成绩大于 85 的为优，75 ~ 85 的为良，低于 75 的为差，先单击要存放计算结果的单元格 K3，然后单击编辑栏输入公式 "=IF(J3>=85," 优 ",IF(J3>=75," 良 "," 差 "))"，单击"确定"按钮，结果如图 6-40 所示。

	A	B	C	D	E	F	G	H	I	J	K
						K3		fx	=IF(J3>=85,"优",IF(J3>=75,"良","差"))		
1				学生成绩表							
2	学号	姓名	出生日期	是否党员	大学英语	高等数学	大学语文	计算机基础	总分	平均成绩	评分级别
3	0980901	李丽丽	1989/4/3	FALSE	59	60	70	71	260	65.0	差
4	0980902	赵瑾	1989/10/1	FALSE	56	73	81	92	302	75.5	
5	0980903	高玉明	1987/4/28	TRUE	64	76	88	83	311	77.8	
6	0980904	张芳丽	1988/12/6	FALSE	66	89	97	74	326	81.5	
7	0980905	陈然	1990/8/9	TRUE	84	86	81	93	344	86.0	
8	0980906	马晓敏	1987/5/7	FALSE	69	49	60	56	234	58.5	
9	0980907	王平	1990/2/3	FALSE	81	89	78	88	336	84.0	
10	0980908	陈勇强	1990/2/1	FALSE	96	88	99	87	370	92.5	
11	0980909	杨明明	1989/11/15	FALSE	89	87	47	90	313	78.3	
12	0980910	刘鹏飞	1984/8/17	TRUE	98	87	81	90	356	89.0	

图 6-40 函数计算结果

选择单元格 I3，单击控制柄向下复制公式得到本例完整效果图，如图 6-41 所示。

	A	B	C	D	E	F	G	H	I	J	K	L
						L11		fx				
1				学生成绩表								
2	学号	姓名	出生日期	是否党员	大学英语	高等数学	大学语文	计算机基础	总分	平均成绩	评分级别	
3	0980901	李丽丽	1989/4/3	FALSE	59	60	70	71	260	65.0	差	
4	0980902	赵瑾	1989/10/1	FALSE	56	73	81	92	302	75.5	良	
5	0980903	高玉明	1987/4/28	TRUE	64	76	88	83	311	77.8	良	
6	0980904	张芳丽	1988/12/6	FALSE	66	89	97	74	326	81.5	良	
7	0980905	陈然	1990/8/9	TRUE	84	86	81	93	344	86.0	优	
8	0980906	马晓敏	1987/5/7	FALSE	69	49	60	56	234	58.5	差	
9	0980907	王平	1990/2/3	FALSE	81	89	78	88	336	84.0	良	
10	0980908	陈勇强	1990/2/1	FALSE	96	88	99	87	370	92.5	优	
11	0980909	杨明明	1989/11/15	FALSE	89	87	47	90	313	78.3	良	
12	0980910	刘鹏飞	1984/8/17	TRUE	98	87	81	90	356	89.0	优	

图 6-41 复制公式结果

10）条件计数——COUNTIF 函数

- 主要功能：对区域中满足单个指定条件的单元格进行计数。

- 表达式：COUNTIF（range，criteria）。

- 参数：range 为要对其进行计数的一个或多个单元格，其中包括数字或名称、数组或包含数字的引用，空值和文本值将被忽略；criteria 是条件，满足此条件则计数。

- 说明：在条件中可以使用通配符，即问号（？）和星号（*）。问号匹配任意单个字符，星号匹配任意一系列字符。若要查找实际的问号或星号，需在该字符前输入波形符（~）。条件不区分大小写。

● 应用举例：以已经建立的"学生成绩表"为例，如果想要在该表中根据"平均成绩"的数据统计出平均成绩在 80 分以上的学生人数，应首先选择存放结果数据的目标单元格 J13，然后单击编辑栏，输入公式"=COUNTIF(J3:H12,">80")"，单击"确定"按钮，就会看到返回统计结果 5。

11）条件求和——SUMIF 函数

● 主要功能：根据指定条件对若干符合条件的单元格求和。

● 表达式：SUMIF（range，criteria，sum_range）。

● 参数：range 为用于条件判断的单元格区域；criteria 为确定哪些单元格将被相加求和的条件，其形式可以为数字、表达式或文本形式定义的条件；sum_range 是需要求和的实际单元格、区域或引用，如果省略将使用区域中的单元格。

● 应用举例：以已经建立的"学生成绩表"为例，如果要求该班级所有总分大于 300 的学生的语文成绩总和，在 G13 单元格中输入公式"=SUMIF(I3:I12, ">300", G3:G12)"，其中 I3：I12 为提供逻辑判断依据的单元格区域，">300" 为判断条件，J3：J12 为实际求和的单元格区域，确认后，返回 652。

◆ 牛刀小试

首先打开如图 6-42 所示的数据表，以该数据源制作完成以下操作。

	A	B	C	D	E	F
1	高一一班第一学期成绩表					
2	姓名	性别	月考1	月考2	月考3	月考4
3	荆婷	女	500	520	510	530
4	李汝宁	女	480	490	530	540
5	刘伟	男	544	530	544	530
6	周苗	男	458	440	425	400
7	王娟	女	564	580	588	600
8	刘奎	男	477	520	530	540
9	王晏平	男	498	450	500	506
10	张丽纳	女	399	458	500	563
11	韩春	女	488	500	520	530
12	黄鹏	男	468	490	450	500

图 6-42　高一一班第一学期成绩表

案例操作要求。

（1）在如图 6-42 所示的数据表"高一一班第一学期成绩表"中，在其下面四行分别输入"月考总计"、"月考平均"、"月考最高值"、"月考最低值"。

（2）用公式或函数计算每次月考的成绩填充到相应的"月考总计"单元格。

（3）用公式或函数计算每次月考的平均成绩，并把计算结果填充到相应的"月考平均"单元格。

（4）用公式或函数计算每次月考成绩的最大值并填充到相应的"月考最高值"单元格。

（5）用公式或函数计算每次月考成绩的最小值并填充到相应的"月考最低值"单元格。

（6）在数据表的右方增加一列，列名为平均分，用函数计算每个人每次月考的平均分，并且计算排名名次。

任务4 创建学生成绩分析表

任务目标

- 了解图表的类型及图表包含的各元素。
- 掌握图表的创建方法。
- 掌握编辑美化图表的技巧。
- 掌握数据透视表的创建方法。
- 掌握数据透视图的创建方法。

任务描述

辅导员王飞对本班学生的成绩进行了数据统计比对，为了更直观地看出学生成绩分布的态势，他想到了创建数据图表的方式。

知识要点

（1）提供源数据。图表的主要作用是为分析数据表中的数据情况，所以图表创建之前必须首先确定所要使用的数据源。

（2）图表。图表是数据的一种可视表示形式。通过使用类似柱形或折线这样的元素，图表可按照图形格式显示系列数值数据。图表的图形格式可让用户更容易理解大量数据和不同数据系列之间的关系。图表还可以显示数据的全貌，便于用户分析数据并找出重要趋势。

（3）图表编辑。创建图表后，可以修改图表的任何一个元素以满足用户的需要。例如，用户可以修改图表的类型、位置、大小等；也可以更改坐标轴的显示方式、添加图表标题、移动或隐藏图例等，以便使图表更加美观、直观地呈现用户所需数据。

（4）数据透视表。数据透视表对于汇总、分析、浏览和呈现汇总数据非常有用。数据透视图则有助于形象呈现数据透视表中的汇总数据，以便用户轻松查看比较、模式和趋势。两种报表都能让用户就企业中的关键数据做出明智决策。

（5）数据透视图。数据透视图是数据透视表的图形化表示工具，它能准确地显示相应数据透视表中的数据，使得数据透视表中的信息以图形的方式更加直观、更加形象地展现在用户面前。

任务实施

1. 了解图表各元素

为了使用户在以后的工作中能够灵活应用图表，需要很好地了解图表的类型和结构。下面分别予以介绍。

1）图表的类型

Excel提供了许多种图表类型，常见的图表类型有饼图、柱形图、折线图、条形图等，不同类型的图表展现数据的优势也不一样，所以用户可以根据需要采用显示数据最有意义的图表类型来。下面是几种常用的图表类型。

（1）柱形图。它显示一段时间内数据的变化，或者显示不同项目之间的对比，所以柱形图主要是强调数量的差异。

（2）折线图。它可以显示随时间而变化的连续数据，因此非常适用于显示在相等时间间隔下数据的趋势走向。在折线图中，类别数据沿水平轴均匀分布，所有的值数据沿垂直轴均匀分布。

（3）饼图。它用于显示组成数据系列的项目在整个项目总和中所占的百分比，饼图通常只显示一个数据系列。

（4）面积图。它强调数量随时间而变化的程度，也可用于引起人们对总值趋势的注意。

（5）条形图。它显示各项之间的比较情况。

2）图表组成元素

图表由图表区、绘图区、图例、坐标轴、数据系列等几个部分组成，各组成部分功能如下。

（1）图表区：用于存放图表各个组成部分的区域。

（2）绘图区：用于显示数据系列的变化。

（3）图表标题：用以说明图表的标题名称。

（4）坐标轴：用于显示数据系统的名称和其对应的值。

（5）数据系列：用图形的方式表示数据的变化。

（6）图例：显示每个数据系列代表的名称。

2. 创建图表

图表有内嵌图表和独立图表两种。内嵌图表是指图表与数据源放置在同一张工作表中；独立图表是指图表和数据源不在同一张工作表，而是单独存放。

1）创建图表

以上例学生成绩表为数据源讲解图表的创建方法，具体步骤如下。

首先选择创建图表的数据源，本例中选择列"姓名"、"总分"、"平均成绩"作为创建图表的数据源。选择"插入"选项卡，单击"图表"组中的"柱形图"右下角的下拉按钮，在弹出的下拉列表中选择"三维簇状柱形图"选项。在工作表中 Excel 会自动产生三维簇状柱形图图表，如图 6-43 所示。

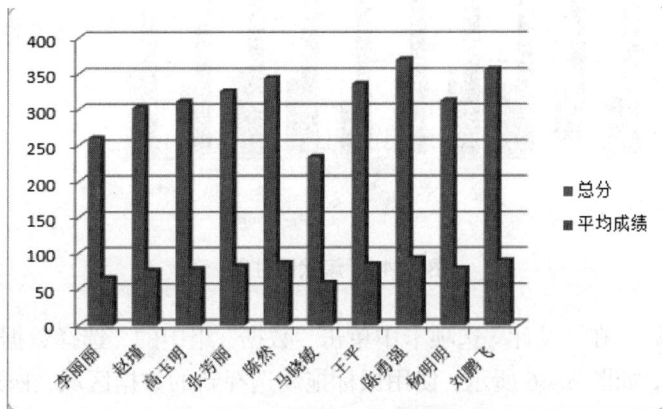

图 6-43　三维簇状柱形图图表

2）修改图表

图表创建完成后，如果发现图表类型、数据系列等有不满意的地方，用户还可以根据需要对图表进行再设计。

（1）更改图标类型。在上步创建图表的同时会激活图表工具的"设计"、"布局"和"格式"选项卡。选择图表区，单击"图表工具"的"设计"选项卡"类型"组中的"更改图标类型"，打开"更改图标类型"对话框，如图 6-44 所示。在弹出的对话框中单击"簇状圆柱图"，将其作为更新的图表类型，单击"确定"按钮，图表区的图表类型就被转换为簇状圆柱图，如图 6-45 所示。

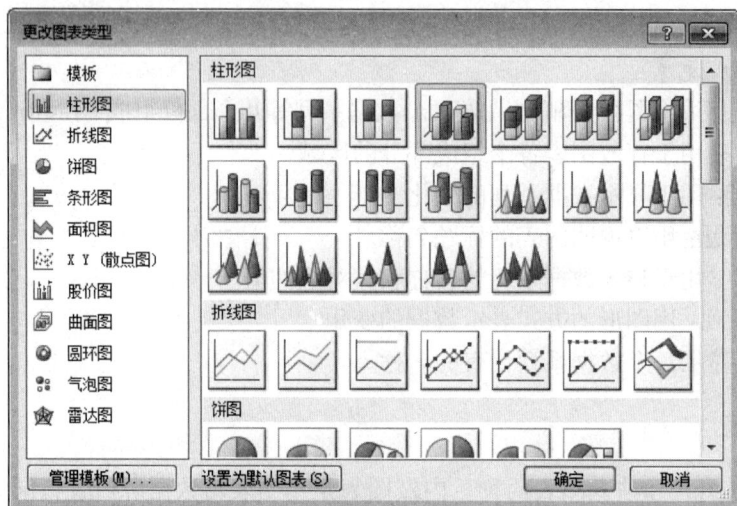

图 6-44 "更改图表类型"对话框

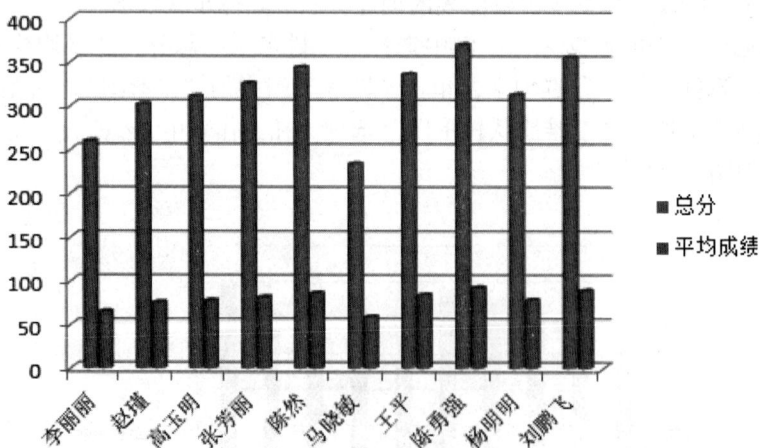

图 6-45 簇状圆柱图

（2）更改数据源。在"设计"选项卡中单击"数据"组中的"选择数据"按钮，弹出"选择数据源"对话框，如图 6-46 所示，使用鼠标拖动选择新的数据区域，松开鼠标后，在"图标数据区域"栏中会显示选择的结果，单击"确定"按钮。

图 6-46 "选择数据源"对话框

（3）改变图表位置。

①图表在当前工作表中移动位置。单击选中图表，按下鼠标左键不放，拖动图表到所需要的位置，释放鼠标，图表即被移到虚线框所示的目标位置。

②图表移动到其他工作表中。单击选中图表，在"图表工具"中选择"设计"选项卡中的"位置"组，单击"移动图表"按钮，弹出"移动图表"对话框，如图 6-47 所示。在对话框中显示图表可以放置的位置，可以放置到当前表中，也可以选择新的表存放。这里选择"Sheet2"，则图表就被存放到 Sheet2 表中，如图 6-48 所示。

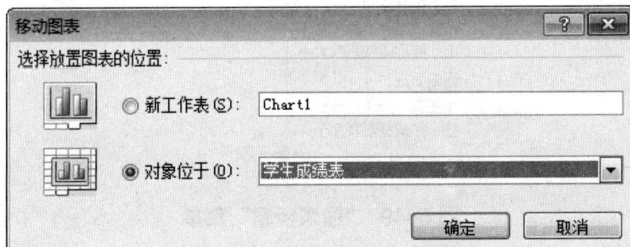

图 6-47 "移动图表"对话框

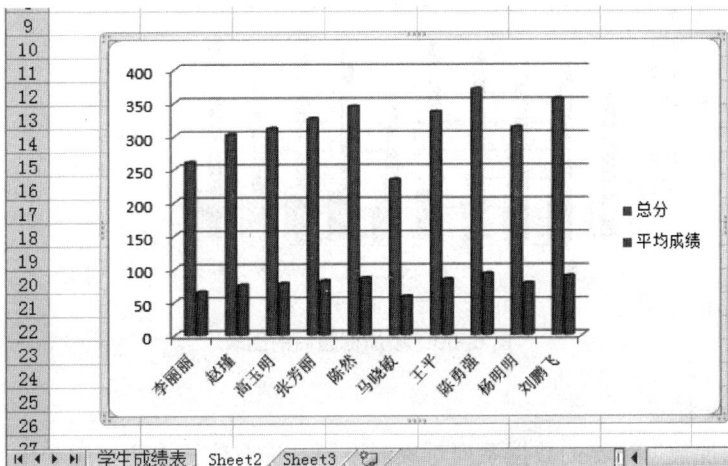

图 6-48 移动后的图表

（4）改变图表的大小。选中图表，把鼠标移到图表右上角，出现斜双向箭头且显示"图表区"提示文字时，按住鼠标左键拖动，即可放大或缩小图表。

3. 编辑图表

图表创建后用户还可以对图表中的"标题""系列""绘图区"等图表元素的布局进行再设计。

1）添加标题

给刚刚创建的图表添加图表标题"学生成绩分析表"的操作方法如下。单击图表，选择"图表工具"中"布局"选项卡"标签"组中的"图表标题"按钮，出现下拉列表，如图6-49所示。选择"图表上方"，在图表中显示的"图表标题"文本框中输入"学生成绩分析表"，效果如图6-50所示。

图6-49 "图表标题"菜单

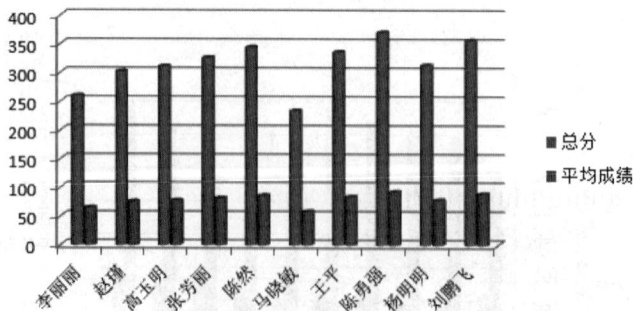

图6-50 添加标题后的图表

2）添加数据标签

根据所要添加数据标签的数据系列对象的不同，选取位置也要相应变化，如果向所有数据系列的所有数据点添加数据标签，单击图表区即可；如果要向一个数据系列的所有数据点添加标签,单击该数据系列中需要标签的任意位置,然后在"布局"选项卡的"标签"组中,单击"数据标签"按钮,单击所需的显示选项即可。

3)修改图例

单击选择图表,在"布局"选项卡的"标签"组中,单击"图例"按钮下方的小三角,在弹出的下拉菜单中选择"其他图例选项",弹出"设置图例格式"对话框,选择相应的设置即可。

4. 图表格式化

用户可通过"图表工具"下的"格式"选项卡对图表进行格式化操作。

1)插入图片

为"学生成绩分析"图表添加渭南职业技术学院校徽,单击"布局"选项卡"插入"组中的"图片"按钮,在打开的对话框中选择图片"渭南职业技术学院校徽",单击"插入"按钮即可看到效果如图6-51所示。

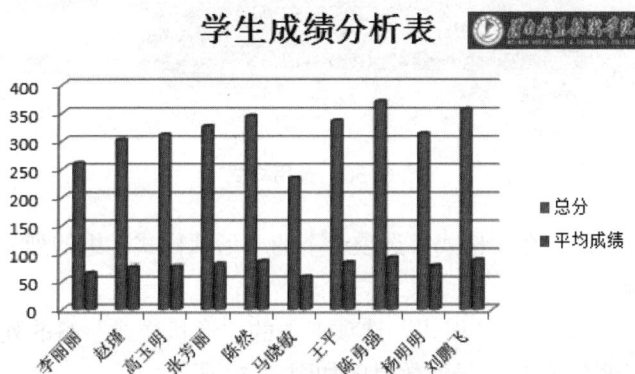

图6-51　插入图片后的图表

2)图表背景

选择图表"学生成绩分析表",单击"布局"选项卡"背景"组中的"图表背景墙"按钮,弹出下拉菜单,选择"其他背景墙选项",弹出"设置背景墙格式"对话框,单击"填充"按钮,在填充列表中选择"渐变填充",预设颜色选择"红日西斜",效果如图6-52所示。

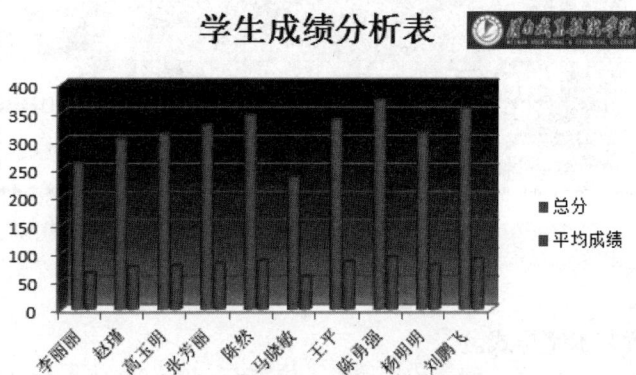

图6-52　设置图表背景

用同样的方法还可以对图表进行"图表基底"和"三维旋转"等设置。

3）形状样式

图表中的图表区、绘图区都可利用形状样式对其进行快速格式设置。

（1）单击选择"学生成绩分析表"图表区，在"格式"选项卡下的"形状样式"组的列表框中，选择"细微效果 – 水绿色，强调颜色5"，如图6-53所示；单击"形状轮廓"弹出下拉菜单，选择标准色"紫色"；选择"粗细"，设置线框粗细为"4.5磅"；选择"虚线"，设置虚线样式为"圆点"。

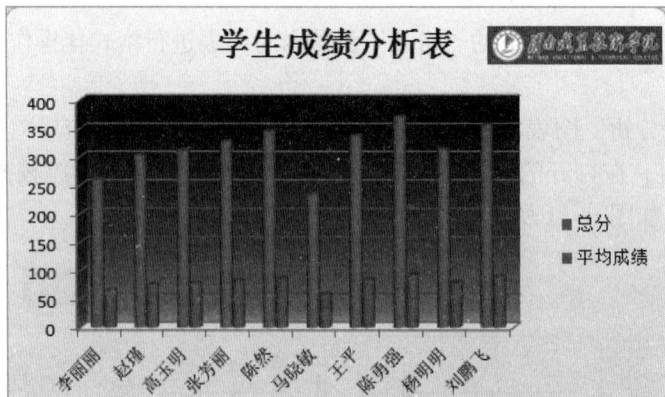

图6-53 套用样式

（2）单击选择绘图区，在"格式"选项卡下的"形状样式"组的列表框中，选择"中等效果 – 橙色，强调颜色6"。

（3）单击选择"图例"，在"格式"选项卡下的"形状样式"组的列表框中，选择"中等效果 – 橄榄色，强调颜色3"，最终效果图如图6-54所示。

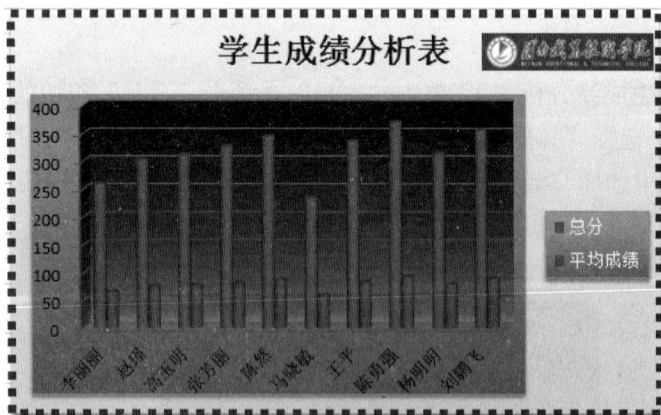

图6-54 图表整体效果

4）艺术字样式

为图表标题设置艺术字样式。

单击选择学生成绩分析表标题"学生成绩分析表"，选择"艺术字样式"下的"渐变填充–

紫色，强调文字颜色4，映像"，任务完成效果如图6-55所示。

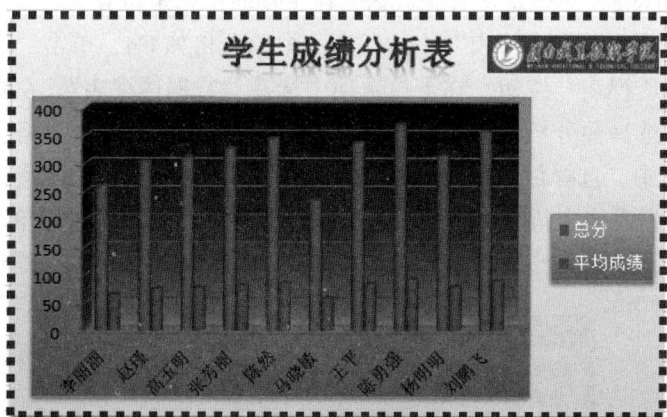

图6-55　任务完成效果

5. 创建数据透视表

1）了解数据透视表

数据透视表是一种交互的、交叉制表的 Excel 报表，用于对多种来源（包括 Excel 的外部数据）的数据（如数据库记录）进行汇总和分析，可以深入分析数值数据，并回答一些包含在数据中的实际问题，是数据分析和决策的重要技术。

（1）源数据。用于创建数据透视表或数据透视图的数据清单或表，也就是 Excel 中的工作表数据。

（2）数据透视表。

①行：数据透视表中最左面的标题，在数据透视表中被称为行字段，对应"数据透视表字段列"表中"行标签"区域内的内容。单击行字段的下拉按钮可以查看各个字段项，可以全部选择或者选择其中的几个字段项在数据透视表中显示。

②列：数据透视表中最上面的标题，在数据透视表中被称为列字段，对应"数据透视表字段列"表中"列标签"区域内的内容。单击列字段的下拉按钮可以查看各个字段项，可以全部选择或者选择其中的几个字段项在数据透视表中显示。

③值：数据透视表中的数字区域，执行计算，提供要汇总的值，在数据透视表中被称为值字段，"数值"区域中的数据采用以下方式对数据透视图报表中的基本源数据进行汇总：数值使用 SUM 函数，文本值使用 COUNT 函数，鼠标右击"求和项"可以对值字段进行设置求和、计数或其他。可以将值字段多次放入数据区域来求得同一字段的不同显示结果。

④筛选区域：数据透视表中最上面的标题，在数据透视表中被称为页字段，对应"数据透视表字段列"表中"报表筛选"区域内的内容。单击页字段的下拉按钮勾选"选择多项"，可以全部选择或者选择其中的几个字段项在数据透视表中显示。

⑤计算项：计算项是在数据源中增加新行或增加新列的一种方法，允许用户为数据透视表的字段创建计算项，需要注意的是，自定义的计算项一经创建，它们就像是在数据源中真实存在的一样，允许在 Excel 表格中使用。

2）创建数据透视表

要创建数据透视表，必须定义其源数据，在工作簿中指定位置并设置字段布局。

（1）单击数据源"学生成绩表"中的任意一个单元格如 C4，单击"插入"选项卡下的表格组中的"数据透视表"按钮，在下拉选项中选择"数据透视表"，在弹出的"创建数据透视表"对话框中选择要分析的数据，如图 6-56 所示，默认的选择是将整张工作表作为源数据。再在对话框中"选择放置数据透视表的位置"中选择放置数据透视表的位置，默认的选择是将数据透视表作为新的工作表，可以保持此选项不变，也可以单击"现有工作表"，然后再选定所放单元格如 A15，单击"确定"按钮，即生成一张空的数据透视表。

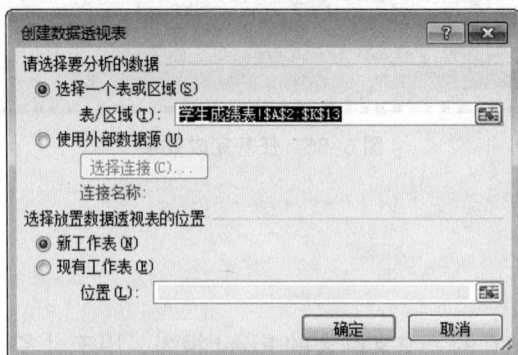

图 6-56 "创建数据透视表"对话框

（2）在生成空白数据透视表的同时打开"数据透视表字段列表"任务窗格。在任务窗格的"选择要添加到报表的字段"列表框中选择相应字段的对应复选框，即可创建出带有数据的数据透视表，在本例中选择"姓名""总分""平均成绩""评分级别"，如图 6-57 所示。

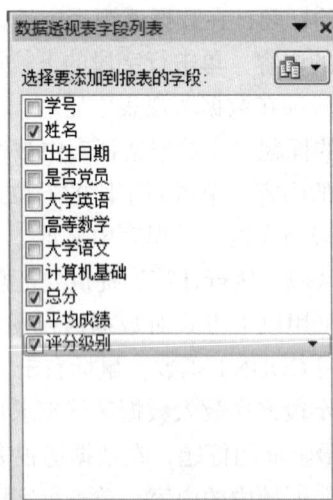

图 6-57 "数据透视表字段列表"对话框

（3）如果要在数据透视表中查找总分最高的数据记录，可以选择"总分"在数据透视表中的表头，在这里是 B15 单元格，然后在"数据透视表工具"中"选项"选项卡的"活动字段"

组中单击"字段设置"按钮，打开"值字段设置"对话框，如图 6-58 所示。

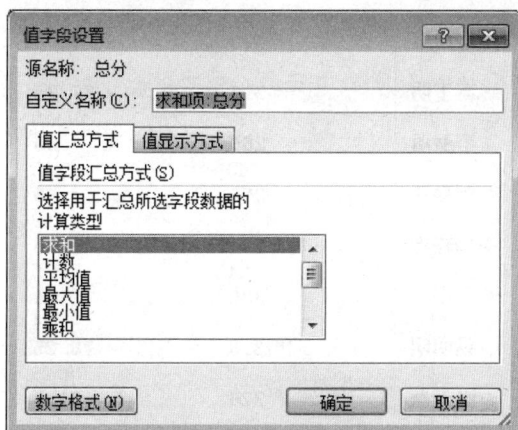

图 6-58　"值字段设置"对话框

（4）在对话框的"计算类型"列表框中选择"最大值"选项，完成后单击"确定"按钮即可，效果如图 6-59 所示。

行标签	最大值项:总分	求和项:平均成绩
⊟陈然	**344**	**86**
优	344	86
⊟陈勇强	**370**	**92.5**
优	370	92.5
⊟高玉明	**311**	**77.75**
良	311	77.75
⊟李丽丽	**260**	**65**
差	260	65
⊟刘鹏飞	**356**	**89**
优	356	89
⊟马晓敏	**234**	**58.5**
差	234	58.5
⊟王平	**336**	**84**
良	336	84
⊟杨明明	**313**	**78.25**
良	313	78.25
⊟张芳丽	**326**	**81.5**
良	326	81.5
⊟赵瑾	**302**	**75.5**
良	302	75.5
总计	**370**	**788**

图 6-59　最大值透视结果

（5）选中"列标签"中的业务名字段，将其拖出"列标签"区域即可完成删除字段操作；"行标签"区域中的字段也可以用同样的方法删除。相反，如果是添加字段，只需从"选择要添加到报表的字段"列表框中选择需要添加的字段名，将其移动到"行标签"区域中，即可完成添加。

（6）选择数据透视表样式。单击数据透视表中任意单元格，单击"数据透视表工具"中的"设计"选项卡，在"数据透视表样式"组中的列表框中选择"数据透视表样式浅色 14"选项，可以看到数据透视表效果，如图 6-60 所示。

行标签	最大值项:总分	求和项:平均成绩
⊟陈然	344	86
优	344	86
⊟陈勇强	370	92.5
优	370	92.5
⊟高玉明	311	77.75
良	311	77.75
⊟李丽丽	260	65
差	260	65
⊟刘鹏飞	356	89
优	356	89
⊟马晓敏	234	58.5
差	234	58.5
⊟王平	336	84
良	336	84
⊟杨明明	313	78.25
良	313	78.25
⊟张芳丽	326	81.5
良	326	81.5
⊟赵瑾	302	75.5
良	302	75.5
总计	370	788

图 6-60 "数据透视表样式"应用

（7）单击"数据透视表工具"中的"选项"选项卡，单击"数据透视表"组中"选项"的下拉菜单的"选项"，打开"数据透视表选项"对话框，在对话框的"汇总和筛选"选项卡中可以对总计的显示方式、筛选和排序进行再设置，如图 6-61 所示。

图 6-61 "数据透视表选项"对话框

6. 创建数据透视图

1）数据透视图

数据透视图是数据透视表的图形化表示工具，它能准确地显示相应数据透视表中的数据，使得数据透视表中的信息以图形的方式更加直观、更加形象地展现在用户面前。

2）创建数据透视图

创建数据透视图的方式主要有三种。

（1）在刚创建的数据透视表中选择任意单元格，然后单击"数据透视表工具"中"选项"选项卡"工具"组中的"数据透视图"按钮，如图6-62所示。

图6-62　"数据透视图"菜单

（2）数据透视表创建完成后单击"插入"选项卡，在图表组中也可以选取相应的图表类型创建数据透视图。

（3）如果还没有创建数据透视表，单击数据源数据中的任一单元格，单击"插入"选项卡"表格"组中的"数据透视表"按钮，在弹出的下拉菜单中选择"数据透视图"，Excel将同时创建一张新的数据透视表和一张新的数据透视图。

3）编辑数据透视图

（1）更改图表类型：选中数据透视图，选择"设计"工具栏选项卡的"更改图表类型"按钮，在弹出的对话框中选择需要的第二个图形类型，单击"确定"按钮，即可更改数据透视图的类型。

（2）更改布局和图表样式：选中数据透视图，选择"设计"工具栏选项卡下的"图表布局"按钮，可以更改数据透视图的布局；单击"图表样式"按钮，还可以快速更改数据透视图的显示样式。

7. 工作表的打印设置

工作表制作完成后有时需要打印输出，但是在打印工作表前，为确保打印效果，需要对工作表进行页面设置及打印预览等操作。

在当前工作表中单击"页面布局"选项卡，在该选项卡中可以看到"页面设置"组中的"页边距""纸张大小"和"打印标题"等选项卡。根据需要对页面进行相应的设置。

1）页面设置的几个基本概念

（1）页边距：打印表格与纸张边界上、下、左、右的距离称为页边距。

（2）纸张方向：表示表格在纸张中的排列方向。

（3）纸张大小：表示打印纸张的大小，常用的有A4、B5等。

2）纸张方向设置

在Excel 2010中，用户根据实际需要设置工作表所使用的纸张方向。用户可以通过两种方法进行设置。

（1）打开Excel 2010工作表窗口，切换到"页面布局"功能区，单击"页面布局"选项卡"页面设置"组中的"纸张方向"按钮，可以调整打印纸张的方向，可以为"横向"，也可以为"纵向"。

（2）打开 Excel 2010 工作表窗口，切换到"页面布局"功能区，在"页面设置"分组中单击显示"页面设置"对话框按钮，打开"页面设置"对话框，在"页面"选项卡中单击"方向"中的"纵向"或者"横向"选项完成纸张方向的设置，并单击"确定"按钮即可。

3）纸张大小设置

在 Excel 2010 中，用户根据实际需要设置工作表所使用的纸张大小，用户可以通过两种方法进行设置。

（1）打开 Excel 2010 工作表窗口，切换到"页面布局"功能区，单击"页面布局"选项卡的"页面设置"组中的"纸张大小"按钮，在打开的列表中调整纸张大小，选择合适的纸张，可以选择默认参数也可以自定义纸张的宽度和高度。

（2）打开 Excel 2010 工作表窗口，切换到"页面布局"功能区，在"页面设置"分组中单击显示"页面设置"对话框按钮，打开"页面设置"对话框，在"页面"选项卡中单击"纸张大小"下拉三角按钮，在打开的纸张列表中选择合适的纸张，并单击"确定"按钮即可。

4）页边距的设置

单击"页面布局"选项卡的"页面设置"组中的"页边距"按钮，可以设置页面距离纸张边缘上、下、左、右的边距值，如果要进行更详细的设置，可以单击"页面设置"组中右下角的"功能扩展"按钮，可打开"页面设置"对话框，在其中可对纸型、页边距等进行详细的设置。

5）设置打印区域

在打印之前要先设置需要打印的区域，方法是选择要打印的单元格区域，在"页面布局"选项卡的"页面设置"组中的"打印区域"按钮上单击，在弹出的下拉菜单中选择"设置打印区域"命令，把选择的单元格区域设置为打印区域。

6）打印预览

打印预览可以模仿显示打印机打印输出的效果。为了更进一步确定设置效果是否符合要求，所以在打印工作之前，可以先通过打印预览查看打印效果。

在 Excel 2010 中，直接单击"文件"标签，进入类似 Excel 2003 的"文件"菜单。在这里，可以看到有一个"打印"项，而没有以前的"打印预览"项。单击"打印"按钮，可以看到在整个界面的右侧大约 60% 的面积是需要打印的文章，在这里可以使用靠近左侧区域中的设置区域对需要打印的 Excel 2010 文档进行调整，若要预览下一页和上一页，单击"打印预览"窗口底部的"下一页"和"上一页"。在预览中，用户可以配置所有类型的打印设置，例如，副本份数、打印机、页面范围、单面打印/双面打印、纵向、页面大小。其中用户还可以随意调整表格中每行的高矮及每列的宽窄。在 Excel 2010 的打印功能中，可以看到在右下角有一个叫"显示边距"的按钮，单击这个按钮之后，在 Excel 2010 打印预览区域的表格中就出现了代表边距线的线条，从而可以像在 Excel 2003 中那样调整各单元格的大小。

7）打印输出

对工作表设置完成，并经预览效果满意后，就可以通过打印机打印表格。打印时首先要单击工作表，再单击"文件"下的"打印"子菜单，也可以使用键盘快捷键 Ctrl+P，在打开的界面中设置打印份数，选择打印机名称。

（1）如果需要设置打印选项，执行下列操作。

①如果需要更改打印机，单击"打印机"下的下拉框，然后选择所需的打印机名称即可。

②如果需要更改页面设置，包括更改页面方向、纸张大小和页边距，在"设置"下选择所需选项。

③如果需要缩放整个工作表以适合单个打印页，在"设置"下的缩放选项下拉框中单击所需选项。

（2）如果需要打印工作簿，执行下列操作。

①如果需要打印某个工作表的一部分，单击该工作表，然后再选择要打印的数据区域。

②如果需要打印整个工作表，首先要单击该工作表予以激活。

设置完成后单击"打印"按钮，即可连接打印机打印表格。

★ 牛刀小试

首先制作完成如图 6-63 所示的数据表作为数据源。

	A	B	C	D	E	F	G
1	员工一季度收入报表						
2	序号	姓名	部门	1月份	2月份	3月份	汇总
3	1	李品	销售部	2305	2256	3200	7761
4	2	李艳	销售部	1925	2580	3200	7705
5	3	王敏	后勤部	2090	1440	1035	4565
6	4	王文娱	生产部	2630	1860	2595	7085
7	5	周艳	化验部	1545	2330	2170	6045
8	6	赵磊	生产部	2495	1900	2045	6440
9	7	张世玉	生产部	2575	1400	2920	6895
10	8	张玉杰	后勤部	2840	2308	2280	7428
11	9	郭爱华	生产部	2352	1450	1630	5432
12	10	卢智	后勤部	1884	2045	1434	5363
13	11	李霖	后勤部	1267	2390	2225	5882
14	12	张为民	生产部	2907	2100	2235	7242
15	13	张静	生产部	2400	2295	2130	6825
16	14	郭小铎	化验部	3280	2750	1350	7380
17							
18							

季度报表　Sheet3

图 6-63　员工一季度收入报表

案例操作要求。

（1）对表格中的员工的1月份、2月份数据，在当前工作表中创建嵌入的条形圆柱图图表，图表标题为"员工销售分析表"。

（2）将该图表移动、放大到 H3：M23 区域，并将图表类型改为簇状柱形圆柱图。

（3）将图表中1月份的数据系列删除，然后再将3月份的数据系列添加到图表中，并使3月份数据系列位于1月份数据系列的前面。

（4）为图表中3月份的数据系列增加以值显示的数据标记。

（5）为图表添加分类轴标题"姓名"及数据值轴标题"月销售量"。

（6）将图表区的字体大小设置为11号，并选用最粗的圆角边框。

（7）将图表标题"员工销售分析表"设置为粗体、16号、双下划线；将分类轴标题"姓名"设置为粗体、12号；将数值轴标题"月销售量"设置为粗体、12号、45度方向。

（8）将图例的字体改为9号、边框改为带阴影边框，并将图例移动到图表区的右下角。

（9）将数值轴的主要刻度间距改为10、字体大小设为8号；将分类轴的字体大小设置为8号。

（10）以季度报表为数据源创建数据透视表，透视表标题为"工资分析表"，报表字段包含"部门"、"1月份"、"2月份"。

（11）数据透视表可以查询出"1月份"的最大值。

（12）数据透视表样式为"数据透视表样式中等深浅4"。

综合实训6

按照表6-1所示的"计算机应用基础成绩单"，作如下设置。

（1）将标题"计算机应用基础成绩单"设置为隶书、20号、蓝色，在A1：F1单元格区域合并及居中并为整个表格添加表格线。表格内行高设置为35，列宽设置为15，字体为14号、蓝色，水平对齐居中、垂直对齐居中。底纹是浅黄色，不得做其他任何修改。

（2）用函数方法计算总成绩（总成绩为笔试机试的平均值，保留整数位），不得做其他任何修改。

（3）对工作表"计算机应用基础成绩单"内的数据清单的内容按主要关键字为总成绩的递减次序和次要关键字准考证号的递增次序进行排序，不得做其他任何修改。

（4）对工作表"计算机应用基础成绩单"内的数据清单的内容进行自动筛选（自定义），条件为总成绩大于或等于60并且小于或等于80，不得做其他任何修改。

（5）对工作表"计算机应用基础成绩单"内的数据进行自动筛选，条件是系别为"艺术设计系"，不得做其他任何修改。

（6）对工作表"计算机应用基础成绩单"内的数据进行分类汇总，分类字段为系别，汇总方式为均值，汇总项为总成绩，汇总结果显示在数据下方，不得做其他任何修改。

（7）对工作表"计算机应用基础成绩单"内的"姓名"和"总成绩"做出柱形图，反映学生成绩的总分情况，不得做其他任何修改。

表6-1　计算机应用基础成绩单

计算机应用基础成绩单					
准考证号	系别	姓名	笔试	机试	总成绩
0101001	师范教育系	李兰	86	85	
0101002	师范教育系	李山	80	90	
0101003	建筑工程系	姜红	76	70	
0101004	经济管理系	张文峰	58	84	
0101005	师范教育系	黄霞	46	83	
0101006	建筑工程系	杨芸	68	83	
0101007	经济管理系	赵小红	85	86	
0101008	师范教育系	黄河	57	52	

项目 7　PowerPoint 2010 幻灯片制作

PowerPoint 2010 是美国微软公司发布的 Office 2010 办公软件中的一个重要组成部分，是专门用来制作演示文稿的软件。它和 Office 2010 中的其他软件一样，界面友好、操作方便、功能强大、易学易用，尤其是在多媒体课件的设计制作中得到了广泛的应用。利用它可以制作图文并茂、表现力和感染力极强的演示文稿，并能通过计算机屏幕、幻灯片、投影仪或网络进行发布，因此深受广大用户的喜爱。

教学目标

- 学会创建、编排多种版式的幻灯片。
- 掌握幻灯片的背景设置和模板套用。
- 掌握简单图形的绘制及图文贯穿的运用。
- 熟悉超链接和多媒体技术的运用。
- 能够熟练设置幻灯片的动画效果和动画路径，并学会放映和打包文件。

项目实施

任务 1　幻灯片制作——创建公司简介

任务目标

- 认识 PowerPoint 2010 工作界面。
- 掌握演示文稿的建立及保存方法。
- 掌握幻灯片的插入与删除方法。
- 掌握 PowerPoint 2010 不同视图方式的应用。
- 掌握 SmartArt 图形的应用。
- 学会在演示文稿中绘制图形。
- 学会在演示文稿中插入图片。

任务描述

西安某电脑技术有限公司由于业务发展需要，急需招聘大量的 IT 人才，因此，该公司准备去高校参加招聘会。为了达到更好的宣讲效果，需要制作关于公司简介的 PowerPoint

演示文稿。张军接受了这个任务，并利用 PowerPoint 2010 开始制作演示文稿。

（知识要点）

（1）演示文稿的创建及保存。

（2）创建 SmartArt 图形。

（3）更改 SmartArt 图形。

（4）插入图片。

（5）通过插入形状来绘制图形。

（6）把幻灯片文本转换为 SmartArt 图形。

（任务实施）

1. 认识 PowerPoint 2010 工作界面

PowerPoint 2010 工作界面较早期版本有了很大的改变。在 PowerPoint 2010 工作界面中，传统的菜单和工具栏已被功能区所取代。功能区是为了方便用户使用而开发的，它是将一种组织后的相关命令呈现在一组选项卡中的设计。功能区上的选项卡显示的是与应用程序中每个任务区最为紧密的命令。

PowerPoint 2010 工作界面如图 7-1 所示。

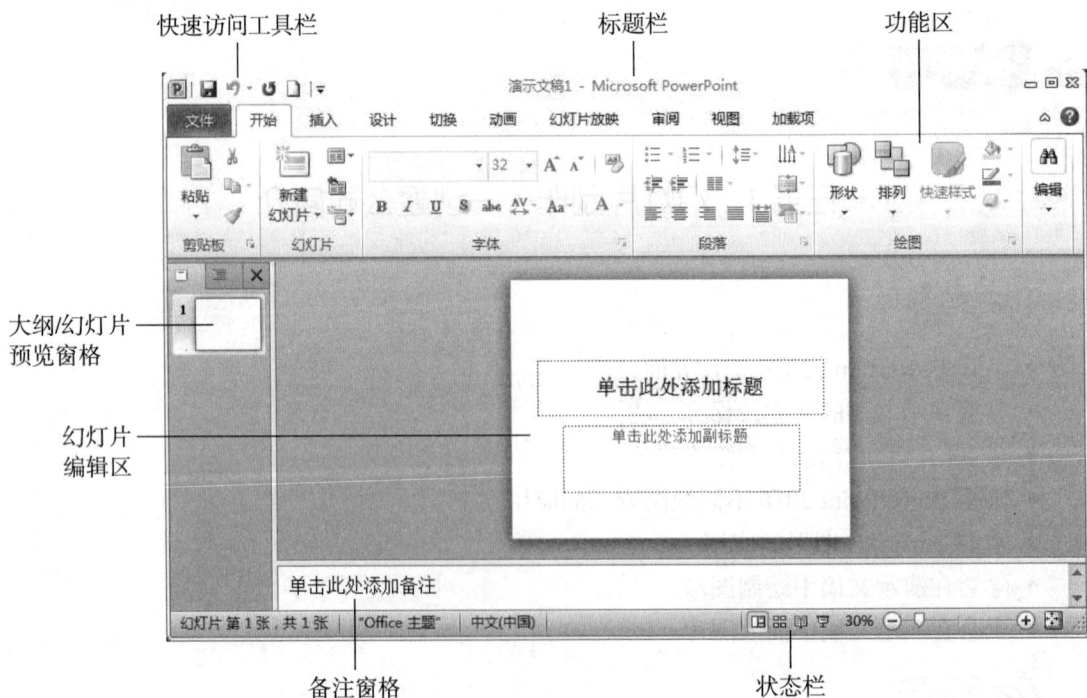

图 7-1　PowerPoint 2010 工作界面

1）文件按钮

"文件"按钮是 PowerPoint 2010 新增的功能按钮，位于工作界面的左上角，单击"文件"按钮，可弹出快捷选单如图 7-2 所示。在该选单中，用户可以利用其中的命令新建、打开、保存、打印、共享以及发布 PowerPoint 演示文稿。

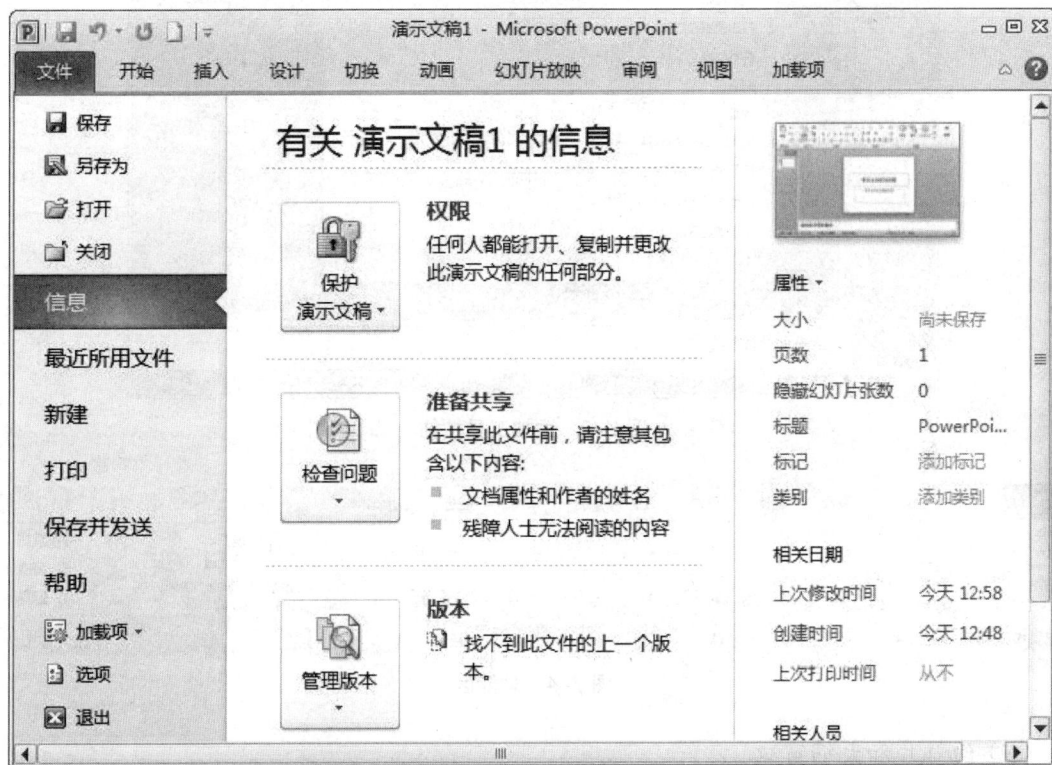

图 7-2　文件按钮界面

2）快速访问工具栏

PowerPoint 2010 的快速访问工具栏中包含最常用的快捷按钮，方便用户使用，它与早期版本中的工具栏类似。默认有保存、撤销和恢复，单击它右侧的 ▼ 可以自定义快速访问工具栏，如图 7-3 所示。

3）标题栏

标题栏位于窗口的顶部，显示应用程序名称和当前编辑的演示文稿名称，右端有"最小化""最大化/还原"和"关闭"等按钮。

4）功能区

PowerPoint 2010 工作界面中的功能区是将旧版本 PowerPoint 中的菜单栏与工具栏结合在一起，以选项卡的形式列出 PowerPoint 2010 中的绝大部分操作命令。在默认情况下，有"开始""插入""设计""切换""动画""幻灯片放映""审阅""视图"以及"加载项"选项卡，如图 7-4 所示。

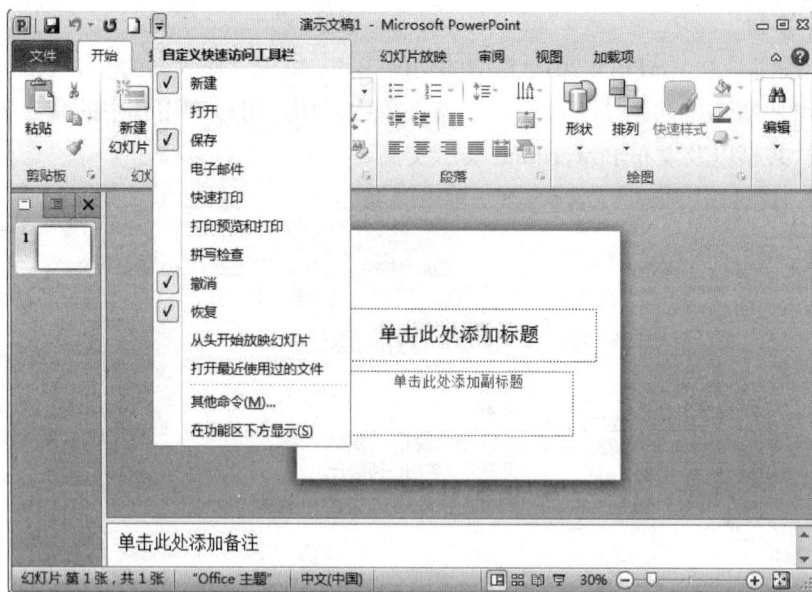

图7-3　添加工具按钮

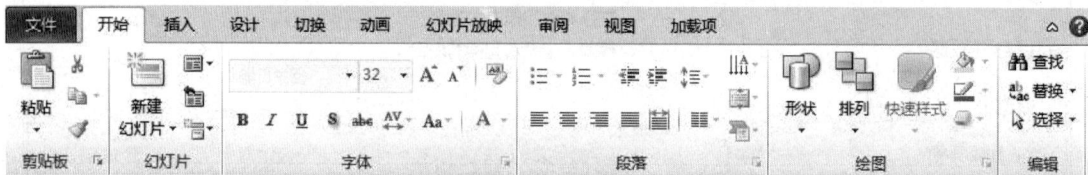

图7-4　功能区

5）幻灯片和大纲窗口

幻灯片和大纲窗口用于显示演示文稿中的所有幻灯片，该窗口包含"大纲"和"幻灯片"两个选项卡。"大纲"选项卡用于显示各幻灯片的具体文本内容，而"幻灯片"选项卡则显示所有幻灯片的缩略图，如图7-5所示。

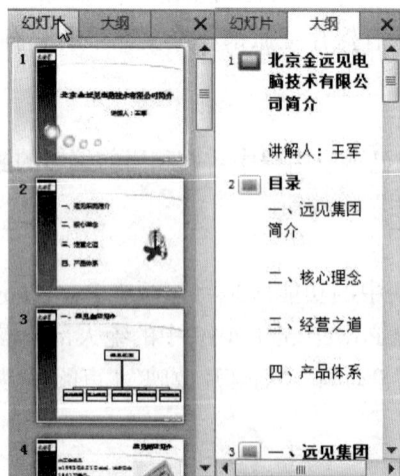

图7-5　幻灯片和大纲窗口

6）幻灯片备注窗口

幻灯片备注窗口位于幻灯片编辑区下面，主要用于添加提示内容及注释信息。

7）状态栏

状态栏在窗口的最下一行，显示当前演示文稿的工作状态及常用参数，如图7-6所示。状态栏左边显示当前的页数和总页数、幻灯片当前使用的主题等；状态栏右边，用户可以通过视图切换按钮快速设置幻灯片的视图模式，还可以通过幻灯片显示比例滑竿控制幻灯片的视图大小。

图7-6　状态栏

2. 演示文档的建立及保存

PowerPoint 中演示文稿和幻灯片是两个概念，使用 PowerPoint 制作出来的整个文件叫作演示文稿，演示文稿中的每一页叫作幻灯片。一份演示文稿可以包含单张或多张幻灯片。PowerPoint 2010 创建演示文稿的方法很多，详细介绍如下。

1）演示文稿的创建

创建空白演示文稿有 4 种常用的方法。

方法一：通过"开始"菜单创建空白演示文稿。

（1）启动 PowerPoint 2010 自动创建空白演示文稿。选择"开始"→"所有程序"→"Microsoft Office"→"Microsoft Office PowerPoint 2010"命令，即可启动 PowerPoint 2010，如图7-7所示。

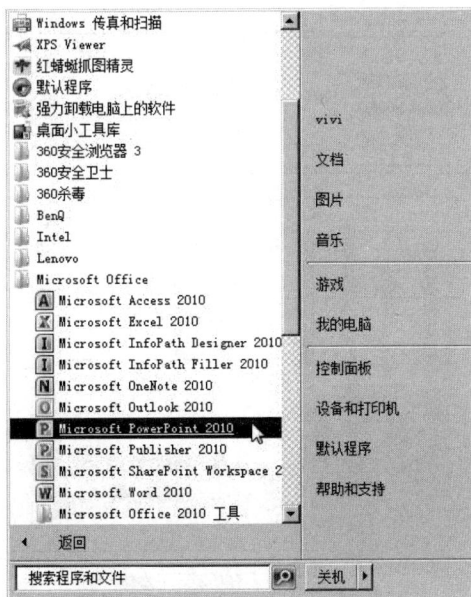

图7-7　启动 PowerPoint 2010

（2）系统将自动建立一个名为"演示文稿1"的空白演示文稿。

方法二：使用"文件"选项卡创建空白演示文稿。

（1）单击"文件"选项卡，在其下拉选单中选择"新建"命令，打开"新建演示文稿"对话框，如图7-8所示。

（2）在"可用的模板和主题"中选择"空白演示文稿"，再单击"创建"按钮，即可新建一个空白演示文稿。

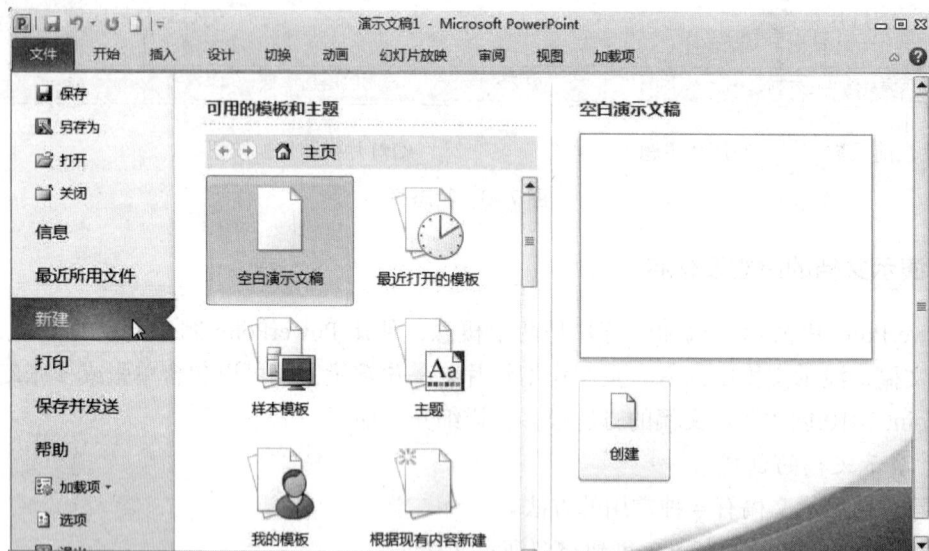

图7-8 "新建"演示文稿对话框

方法三：通过快速访问工具栏创建。

（1）单击"自定义快速访问工具栏"后面的下拉按钮，选择"新建"，如图7-9所示。

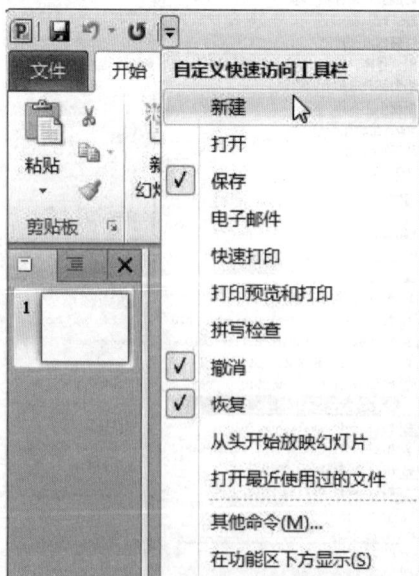

图7-9 快速访问工具栏创建

（2）在"快速访问工具栏"中添加"新建"按钮，如图7-10所示，单击该按钮即可新建演示文稿。

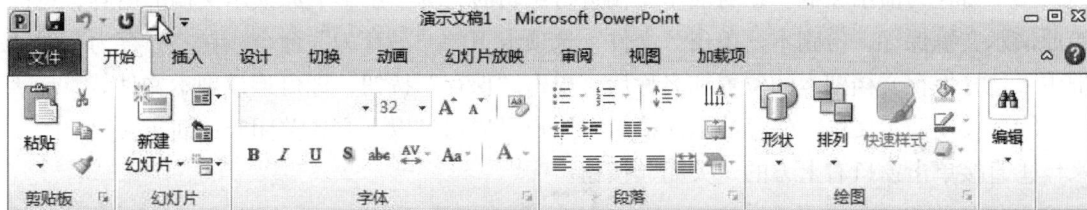

图7-10 添加"新建"

方法四：通过按Ctrl+N组合键，创建新的空白演示文稿。

2）演示文稿的保存及关闭

制作完演示文稿后需要保存该演示文稿。保存演示文稿既可以按原来的文件名存盘，也可以另命名存盘。

（1）保存新建的演示文稿。

①选择"文件"选项卡下的"保存"按钮，或者按Ctrl+S组合键，弹出如图7-11所示的"另存为"对话框。

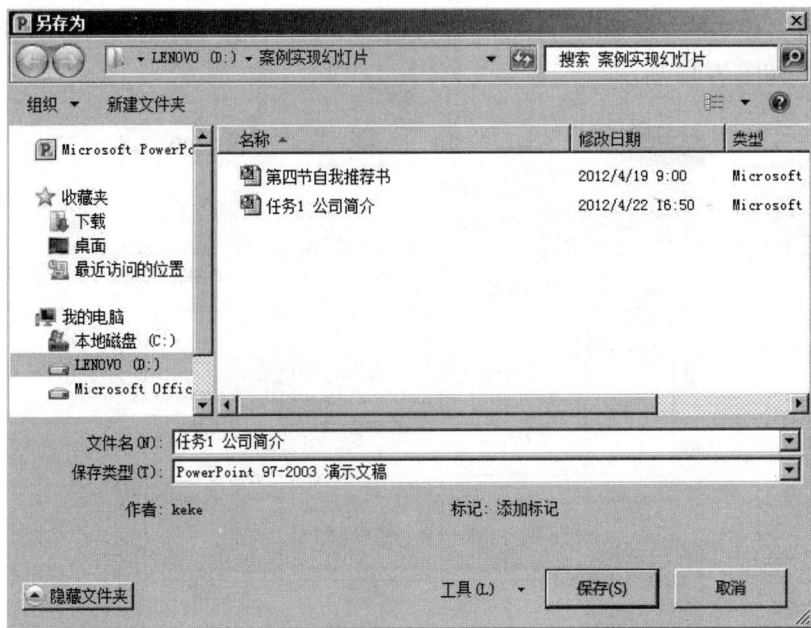

图7-11 演示文稿"另存为"对话框

②在该对话框中，选择文件保存位置及类型，输入文件名称再单击"保存"按钮即可。

（2）保存已有的演示文稿。

①新演示文稿经过一次保存，或者以前已经保存的演示文稿重新修改后，单击"文件"菜单下的"保存"命令即可保存修改后的演示文稿。

②直接单击快速访问工具栏的 按钮，或者按 Ctrl+S 组合键，或者单击"文件"选项卡下的"保存"命令，都可以保存修改后的演示文稿。

（3）另存为演示文稿。在对演示文稿进行编辑时，为了不影响原演示文稿的内容，可以给原演示文稿保存一份副本。单击"文件"选项卡下的"另存为"命令，在"另存为"对话框中，选择保存文档副本的位置和名称后，单击"保存"按钮，即可形成副本文件。

（4）关闭演示文稿。保存演示文稿后，用户可以通过以下方式关闭当前演示文稿。

①直接单击窗口右上方的"关闭"按钮。

②双击自定义快捷访问工具栏内的应用程序图标 。

③选择"文件"选项下的"关闭"命令。

④选择"文件"选项卡下的"退出"命令。

⑤右击文档窗口的标题栏，执行"关闭"命令。

3. 幻灯片的插入与删除

新建的演示文稿中只有一张标题幻灯片，如果需要制作更多的幻灯片就要插入新的幻灯片，而对于不需要的幻灯片，则可删除掉。

1）插入幻灯片

（1）通过"幻灯片"组。在幻灯片窗格中选择默认的幻灯片，然后在"开始"选项卡中，单击"幻灯片"组中的"新建幻灯片"下拉按钮。例如，选择"标题和内容"即可插入一张新的幻灯片，如图 7-12 所示。

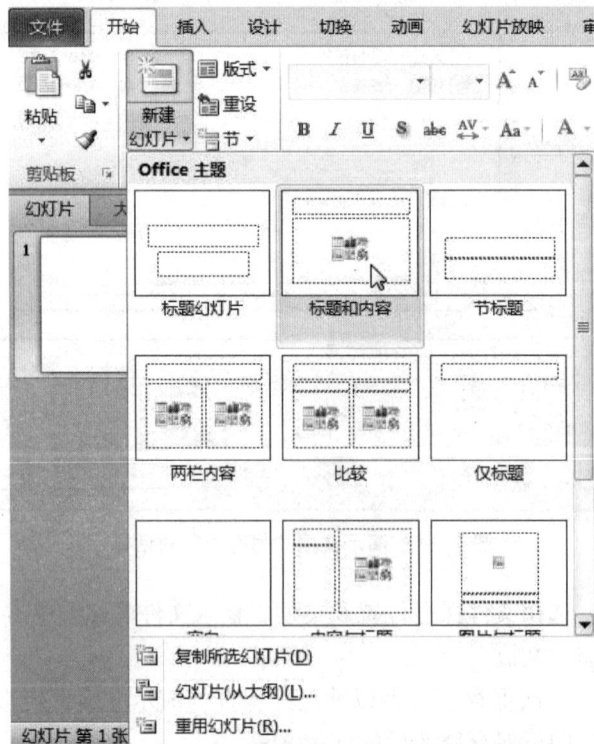

图 7-12　选择"新建幻灯片"中的"标题和内容"

（2）通过右键单击插入幻灯片。选择幻灯片预览窗格中的某一幻灯片，选中插入的位置，然后单击右键，在弹出的快捷菜单中选择"新建幻灯片"，即可在当前幻灯片的后面插入一张新幻灯片。

2）删除幻灯片

删除演示文稿中的幻灯片，有两种方法。

（1）右击要删除的幻灯片，在弹出的快捷菜单中选择"删除幻灯片"命令即可。

（2）选择要删除的幻灯片，按键盘上的 Delete 键即可。

4. 认识 PowerPoint 2010 视图

PowerPoint 2010 视图包括"普通视图"、"幻灯片浏览"视图、"备注页"视图和"阅读视图"4种，用户可以选择"视图"选项卡，在"演示文稿视图"组中进行视图之间的切换，如图7-13所示。

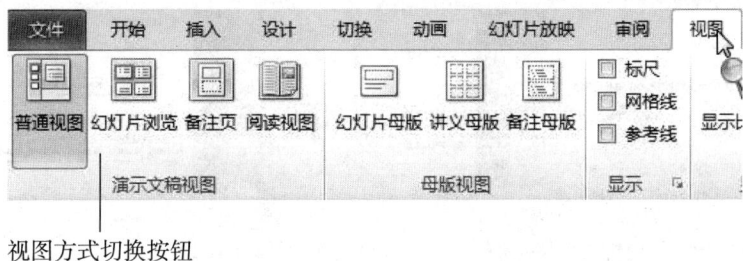

图 7-13　视图方式的切换

1）普通视图

PowerPoint 2010 启动后打开的是"普通视图"，它是系统默认的视图模式，主要用来编辑幻灯片的总体结构。在此视图下，窗口分为左、右两侧，左侧是幻灯片和大纲窗口；右侧又可以分为上下两部分，上边是幻灯片编辑窗口，下边是备注窗口，如图7-14所示。

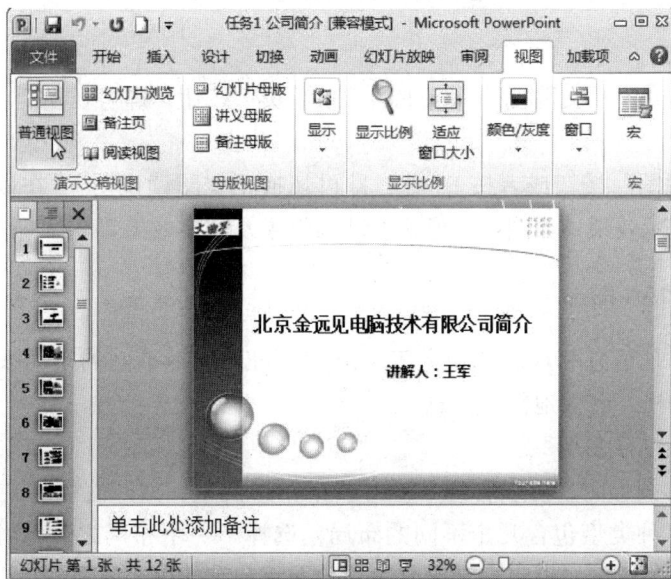

图 7-14　普通视图

2）幻灯片浏览视图

"幻灯片浏览"视图是通过缩略图来显示所有幻灯片内容的一种视图方式，通过该视图，用户可以查看每张幻灯片的内容，并且还可以进行编辑，调整幻灯片的排列顺序。进入该视图的方法是单击"演示文稿视图"组中的"幻灯片浏览"按钮，即可切换至"幻灯片浏览"视图，如图 7–15 所示。

图 7–15 "幻灯片浏览"视图

3）备注页视图

用户可以单击"演示文稿视图"组中的"备注页"按钮，即可切换至"备注页"视图。

4）阅读视图

单击"阅读视图"按钮或者按 F5 键，即可切换至"阅读视图"。在该视图下，用户可以观看幻灯片的演示效果，如图片、形状、动画效果及切换效果等。

5. 使用 SmartArt 图形

SmartArt 图形是信息和观点的视觉表示形式，可以选择不同的布局来创建 SmartArt 图形，从而快速、轻松、有效地传达信息。

1）创建 SmartArt 图形

创建 SmartArt 图形时，可以看到 SmartArt 的图形类型，如"流程""层次结构""循环"或"关系"等。每种类型包含几个不同的布局，选择了一个布局之后，可以很容易地更改 SmartArt 图形布局。新布局中将自动保留大部分文字和其他内容以及颜色、样式、效果和文本格式。

（1）单击"插入"选项卡的"插图"组中的SmartArt命令，出现如图7-16所示的"选择SmartArt图形"对话框，单击所需的类型和布局。

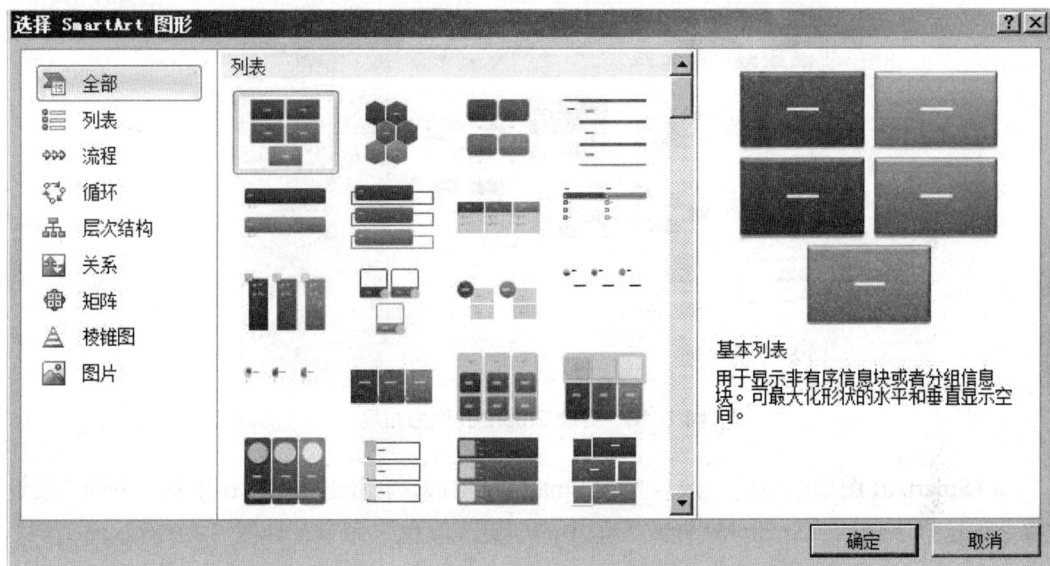

图7-16 选择SmartArt图形

（2）选择"层次结构"中的组织结构图，然后输入所需的文本，如图7-17所示为组织结构图。

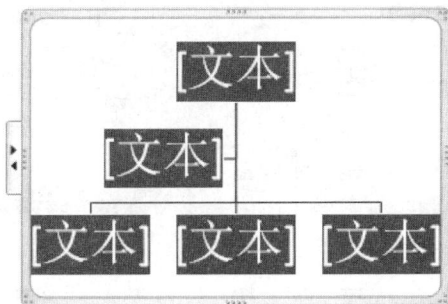

图7-17 组织结构图及文本添加

2）SmartArt图形的更改

在创建SmartArt图形之后，可以对其进行更改。单击SmartArt图形，将弹出两个选项卡："设计"选项卡和"格式"选项卡。通过这两个选项卡，可以对SmartArt图形进行设计和格式的修改。

（1）更改SmartArt图形布局。单击SmartArt图形，再单击"SmartArt工具"下的"设计"选项卡，在"布局"组中单击其下拉按钮，就可以看到要修改的布局，如图7-18所示。

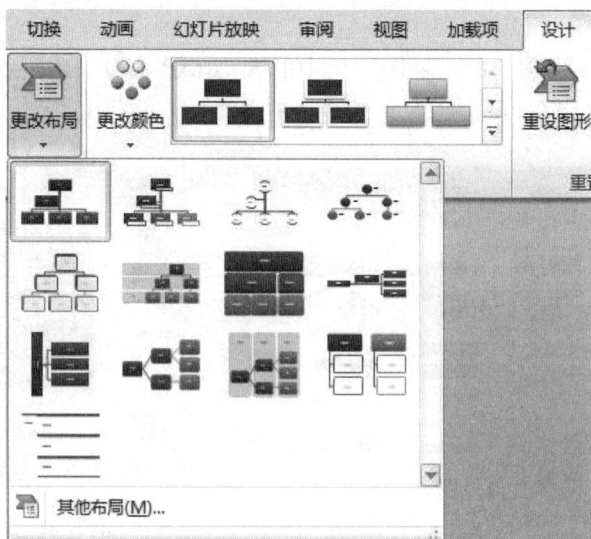

图 7-18　更改 SmartArt 图形布局

（2）SmartArt 图形颜色的更改。选中 SmartArt 图形，单击"SmartArt 工具"下的"设计"选项卡，选择下面的"SmartArt 样式"组中的"更改颜色"命令，如图 7-19 所示。

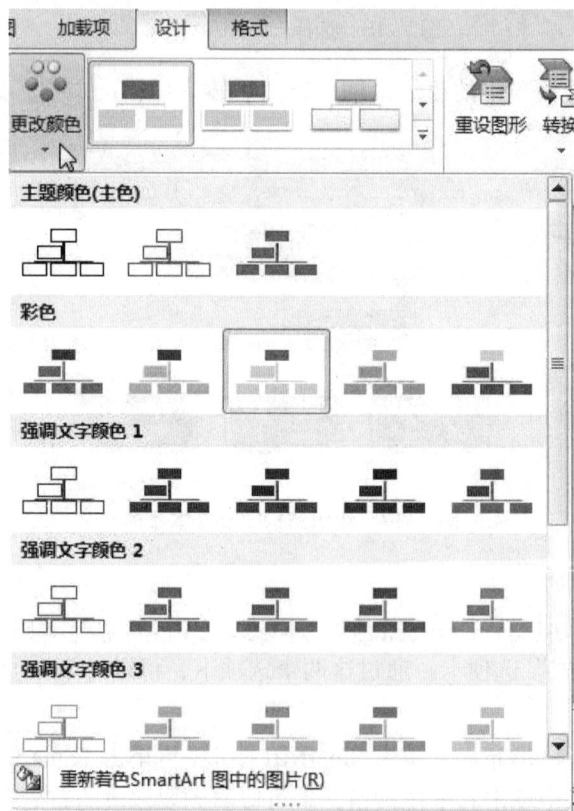

图 7-19　更改 SmartArt 图形颜色

（3）SmartArt图形样式的更改。单击要更改的SmartArt图形，然后再单击"SmartArt工具"下的"设计"选项卡，选择SmartArt图形中需要使用的样式，如图7-20所示。

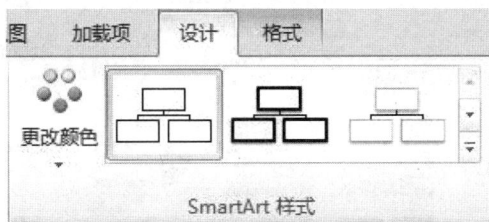

图7-20　SmartArt图形样式更改

（4）SmartArt图形中的形状格式的更改。单击要修改的SmartArt图形中的形状，选择"SmartArt工具"下的"格式"选项卡，其下有"形状""形状样式""艺术字样式""排列"和"大小"选项，可以选择不同的选项对SmartArt图形中的形状格式进行更改，如图7-21所示。

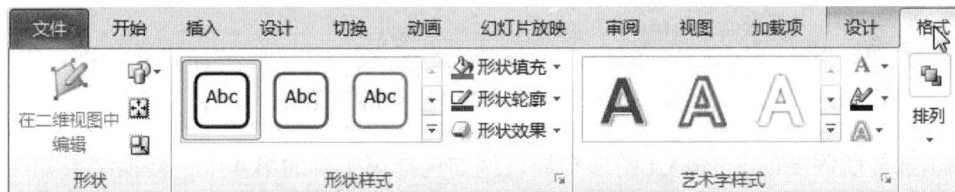

图7-21　SmartArt图形中形状的更改

3）把幻灯片文本转换为SmartArt图形

把幻灯片文本转换为SmartArt图形就是将现有的幻灯片转换为专业设计的插图。如通过简单操作，就可以将北京金远见电脑公司简介中的经营之道转换为SmartArt图形。

（1）单击幻灯片文本的占位符，如图7-22所示。

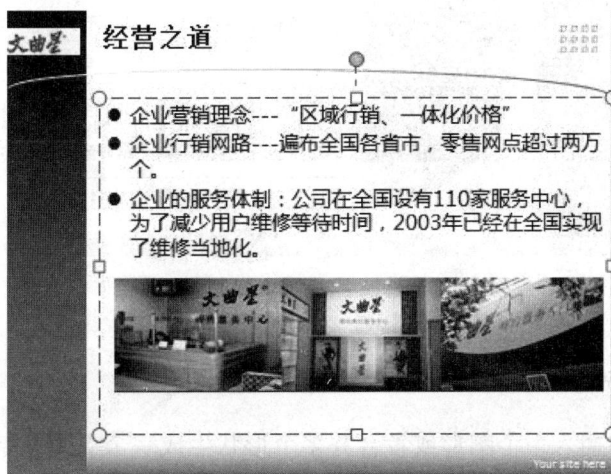

图7-22　要转换的文本内容

（2）单击"开始"→"段落"→"转换为 SmartArt 图形"命令，如图 7-23 所示。

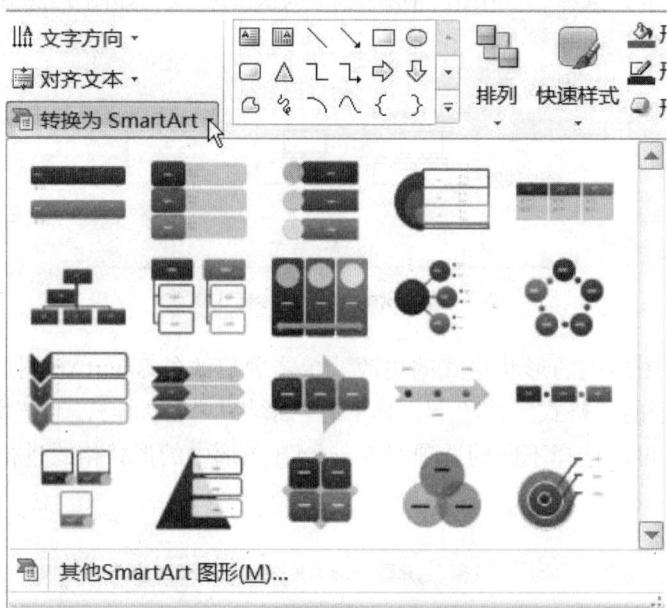

图 7-23　转换为 SmartArt 图形的布局

（3）选择所需要的 SmartArt 图形布局，例如选择第 1 排的第 4 个，转换结果如图 7-24 所示。

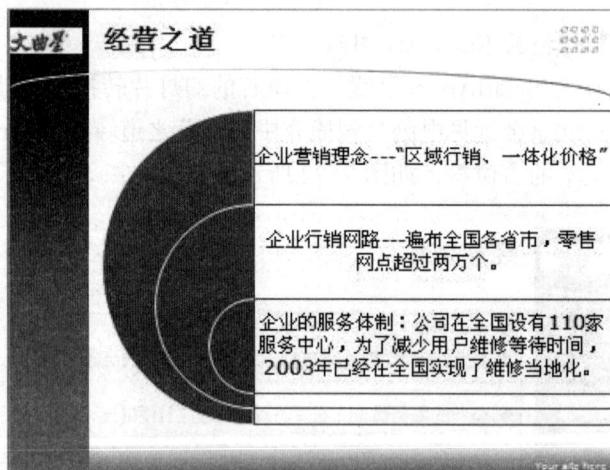

图 7-24　转换后的 SmartArt 图形效果

6. 在演示文稿中插入形状

要在演示文稿中插入一个图形或者合并多个形状生成一个更为复杂的图形时，可以使用的形状有线条、矩形、基本形状、箭头、公式形状、流程图、星与旗帜、标注和动作按钮。添加形状后，可以在其上添加文字、项目符号、编号和快速样式。

1）插入形状

（1）单击"插入"选项卡中的"形状"按钮，选择要插入的形状，接着单击演示文稿编辑文档区的任意位置，然后拖动放置形状。如添加一个箭头形状和矩形框，并且做出4个下图的效果，如图7-25和图7-26所示。

图7-25　插入形状的选择

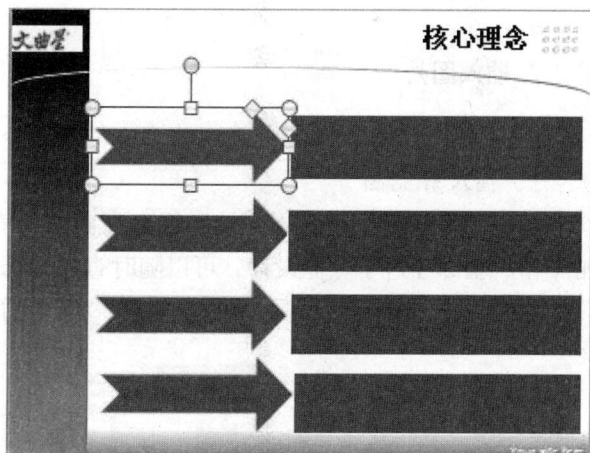

图7-26　插入多个形状

（2）选择形状，单击右键，在弹出的菜单中选择"编辑文字"，添加文字后的效果如图7-27所示。

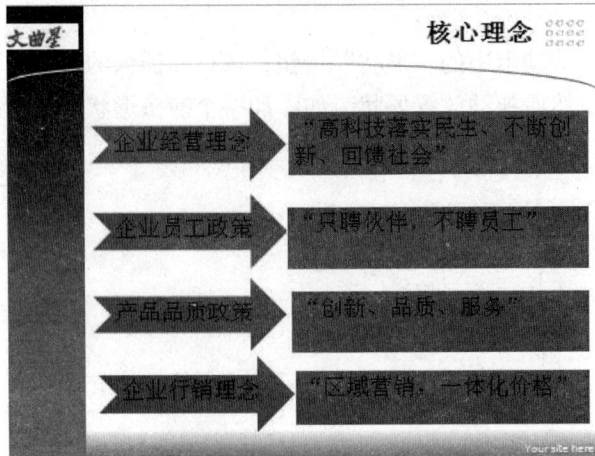

图 7-27　编辑文字后的效果

2）修改形状

选中要修改的形状，在"绘图工具"下选择"格式"选项卡，利用"格式"选项卡可以对形状样式、艺术字样式进行修改以及美化，如图 7-28 所示。

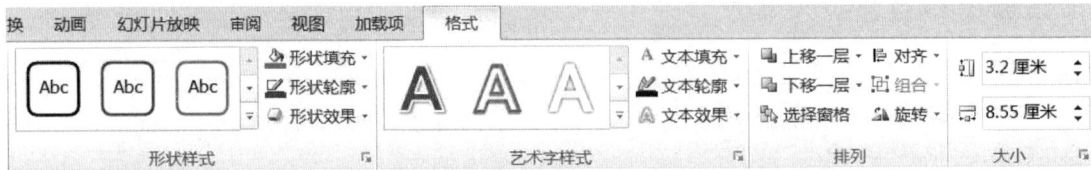

图 7-28　形状的修改

7. 插入图片

插入图片分为"剪贴画"和"来自文件的图片"两种。

1）插入剪贴画

剪贴画是一种矢量图形，统一保存在剪贴画库中。PowerPoint 2010 附带的剪贴画库非常丰富，全部经过了专业设计，可以随时查看并插入到幻灯片的任意位置。

（1）单击"插入"选项卡下的"图像"组中的"剪贴画"按钮，如图 7-29 所示。

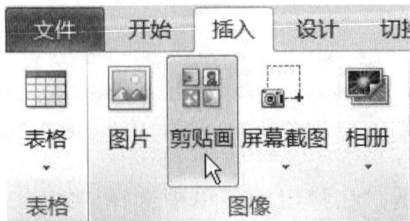

图 7-29　选择"图像"组中的剪贴画

（2）打开"剪贴画"任务窗格，如图 7-30 所示，设置好"搜索文字"和"结果类型"

后单击"搜索"。具体的设置同前面的项目设置。

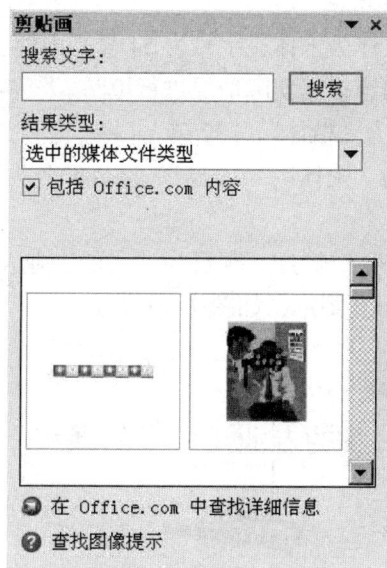

图 7-30　"剪贴画"任务窗格

2）插入来自文件的图片

用户除了可以插入 PowerPoint 2010 中附带的剪贴画之外，还可以插入其他的图片（bmp、jpg、png、jpeg 等格式）。

（1）选择要插入图片的幻灯片，在占位符中单击"插入"选项卡中"图像"组中的"图片"按钮，打开"插入图片"对话框。

（2）选择要插入的图片，单击"插入"按钮，即可将图片插入幻灯片，并可以调整合适的位置和大小。

牛刀小试

（1）制作第一张幻灯片，如图 7-31 所示。

图 7-31　第一张幻灯片

①打开 Microsoft PowerPoint 2010，新建一个空白演示文稿。

②选择如图 7-31 所示的主题。

③题目为"我的大学"，字体为宋体、字号为 54 号，内容有"学院名称"、"学院地址"、"建校时间"等字样，具体的内容根据实际情况进行填写。

④将"学院名称"一项设为"楷体"、"32 磅"，将"学院地址"一项设为"隶书"、"32磅"，将"建校时间"一项设为"宋体"、"32 磅"，字体颜色为黑色。

（2）制作第二张幻灯片。

①新建幻灯片，制作第二张幻灯片，题目为"我的专业及所学的课程"，字体为宋体、字号为 44 磅，插入一个 SmartArt 图形，如图 7-32 所示。

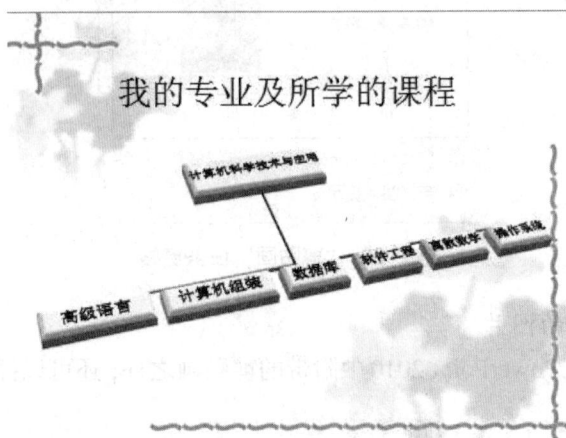

图 7-32　第二张幻灯片

②在 SmartArt 图形中选择"层次结构"中的"组织结构图"，图形颜色为"主题颜色深色 2 填充"，并编辑如图 7-32 所示的文字，更改样式为"鸟瞰场景"样式，图形中文字的大小为 20 磅、颜色为蓝色。

（3）制作第三张幻灯片，如图 7-33 所示。

图 7-33　第三张幻灯片

①新建第三张幻灯片，设置标题为"我的老师"，字体为宋体、44磅字。

②插入"剪贴画"，如图7-33中的"老师"，调整到合适的位置。

③插入一个形状，并编辑文字，字体为宋体、字号24磅、字体颜色为黑色，形状的样式为"彩色填充－浅蓝，强调颜色1"。

④插入一个竖排文本框，输入如图7-33所示的文字，字体宋体、字号28磅。

（4）制作第四张幻灯片，如图7-34所示。

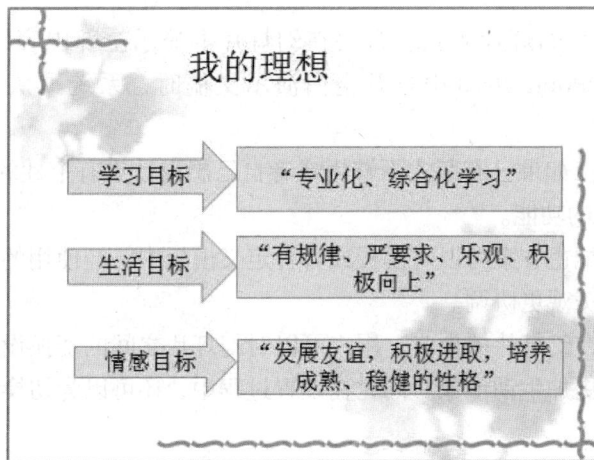

图7-34　第四张幻灯片

①新建幻灯片，标题为"我的理想"，字休为宋体、字号44磅。

②插入如图7-34所示的箭头和矩形框，并编辑文字，字体为宋体、字号为28磅。

③保存这四张幻灯片，并命名为"我的大学"。

④关闭演示文稿。

任务2　PowerPoint 2010综合应用——高效销售技巧

（任务目标）

- 掌握PowerPoint 2010演示文稿编辑中的版式、主题和配色方案。
- 掌握幻灯片切换的方法与技巧。
- 掌握幻灯片动画制作技巧。
- 掌握超链接的使用技巧。
- 掌握动作按钮的设置方法。
- 掌握排练计时的方法。
- 掌握幻灯片的放映和打包方法。

（任务描述）

西安某电脑技术有限公司不仅重视培养高层次的技术人员，而且更重视培养优秀的销售人员。张亮亮在该公司虽然才工作两年，但每个季度的销售量都名列前茅。公司总经理看到他的业绩，想邀请他为销售部的新进员工上一次培训课程，讲述销售技巧及方法。张亮亮欣然答应了，但培训课要在多媒体会议室进行，培训时必须准备 PPT，这并没有难倒大学时主修计算机专业的他，他打开 PowerPoint 2010，准备制作出一个漂亮的 PPT 课件。

知识要点

（1）幻灯片版式。幻灯片版式包含要在幻灯片上显示全部内容的格式、位置和占位符的设置。在 PowerPoint 2010 中打开空白演示文稿时，系统默认的是"标题幻灯片"版式。

（2）自定义模板。如果已有版式不够用或者自己想设计更有个性的模板时，PowerPoint 2010 具有自定义模板的功能。

（3）配色方案。配色方案可以对模板或者自定义模板中已经使用的颜色进行修改，使幻灯片中的颜色搭配更美观更协调。

（4）切换方式。在幻灯片播放时，用户可以对幻灯片之间的切换设置动态效果，使整个演示文稿的播放效果更加生动形象。同时在设置过程中，还可以为切换效果添加声音并设置切换速度等。

（5）动画设置。幻灯片的动画效果是对幻灯片中的各个对象设置动画以及播放顺序，其目的是为了增强幻灯片的动态效果。

（6）幻灯片放映。PowerPoint 2010 提供了三种放映方式，用户还可以设置自定义放映方式。

（7）动作按钮。PowerPoint 2010 中用户可以为对象添加动作按钮，用来在放映过程中激活另一个程序或影片，也可以链接到其他幻灯片或文件中。

（8）排练计时。PowerPoint 2010 的排练计时功能，能使用户设置每张幻灯片在屏幕上的停留时间，用于控制幻灯片的切换时间。

任务实施

1. 幻灯片主题和版式的设置

1）应用主题

主题可以作为一套独立的选择方案应用于文件中，套用主题样式可以帮助用户更快捷地指定幻灯片的样式、颜色等。

幻灯片的主题是指对幻灯片中的标题、文字、图表、背景项目设定的一组配置。该配置主要包含主题颜色、主题字体和主题效果。

（1）选择需要应用主题的幻灯片，并选择"设计"选项卡，单击"主题"组中所需的主题，如图 7-35 所示。

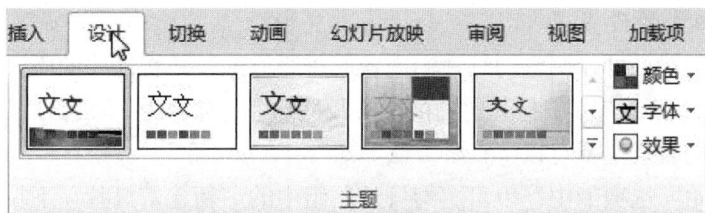

图 7-35　主题设置

（2）如果所需要的主题没有在工具栏上显示，可以单击"主题"组中的 按钮从列表中浏览主题，如图 7-36 所示，也可以在网上下载适合自己的主题。

图 7-36　浏览主题

（3）另外，右键单击"主题"区域的主题列表中要应用的主题样式，即可在弹出的快捷菜单中，选择如何应用所选的主题，如图 7-37 所示。

图 7-37　通过右键单击主题选择应用

2）幻灯片版式的设置

选择幻灯片版式，可以调整幻灯片中内容的排版方式，并将需要的版式运用到相应的幻灯片中。在 PowerPoint 2010 中打开空白演示文稿时，将显示名为"标题幻灯片"的默认版式。

设置幻灯片的版式主要有以下三种方法。

（1）在"开始"选项卡中，单击"幻灯片"组中的"新建幻灯片"下拉按钮，在其展开的列表中选择要应用的幻灯片版式即可，如图 7-38 所示。

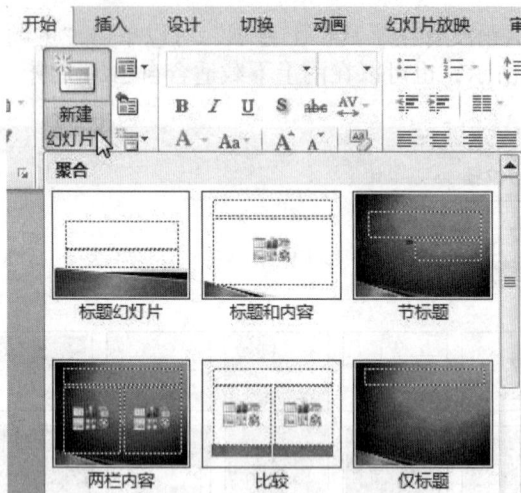

图 7-38　通过"新建幻灯片"选择版式

（2）在"开始"选项卡下的"幻灯片"组中，单击"版式"按钮，如图 7-39 所示。

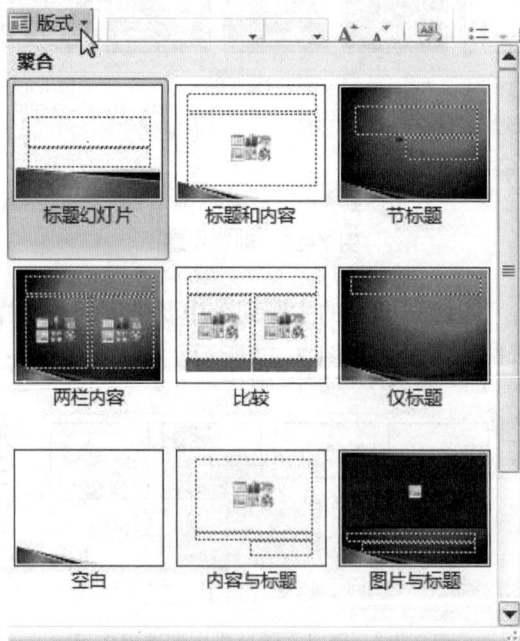

图 7-39　选择版式中的设计方案

在版式区域中，主要提供了 11 种幻灯片版式，其版式名称和内容如表 7-1 所示。

表 7-1 PowerPoint 2010 的 11 种版式及功能表

版式名称	包含内容
标题幻灯片	标题占位符和副标题占位符
标题和内容	标题占位符和正文占位符
节标题	文本占位符和标题占位符
两栏内容	标题占位符和两个正文占位符
比较	标题占位符、两个文本占位符和两个正文占位符
仅标题	仅标题占位符
空白	空白幻灯片
内容与标题	标题占位符、文本占位符和正文占位符
图片与标题	图片占位符、标题占位符和正文占位符
标题和竖排文字	标题占位符和竖排文本占位符
垂直排列标题与文本	竖排标题占位符和竖排文本占位符

如果是首张幻灯片，则设置版式为"标题幻灯片"，如果是普通幻灯片，则根据需要选择其他版式。

（3）选中要设置版式的幻灯片，单击右键快捷菜单中的"版式"选项，同样出现所有的版式，然后根据需要选择版式。

2. 幻灯片配色方案及背景的设置

1）配色方案的设置

幻灯片主题的色彩效果，可以通过幻灯片配色方案进行设置，PowerPoint 2010 提供了多种标准的配色方案。

（1）选择要设置配色方案的幻灯片，单击"设计"选项卡，在"主题"组中选择"颜色"按钮，如图 7-40 所示。

（2）还可以选择如图 7-40 所示中的"新建主题颜色"，对主题颜色进行自定义。

2）幻灯片背景的设置

幻灯片的背景对整个演示文稿的美观与否起着至关重要的作用，用户可根据需要应用 PowerPoint 2010 内置背景样式，也可自定义背景样式。

（1）应用 PowerPoint 2010 内置背景样式。选择"设计"选项卡，在"背景"组中单击"背景样式"，在弹出的"下拉背景"列表中选择背景样式即可。

（2）自定义背景样式。若用户对配置的背景样式不满意，可以自定义背景样式。在背景列表中选择"设置背景格式"命令，打开如图 7-41 所示的对话框，在该对话框中自定义背景样式即可。用户可以通过它为幻灯片添加图案、纹理、图片或背景颜色。

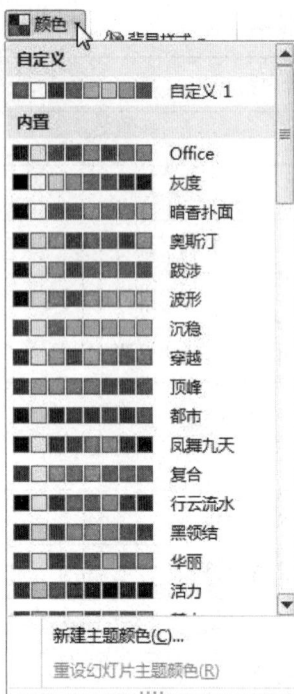

图 7-40　设置主题颜色

图 7-41 "设置背景格式"对话框

3. 设置幻灯片的切换方式

在幻灯片播放时，用户可以为幻灯片之间的切换设置动态效果，使整个演示文稿的播放更加生动形象。在设置过程中，还可以给切换效果添加声音并设置切换速度等。常用的切换效果主要有"平淡划出""从全黑淡出""切出""溶解"等。

1）设置幻灯片的切换效果

（1）选择要设置切换效果的幻灯片，单击"切换"选项卡，在"切换到此幻灯片"组中，单击选中的切换方式如"擦除"，如图 7-42 所示。

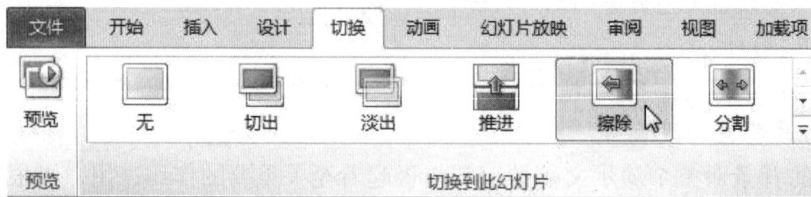

图 7-42　选择切换方式

（2）选择要切换的效果后，还可单击"效果选项"下拉按钮，选择需要的切换效果方式，如图 7-43 所示。

图 7-43　效果选项设置切换

（3）若要使所有幻灯片都应用相同的切换效果，只需在"切换"选项卡的"计时"组单击"全部应用"按钮即可。

2）设置幻灯片切换声音

要为幻灯片设置切换时的声音，首先，选择该幻灯片，在"切换"选项卡中单击"计时"组中的"声音"下拉按钮，选择要添加的声音，如"风铃"，即可完成幻灯片切换时的声音设置，如图 7-44 所示。

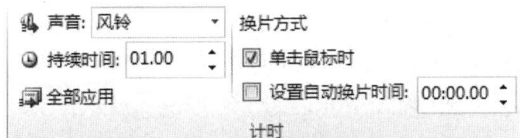

图 7-44　幻灯片切换声音设置

3）设置切换效果的计时

（1）如果要设置上一张幻灯片与当前幻灯片之间的切换效果的持续时间，应在"切换"选项卡"计时"组的"持续时间"框中，选择或输入所需的时间。

（2）另外，如果要指定当前幻灯片在多长时间后切换到下一张幻灯片，应执行以下步骤。

①若要在单击鼠标时切换幻灯片，则在"切换"选项卡的"计时"组中，启用"单击鼠标时"复选框。

②若要在经过指定时间后切换幻灯片，则在"切换"选项卡的"计时"组中，启用"设置自动换片时间"复选框，并在其后的文本框中输入所需的秒数。

4.幻灯片动画效果的设置

在 PowerPoint 中不仅能设置幻灯片之间的切换动画,而且还可以对幻灯片内的所有对象分别设置各种不同的动画。在 PowerPoint 2010 中可以实现各种各样的动画效果,用户既可以为幻灯片中的文本段落设置动画,也可以为幻灯片中的图形、表格等设置动画,并且制作方法极为简单。一般的设置步骤采用选择、设置、应用等几个简单的操作就能完成。

1)预设动画

所谓预设动画是指调用内置的现成动画设置效果。

(1)选中要设置动画的对象,单击"动画"选项卡,其中列出了"无动画""淡出""擦除""飞入"等多种选项,选择"形状",如图 7-45 所示。当鼠标指针指向某一动画名称时,会在编辑区预演该动画的效果,用户可根据需要选择一种动画。

图 7-45　设置单个图片动画效果

(2)也可在"动画"选项卡下的"高级动画"组中,单击"添加动画"设置动画效果。

2)自定义动画

自定义动画的功能比预设动画的功能强大得多,通过它可以随心所欲地设置出丰富多彩、赏心悦目的动画效果。

(1)选中要设置动画的对象,单击"动画"选项卡,选择并单击"高级动画"组中的"添加动画"按钮,选择"更多进入效果",进入如图 7-46 所示的"添加进入效果"对话框。

(2)当选择某种效果后,单击"高级动画"选项卡中的"动画窗格"按钮,将显示每个对象设置的动画类型，如图7-47所示。

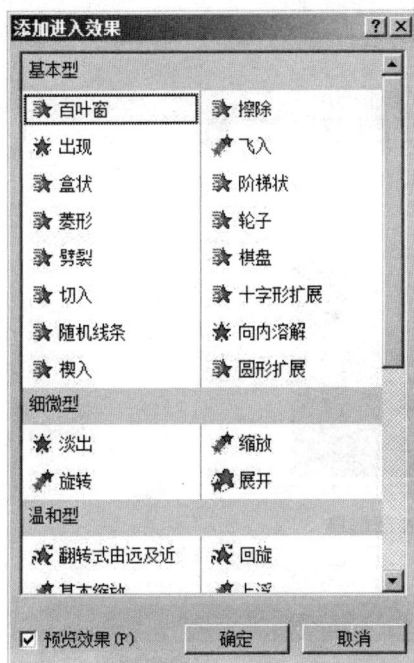

图7-46 自定义其他动画效果

图7-47 自定义"动画窗格"

（3）接着单击 [1 ★ 标题 1: 高... □ ▼]，可根据需要对"动画"选项卡"计时"组中的开始、持续时间、延迟进行设置。

（4）设置完动画后单击"播放"观看动画效果。如果要删除所设置的动画，则选择要删除的动画，单击右键，选择"删除"即可。

5. 超链接和动作按钮的设置

1）创建超链接

在Power Point 2010中，超链接是指从一张幻灯片到同一演示文稿中的另一张幻灯片、不同演示文稿中的某一张幻灯片、电子邮件地址、某一文件的链接，操作步骤如下。

（1）在"普通"视图中，选中要创建链接的文本或对象。

（2）选中文本后，单击鼠标右键，选择"超链接"，或者单击"插入"选项卡下"链接"组中的"超链接"按钮，如图7-48所示。

（3）弹出"插入超链接"对话框，选择"本文档中的位置"，如图7-49所示。

（4）在"请选择文档中的位置"下，单击要用作超链接目标的幻灯片"3. 销售技巧"。用同样的方法设置目录中其他选项的超链接，效果如图7-50所示。

2）动作按钮设置

（1）打开要设置动作按钮的幻灯片，选择"插入"选项卡下"插图"组中的"形状"下拉按钮，选择"动作按钮"中一个系统预定义的动作按钮。然后，在幻灯片中要插入动作按钮的位置上拖动鼠标绘制该按钮，如图7-51所示。

图 7-48　对文本添加超链接

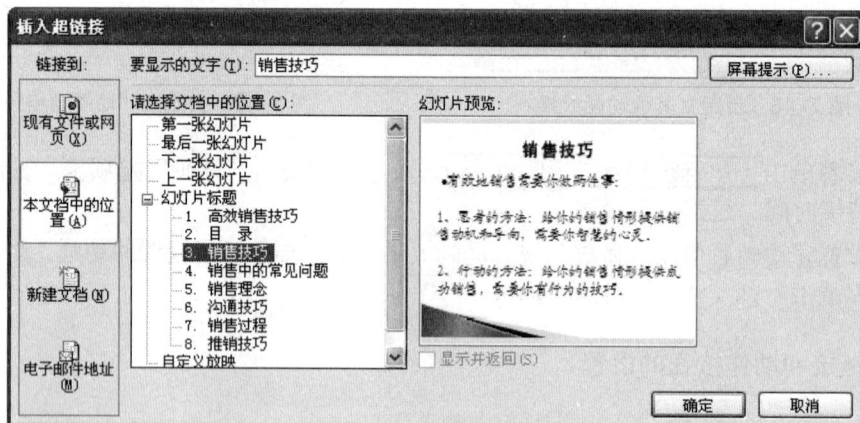

图 7-49　选择超链接在本文档中的位置

图 7-50　超链接设置效果图

图 7-51　插入动作按钮

（2）绘制完动作按钮后，系统会自动弹出"动作设置"对话框，如图 7-52 所示，选择"超链接到"上一张幻灯片，单击"确定"按钮。

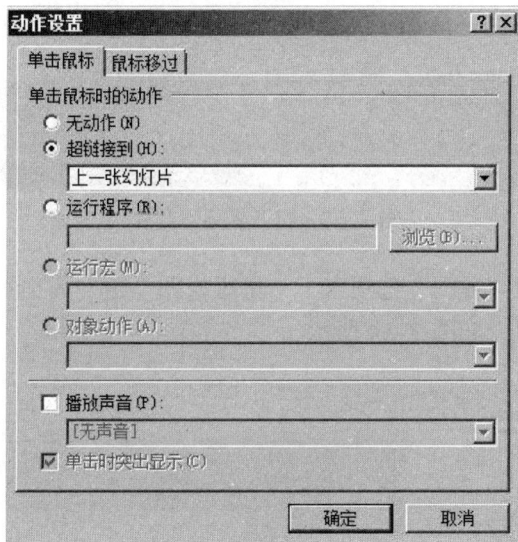

图 7-52　"动作设置"对话框

6. 模板

模板就是创建一个 .pptx 文件，该文件记录了用户对幻灯片母版（即存储有关应用的设计模板信息的幻灯片，包括字形、字体、字号、占位符大小或位置、背景设计和配色方案）、版式 / 布局（版式是指幻灯片上标题和副标题文本、列表、图片、表格、图表、自选图形和视频等元素的排列方式）和主题（即一组统一的设计元素，使用颜色、字体和图形设置文档的外观）组合所做的任何自定义修改。可以将模板存储的设计信息应用于演示文稿，进而规范所有幻灯片的基本格式。

1）使用已有的模板创建幻灯片

（1）在演示文稿中，选择"文件"选项卡下的"新建"，再选择"样本模板"，选择适合自己主题的模板，然后单击"创建"，该模板就会应用到所选幻灯片或所有幻灯片了。

（2）如果对所选的设计模板不满意，可用上述方法选择其他的模板。

2）自定义模板

除了自动套用 PowerPoint 2010 提供的模板外，用户也可以创建新的模板。一种方法是在原有模板的基础上修改模板，另一种方法是将自己创建的演示文稿保存为模板。

（1）新建或打开自己原有的演示文稿，如图 7-53 所示为标题幻灯片。

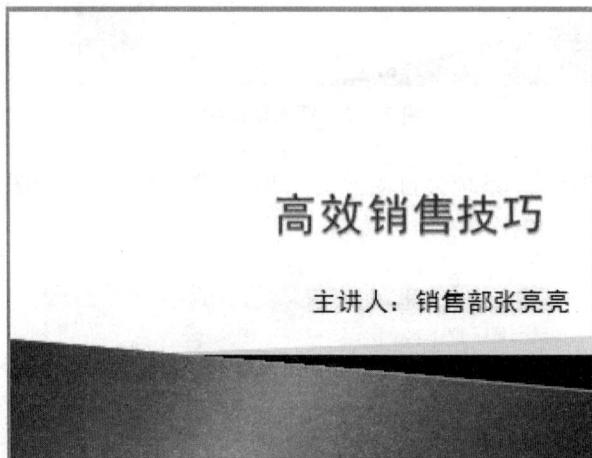

图 7-53　打开标题幻灯片

（2）设计母版。选择"视图"选项卡下"母版视图"组中的"幻灯片母版"按钮，进入幻灯片母版设计的编辑区，如图 7-54 所示。

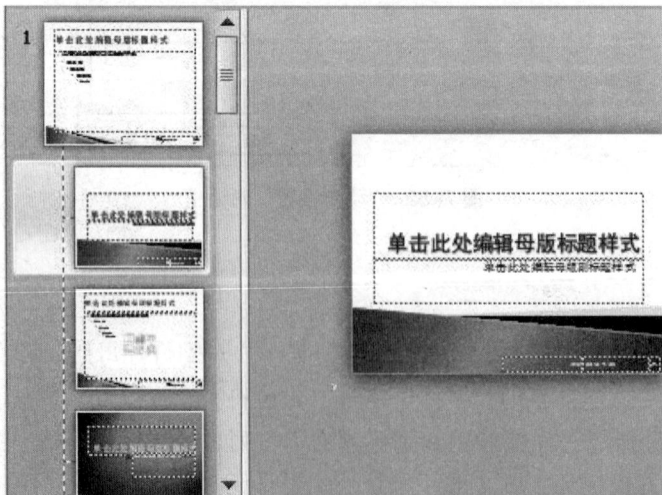

图 7-54　编辑母版

（3）插入案例素材图片"文曲星"，将它移到标题幻灯片的右上角，如图 7-55 所示。

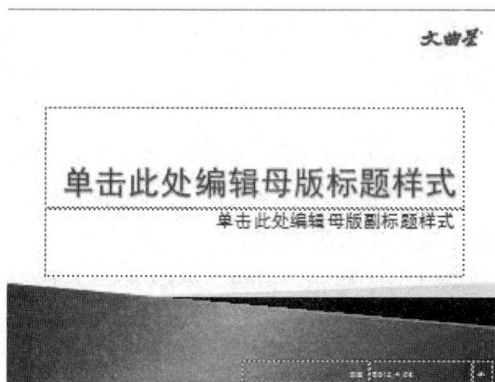

图 7-55   为标题幻灯片替换主题

（4）用同样的方法，选择标题和内容幻灯片的母版，插入图片"文曲星"，如图 7-56 所示。

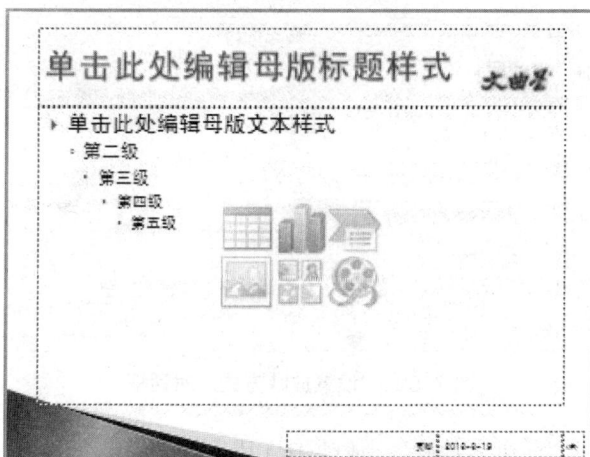

图 7-56   为标题和内容幻灯片替换主题

（5）母版设计结束后，单击"关闭母版视图"按钮，母版设计成功。

（6）效果如图 7-57 所示。

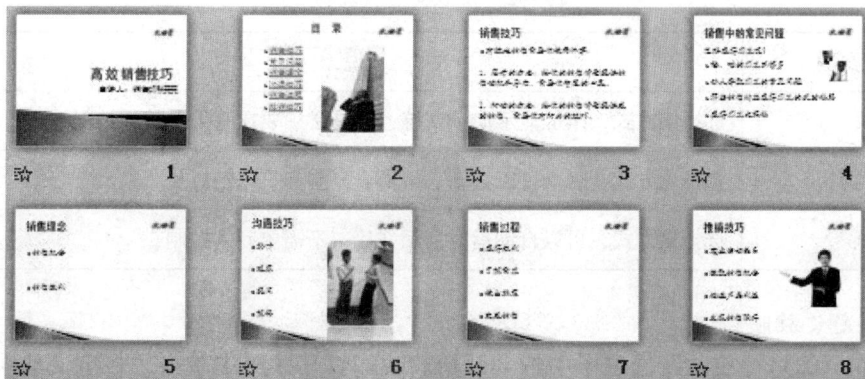

图 7-57   幻灯片母版设计完成效果

（7）另存为模板。

7. 幻灯片放映和排练计时

1）设置幻灯片放映方式

根据播放环境的不同，PowerPoint 为用户提供了不同的放映方式。因此，在放映演示文稿之前，用户可以根据播放环境选择放映方式。

（1）在"幻灯片放映"选项卡中，单击"设置"组中的"设置幻灯片放映"按钮，打开"设置放映方式"对话框，如图 7-58 所示。

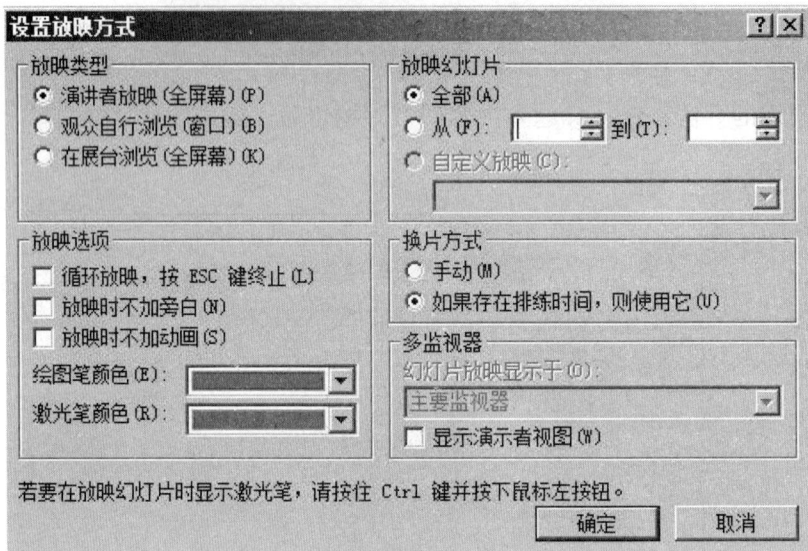

图 7-58 "设置放映方式"对话框

（2）放映类型选择"演讲者放映"，放映幻灯片选择"全部"，换片方式选择"如果存在排练时间，则使用它"，单击"确定"按钮，设置完成。

（3）根据演示文稿的放映环境，PowerPoint 为用户提供了三种类型的放映方式，如图 7-58 所示，放映类型的参数介绍如表 7-2 所示。

表 7-2 放映类型及说明

放映类型	说　　明
演讲者放映	选择该方式，全屏显示演示文稿，但是必须要在有人看管的情况下进行放映
观众自行浏览	选择该方式，观众可以移动、编辑、复制和打印幻灯片
在展台浏览	选择该方式，可以自动运行演示文稿，不需要专人控制

2）自定义放映

（1）在"幻灯片放映"选项卡中的"开始放映幻灯片"组中单击"自定义放映"按钮，

选择其下拉按钮"自定义放映",弹出"自定义放映"对话框,如图7-59所示。

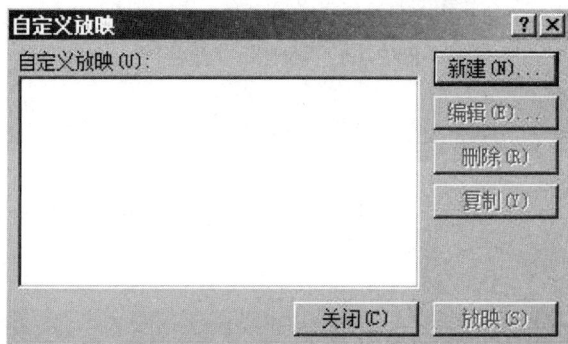

图7-59 "自定义放映"对话框

(2)单击"新建"按钮,出现以下对话框,如图7-60所示,选中幻灯片4、5、6,单击"添加"按钮后单击"确定"按钮,这时在自定义幻灯片对话框中会出现已定义好的"自定义放映1"。

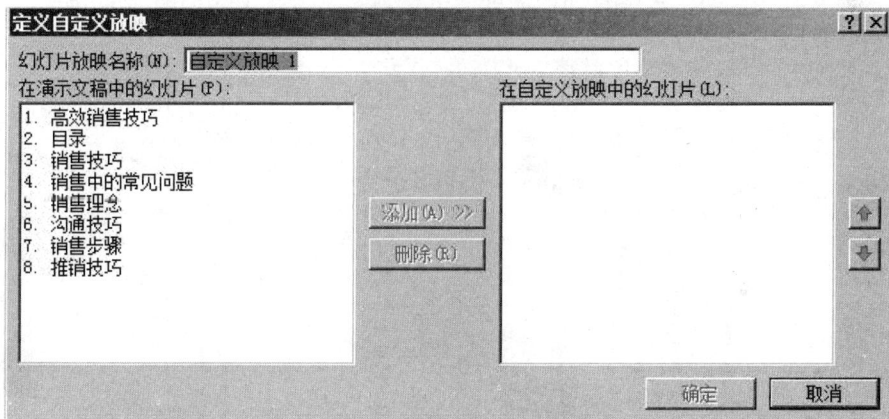

图7-60 "定义自定义放映"对话框

(3)切换到幻灯片的"演讲者放映"方式下,在幻灯片位置上单击鼠标右键,在弹出的快捷菜单中选择"自定义放映",设置好的自定义放映方式会出现在列表框中,单击需要使用的自定义幻灯片放映方式直接跳转到幻灯片放映状态下。

3)设置排练计时

自动放映就是指自动播放演示文稿,而排练计时功能是指预演演示文稿中的每张幻灯片,并记录其播放的时间长度,以制定播放框架,使其在正式播放时可以根据时间框架进行播放。

(1)选中第一张幻灯片,在"幻灯片放映"选项卡中的"设置"组中单击"排练计时"按钮。此时系统进入"幻灯片放映"视图,并弹出"录制"工具栏,如图7-61所示。使用该工具栏上的"工具"按钮,对演示文稿中的幻灯片进行排练计时。

图 7-61 "录制"工具栏

（2）单击录制工具栏上的 ➡ 按钮，开始设置下一张幻灯片的放映时间，录制工具栏右侧出现的是累计时间。

（3）依次设置好所有幻灯片后，即结束幻灯片排练计时，系统会弹出一个提示对话框，如图 7-62 所示。

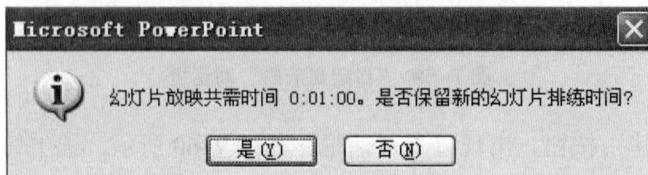

图 7-62　选择保留排练时间

（4）单击"是"按钮，系统自动切换到"浏览视图"方式下，如图 7-63 所示。

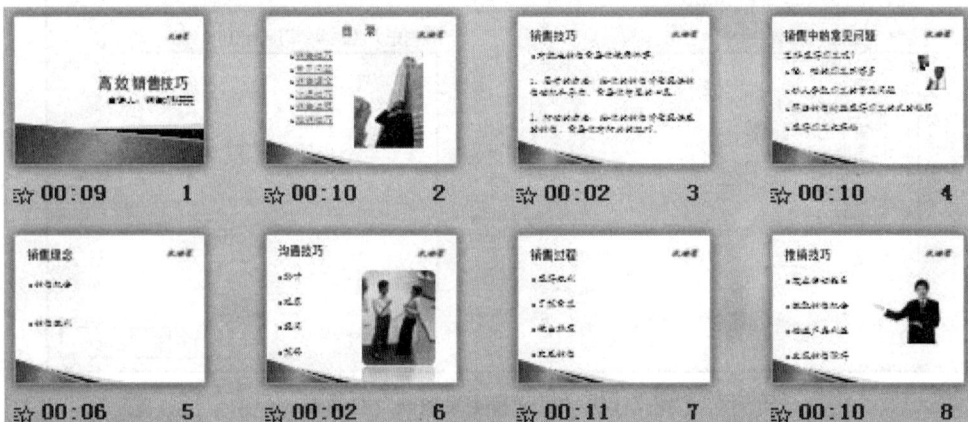

图 7-63　在"浏览"视图下显示排练时间

8. 打包演示文稿

若放映演示稿时计算机上没有安装 PowerPoint，此时可以将演示文稿打包成 CD 数据包，通过 PowerPoint 播放器来观看。

1）将演示文稿打包

将演示文稿打包成 CD 数据包，是将演示文稿中的各个相关文件或程序连同演示文稿一起打包，形成一个可使用 PowerPoint 播放器查看的文件。打开的演示文稿打包方法如下。

（1）单击"文件"选项卡，执行"保存并发送"命令，在"文件类型"区域中选择"将演示文稿打包成 CD"选项，在弹出的区域中单击"打包成 CD"按钮。

（2）在弹出的"打包成 CD"对话框中选择要复制的文件并单击"复制到文件夹"按钮，

如图 7-64 所示。

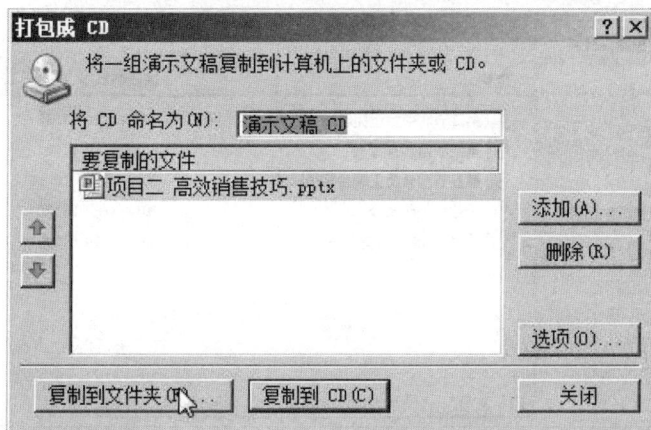

图 7-64　选择要复制的文件

（3）接着弹出"复制到文件夹"对话框，如图 7-65 所示，此时为打包的演示文稿命名，设置保存位置后单击"确定"按钮。

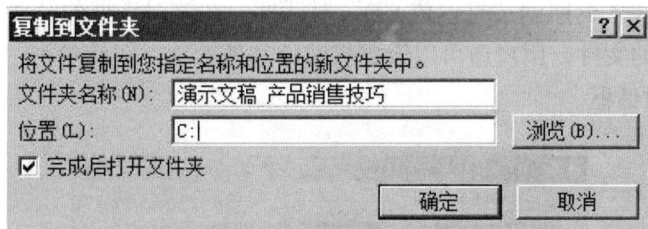

图 7-65　选择复制到的文件夹

（4）接着出现系统提示对话框，如图 7-66 所示。

图 7-66　系统提示对话框

（5）单击"是"按钮，将演示文稿中所用到的文件或程序都链接到该数据包中，完成演示文稿的打包操作。

2）复制到 CD

（1）在如图 7-64 所示的"打包成 CD"对话框中，选择"复制到 CD"，如果需要添加文件到 CD，则单击"添加"按钮。

（2）此时弹出"添加文件"对话框，在该对话框中打开文件所在的文件夹，然后选择需要添加的文件，单击"打开"按钮，如图 7-67 所示。

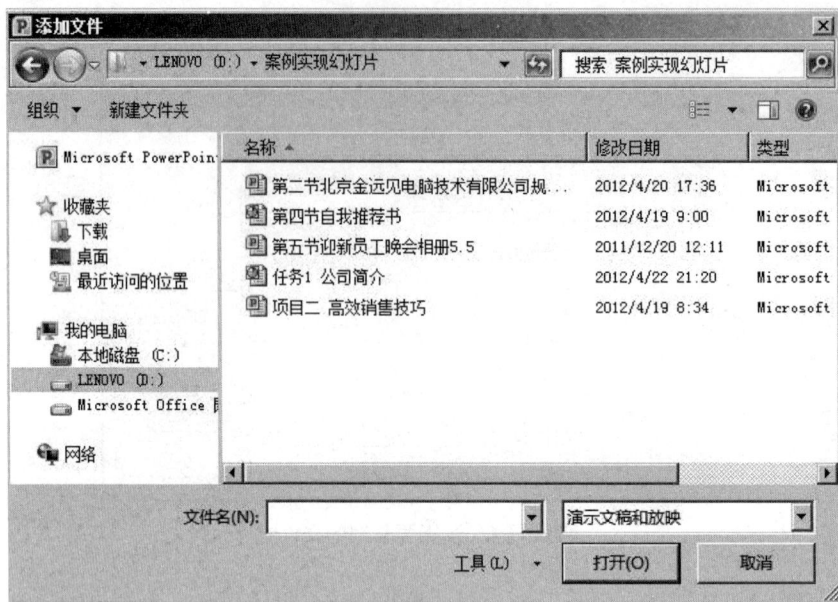

图 7-67 "添加文件"对话框

（3）添加完成后，返回到"打包成 CD"对话框，在该对话框的"要复制的文件"列表框中可以看到添加的文件。用户还可以设置打包的其他选项，在此单击"选项"按钮，弹出如图 7-68 所示的对话框。

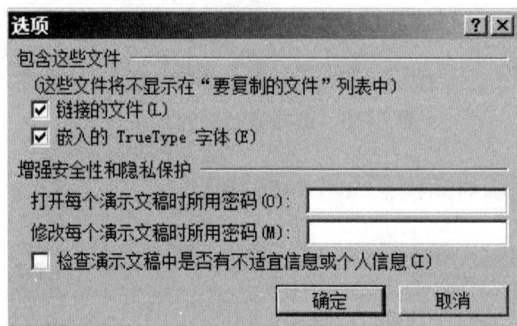

图 7-68 "选项"对话框

（4）在此设置打开和修改每个演示文稿时所用的密码"6666"，单击"确定"按钮，弹出"确认密码"对话框，在"重新输入打开权限密码"文本框中输入设置的打开文件的密码，单击"确定"按钮，如图 7-69 所示。

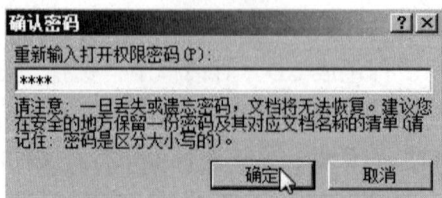

图 7-69 "确认密码"对话框

（5）返回"打包成CD"对话框中，单击对话框中的"复制到CD"按钮。此时系统会弹出刻录进度对话框以显示刻录进度。刻录完成之后，单击"关闭"按钮。

牛刀小试

（1）按要求制作"大学生职业生涯规划"演示文稿。共八张幻灯片，原始主题效果如图7-70所示。

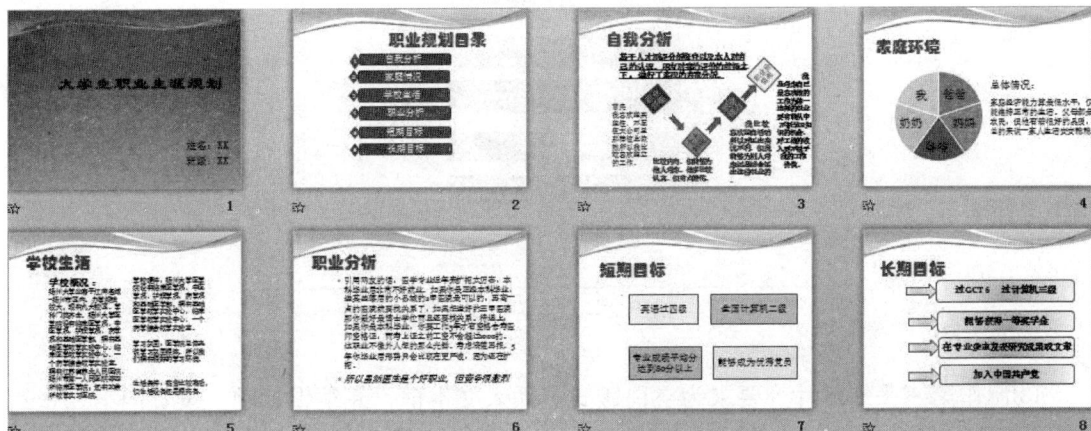

图7-70　原始演示文稿效果图

①第一张幻灯片，要求为标题版式，选择主题为流畅型，并应用于所有幻灯片。标题字体为隶书，字号为56磅，动画效果设置为进入效果中的盒状。副标题为宋体、25磅，设置"姓名"的动画效果为"劈裂"，"班级"的动画效果为"淡出"，并根据实际情况补充好自己的基本信息，如图7-71所示。

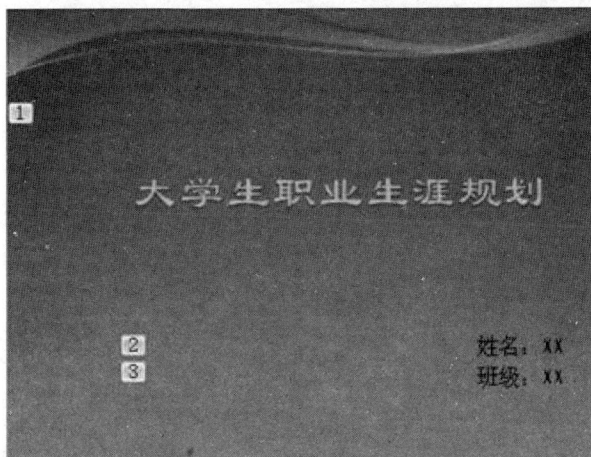

图7-71　第一张标题幻灯片

②制作第二张幻灯片，要求使用标题和内容版式。标题字体为华文琥珀，50磅，字体颜色蓝色，动画效果设置为画笔颜色。插入菱形和圆角矩形，并分别编辑编号和文字，两

个形状的颜色为紫色，编号的字号 18 磅。圆角矩形中的文字字号为 28 磅，颜色均为白色，设置菱形和圆角矩形的动画效果分别为"淡出"和"劈裂"，如图 7-72 所示。

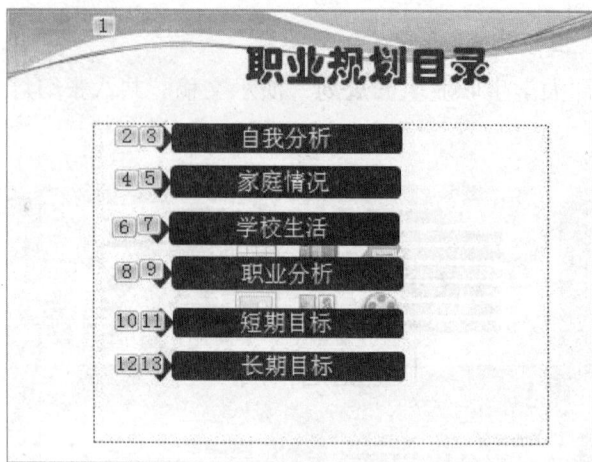

图 7-72　第二张幻灯片的动画设置

③制作第三张幻灯片，要求为空白版式。插入文本框，并编辑标题，设置同第二张幻灯片。再插入文本框，输入第一段文字，颜色为黑色，字号为 24 磅字，楷体，并加下划线，动画效果为"更多进入效果"中的"下浮"。插入 4 个矩形，并做一定的旋转至如图 7-73 所示的效果。接着插入右箭头，颜色为蓝色，矩形的颜色及编辑文字的颜色自行设置，字号根据矩形框的大小自行调整。设置所有矩形框的动画效果为圆形扩展，箭头的动画效果为擦除。分别编辑图中的 4 段话，并设置出不同的文字颜色，字体为楷体，字号 20 磅字，动画效果均为细微型展开。

图 7-73　第三张幻灯片动画效果设置

④制作第四张幻灯片，要求版式为空白版式。插入文本框，输入标题，设置同上，动画效果为下浮，插入 SmartArt 图形为基本饼图，做出如图 7-74 所示的效果。对每一单块饼

图，设置不同的颜色，并编辑适合大小的文字，动画效果设置为上浮。插入文本框，输入"总体情况"，字体为黑色，32磅字，宋体，动画效果为擦除。继续插入文本框，编辑最后一段文字，宋体，24磅，动画效果为下浮。

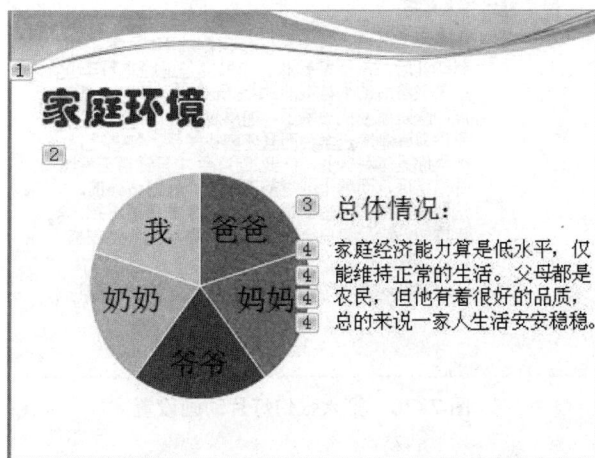

图7-74　第四张幻灯片动画效果设置

⑤制作第五张幻灯片，要求版式为空白型。插入第一个文本框对标题进行编辑，格式的设置同上，动画效果为下降。插入第二个文本框，编辑如图7-75所示的文字，设置字号为28磅、宋体、加粗，颜色为黑色。正文为黑体、20磅字，颜色为黑色，动画效果设置为展开。插入第三个文本框，编辑图中的义字，字体为黑体，颜色为黑色，字号为20磅，并设置每段文字的动画效果为圆形扩展。

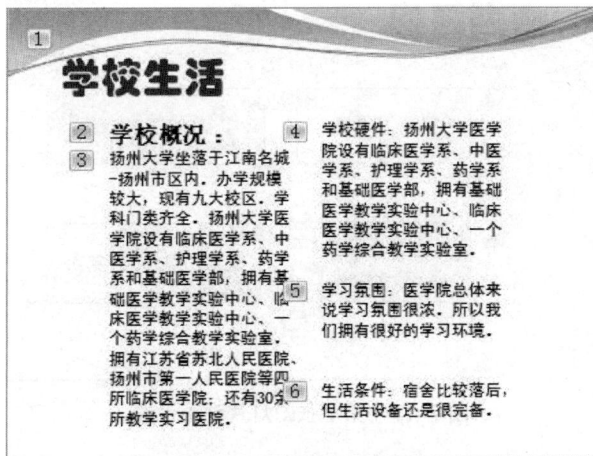

图7-75　第五张幻灯片动画设置

⑥制作第六张幻灯片，版式为标题和内容版式。编辑标题栏，设置出同上题标题栏的格式，动画效果为下降。按图7-76所示编辑内容，并添加项目符号，颜色为青绿，第一段文字设置为宋体、24磅字，动画效果设置为擦除。第二段文字，字体颜色为黑色，字体为斜体、

28 磅字，动画效果设置为补色，如图 7-76 所示。

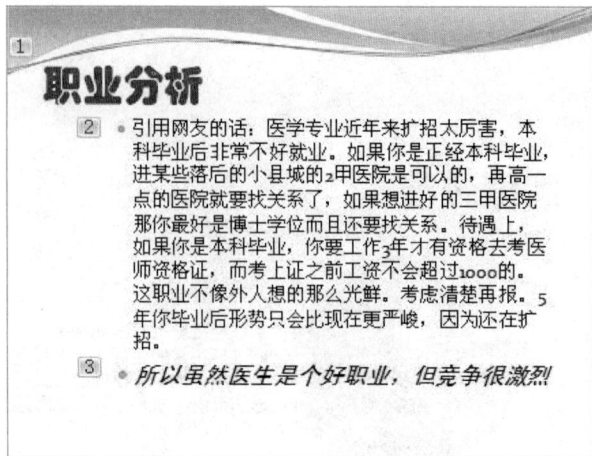

图 7-76　第六张幻灯片动画设置

⑦制作第七张幻灯片，版式为标题和内容版式。编辑标题栏，格式设置同上，动画效果为下降。插入 4 个矩形，每个矩形设置不同的颜色，并在矩形框中添加文字，字体为宋体、字号为 28 磅。"英语过四级"动画效果设置为"劈裂"，"全国计算机二级"动画效果设置为"圆形扩展"，"专业成绩平均分达到 80 分以上"矩形框动画效果设置为"擦除"，"能够成为优秀党员"矩形框动画效果设置为"圆形扩展"。动画效果设置如图 7-77 所示。

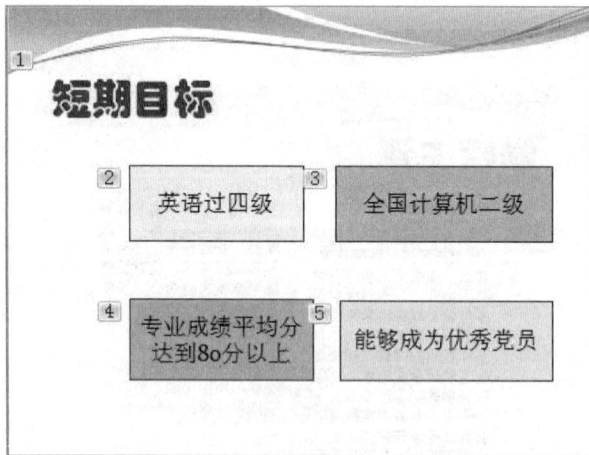

图 7-77　第七张幻灯片动画设置

⑧制作第八张幻灯片，版式为标题和内容版式。编辑标题栏，格式设置同上，动画效果为"下降"。分别插入 4 个箭头和 4 个圆角矩形，其颜色均为蓝色。在圆角矩形中编辑如图 7-78 所示的文字，字体均为宋体、18 磅。设置箭头的动画效果均为"上升"、圆角矩形的为"圆形扩展"，动画效果设置如图 7-78 所示。

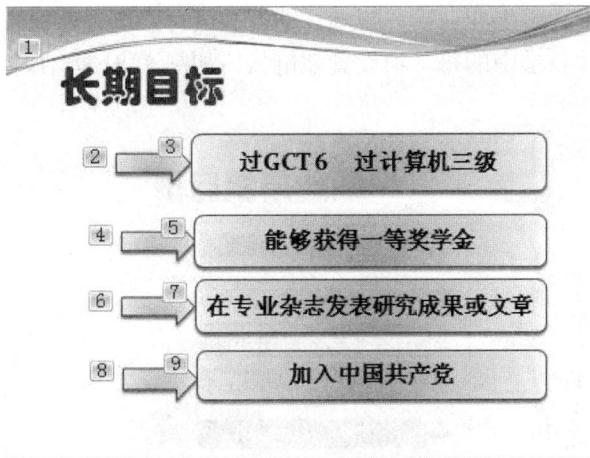

图 7-78　第八张幻灯片动画设置

（2）将制作出的八张幻灯片更换主题。选择浏览主题中的"主题2"（"项目十五\素材\主题2"），并将此主题应用到所有的幻灯片中，效果如图 7-79 所示。

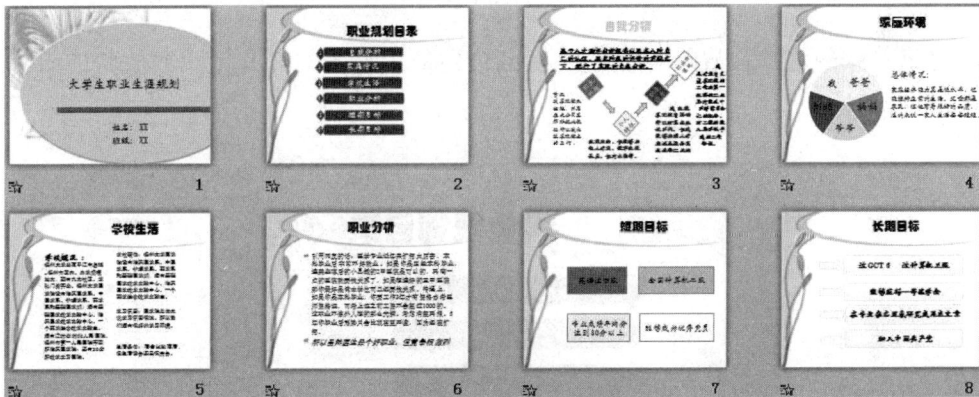

图 7-79　更改主题后的幻灯片浏览效果

（3）通过幻灯片母版，给八张幻灯片更换模板，都添加一个图片（"项目十五\素材\图片2"），效果如图 7-80 所示。

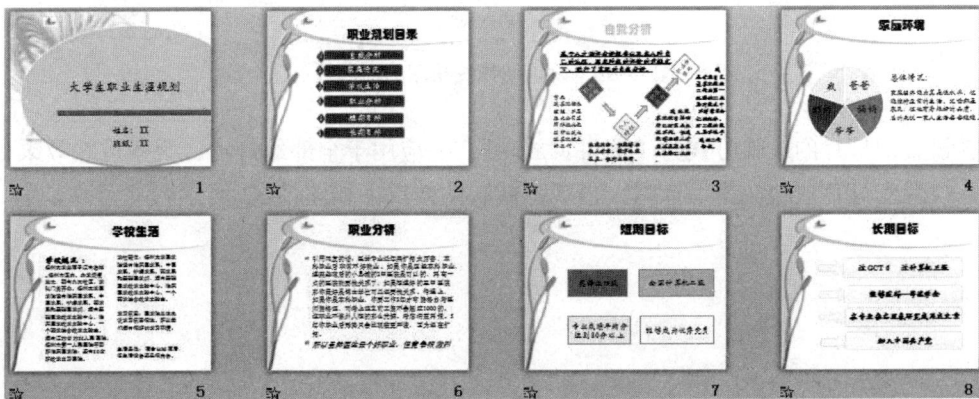

图 7-80　更改幻灯片模板后的效果

（4）将上题中的"大学生职业生涯规划"幻灯片进行修改，并设置放映的方式。

①对第二张幻灯片目录中的每一项设置超链接，如图 7-81 所示。

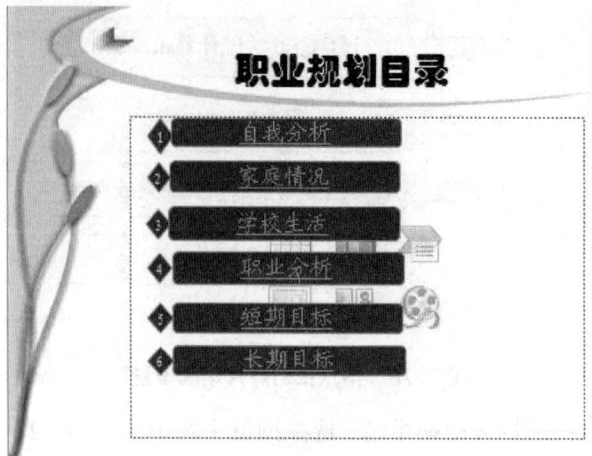

图 7-81　设置超链接

②对第二张幻灯片设置动作按钮，超链接到最后一张幻灯片，观察放映的效果，如图 7-82 所示。

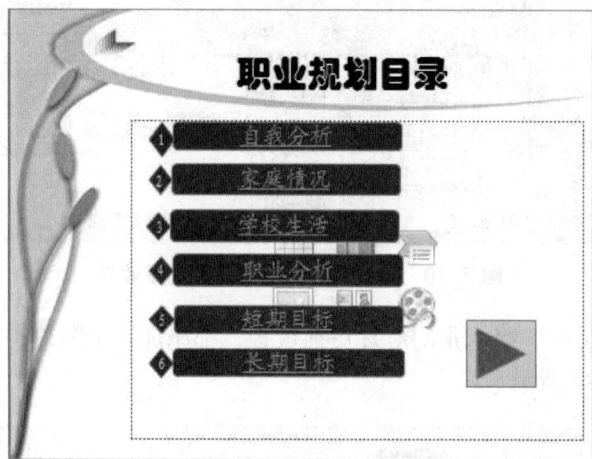

图 7-82　设置动作按钮后的幻灯片

③设置幻灯片的放映方式为"演讲者放映"，并应用于全部幻灯片，观察放映效果。

④设置幻灯片放映的排练计时，再观察放映的效果，如图 7-83 所示。

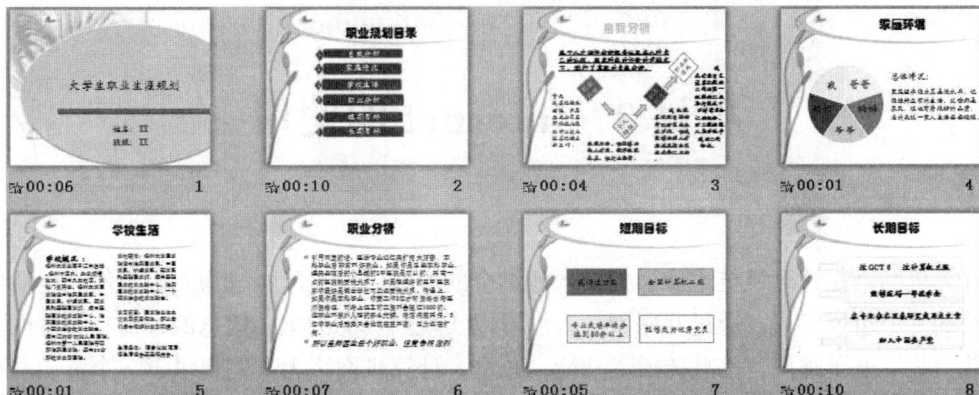

图 7-83　设置排练计时后的浏览效果图

⑤设置幻灯片的切换方式，最多不要超过三种类型。

⑥将"大学生职业生涯规划"演示文稿打包，复制到"D:\我的文档"，并设置密码为"1234"，文件名为"大学生职业生涯规划"。

综合实训 7

设计一个自我介绍的演示文稿（包括姓名、学历、经历、兴趣爱好、特长等方面），并保存为"×××的自我介绍.pptx"，具体要求如下。

（1）选择一种幻灯片设计模板。

（2）使用图片、图表、组织结构图、艺术字等表现幻灯片。

（3）为每一张幻灯片设计切换方式和动画效果，设置为每隔 3s 自动切换到下一张幻灯片。

（4）放映类型为演讲者放映，放映范围为第 2 ~ 7 张幻灯片，循环放映，按 Esc 键结束放映。

（5）选择一首音乐作为背景音乐，并设置背景音乐的动画效果为"幻灯片放映时开始自动播放音乐"，隐藏声音图标。

（6）在幻灯片中使用超链接。

项目 8　Internet 的使用

　　计算机网络是计算机技术和通信技术相结合的产物，现在已经成为人们工作和生活中不可或缺的一个重要工具。通过互联网，人们可以实现网页的浏览、信息的查询、文件的上传和下载、收发电子邮件、信息传递等功能。总之，计算机网络为人们提供了一个资源共享和数据传输的平台。

　　本项目通过计算机局域网的配置、Internet 的应用两个具体的任务介绍了计算机网络的基本知识，主要包括计算机网络的概念、Internet 基本知识、IE 浏览器的使用方法等内容。通过对本项目的学习，使学生能够了解并掌握网络的基本知识，具备较好的网络应用能力。

教学目标

- 掌握网络的基本概念和常用配置方法。
- 掌握 Internet 的基本应用。

项目实施

任务1　局域网的配置

任务目标

- 通过对局域网的基本配置来实现局域网内资源共享和通信
- 掌握计算机名称的修改方法及 IP 地址的配置方法。
- 学会文件或文件夹共享的设置方法。
- 学会通过网上邻居访问网络资源的方法。

任务描述

　　随着网络技术的迅速发展，局域网和 Internet 已经成为现代办公和通信中不可缺少的工具，在公司或单位内部，利用局域网可以方便地实现网络资源的共享。对于一个具有操作系统的计算机，要想实现资源共享和网络通信，必须掌握 Internet 的基本应用方法，正确配置计算机网络。

1.计算机名的修改方法

（1）单击"开始"按钮，在"计算机"选项上单击鼠标右键，在弹出的快捷菜单中选择"属性"命令，打开"系统"面板，如图8-1所示。

图8-1　"系统"面板

（2）在"计算机名称、域和工作组设置"区域右边，单击"更改设置"命令，进入"系统属性"对话框，如图8-2所示。单击"更改"按钮，打开"计算机名/域更改"对话框，如图8-3所示，在"计算机名"文本框中输入该计算机的名称，如PC，在"工作组"文本框中输入该计算机所属工作组的名称，如WORKGROUP。

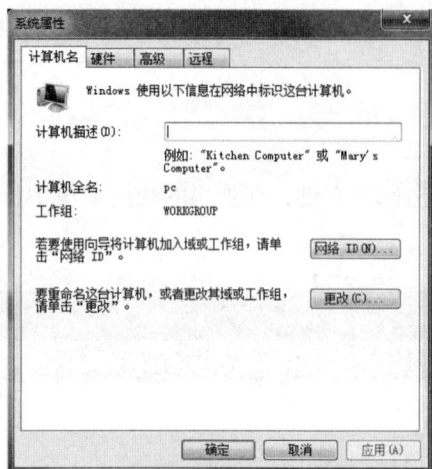

图 8-2 "系统属性"对话框

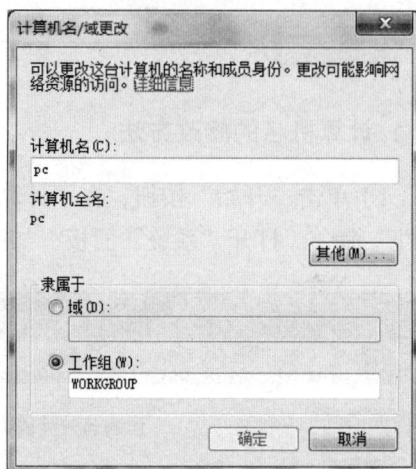

图 8-3 "计算机名 / 域更改"对话框

（3）设置完毕后，单击"确定"按钮，系统弹出"计算机名 / 域更改"对话框，提示用户更改生效，必须重新启动计算机。

2.IP 地址的基本配置

（1）双击桌面上的"计算机"图标，在打开的窗口中单击左下方的"Internet 选项"。在窗口菜单栏的下方，打开"网络和共享中心"窗口，如图 8-4 所示。

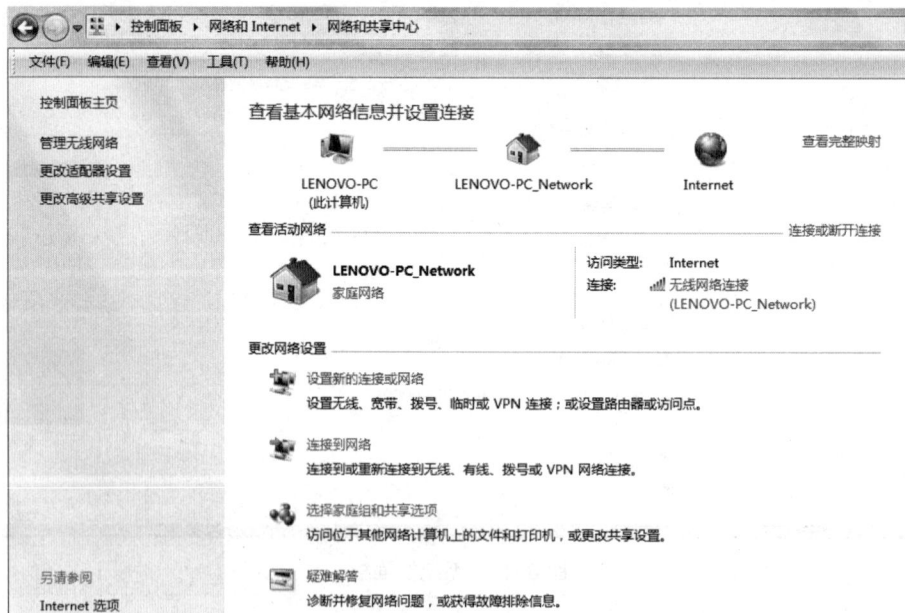

图 8-4 网络和共享中心

（2）单击左边的"更改适配器设置"选项，找到"本地连接"图标，然后单击鼠标右键，在弹出的快捷菜单中选择"属性"命令，打开"本地连接属性"对话框，选择"网络"选项卡，如图 8-5 所示。

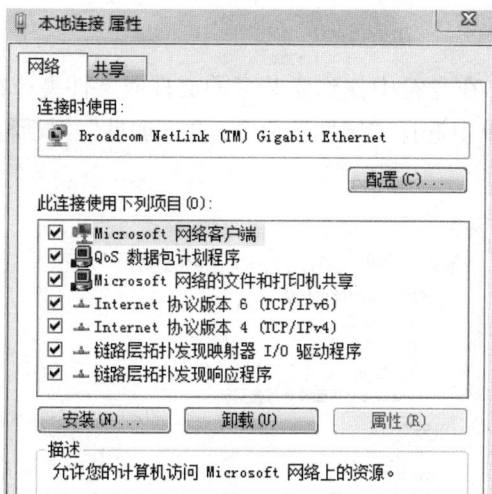

图 8-5 "本地连接 属性"对话框

（3）在"本地连接属性"对话框的"网络"选项卡中，双击"Internet 协议版本 4（TCP/IPv4）"命令，打开"Internet 协议版本 4（TCP/IPv4）属性"对话框。选中"使用下面的 IP 地址"单选按钮，然后在"IP 地址"文本框中输入"192.168.12.254"；在"子网掩码"文本框中输入"255.255.255.0"；在"默认网关"文本框中输入"192.168.12.1"。选中"使用下面的 DNS 服务器地址"单选按钮，在"首选 DNS 服务器"文本框中输入"61.134.1.5"，如图 8-6 所示。

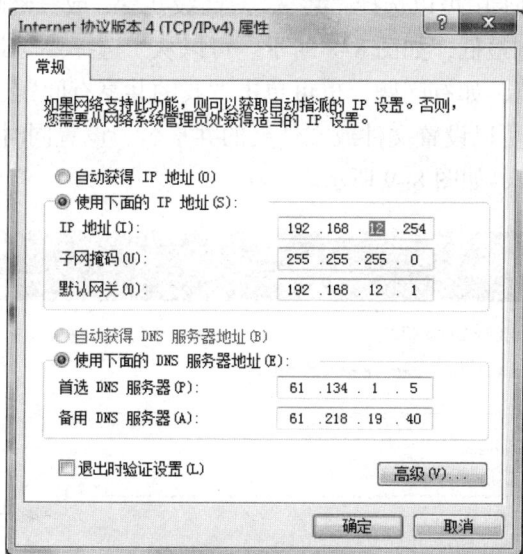

图 8-6 "Internet 协议版本 4（TCP/IPv4）属性"对话框

（4）单击"确定"按钮，关闭该对话框。

使用相同的方法对网络中其他计算机进行 TCP/IP 的设置，但是 IP 地址的设置应该为"192.168.12.*"，要求所有的 IP 地址必须在同一个段中。这样就可以实现在同一网段中的计算机之间的数据通信和资源共享。

3. 文件或文件夹的共享

（1）打开"计算机"，在盘符中找到要共享的文件或文件夹。在文件或文件夹上单击鼠标右键，在弹出的快捷菜单中选择"属性"命令，在"属性"对话框中选择"共享"选项卡，如图 8-7 所示。

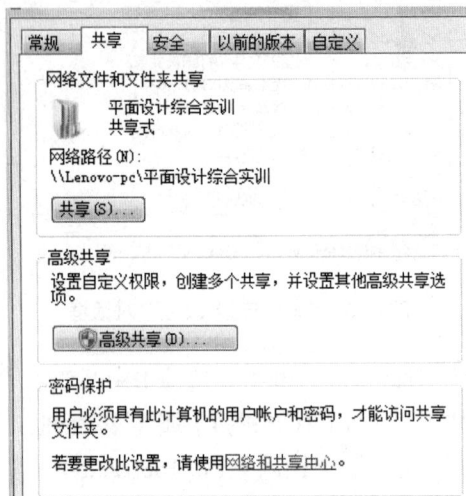

图 8-7 "属性"对话框

（2）在"共享"选项卡中可以选择"共享"、"高级共享"或"密码保护"三种共享方式，其中"共享"的安全级别最低，如图 8-8 所示。可以从"选择要与其共享的用户"中选择，并单击"共享"按钮即可，如有问题，也可单击"我的共享有问题"链接，在线寻找答案。如果选择"高级共享"，可以设置文件或文件夹的共享名、设置同时共享的用户数量、设置用户的访问和修改权限等，如图 8-9 所示。

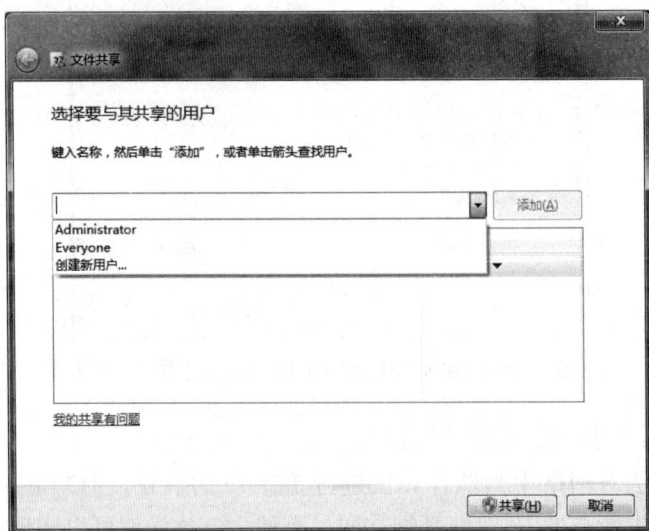

图 8-8 "文件共享"对话框

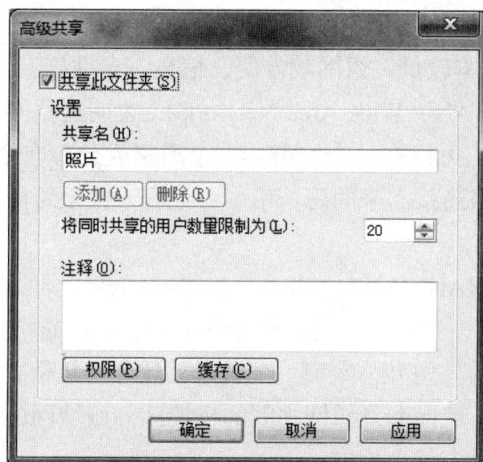

图8-9 "高级共享"对话框

4. 拓展知识

1）计算机网络的基本概念

从不同的角度、不同的观点出发，对计算机网络这一概念有着不同的理解和定义。

从计算机网络的产生出发，计算机网络定义为"计算机技术与通信技术相结合实现远程信息处理或进一步达到资源共享的系统集合"。

从物理结构出发，计算机网络定义为"在传输协议控制下，由计算机、终端设备、数据传输设备和通信控制设备等组成的系统集合"。

从资源共享的观点出发，计算机网络定义为"以能够共享资源（软件、数据和硬件等）的方式连接起来，并各自具备独立功能的计算机系统的集合"。

由于资源共享是计算机网络的主要功能，因此网络界基本上倾向于资源共享的观点，认为计算机网络的定义是"计算机网络是计算机技术与现代通信技术相结合的产物，通过网络协议和通信设备、传输介质，把地理上分散的具有独立功能的多个计算机系统、终端及其附属设备连接起来，实现数据传输和资源共享的系统"，它强调了联网的计算机具有的独立功能和计算机网络实现的资源共享目的。

最简单的计算机网络就只有两台计算机和连接它们的一条链路，即由两个结点和一条链路组成。由于没有第三台计算机，因此不存在交换的问题。

最庞大的计算机网络就是 Internet，它是由分布在全球的很多计算机网络通过网络设备互连而成计算机网络系统。因此，Internet 也称为"网络的网络"（Network of Network）。

2）计算机网络的分类

按照不同的分类标准，计算机网络有多种分类方法。

（1）从网络节点分布来看，可分为局域网、广域网、城域网和接入网。

①局域网。局域网（LAN，Local Area Network），也叫本地网，是一种私有网络。网络规模比较小，覆盖范围在方圆几米到几千米内，一般都用专用的网络传输介质连接而成。它是连接近距离计算机的网络，例如办公室、实验室内，或一幢建筑物、一个校园、一个工

厂内的计算机网络，因此也出现了校园网或企业网。局域网的优点是数据传输快（一般在10Mbps ~ 1000Mbps），成本较低，组网较方便，信息安全性好。

②广域网。广域网（WAN，Wide Area Network），也叫远程网。网络规模很大，覆盖范围从几十千米到几千千米，可以在一个城市、一个国家或分布在全球范围。它是由电话线、微波、卫星等远程通信线路连接起来的跨城市、跨地区，甚至跨洲的网络，在广大范围内实现资源共享。

③城域网。城域网（MAN，Metropolitan Area Network），也叫都市网。网络规模较大，覆盖范围介于前两者之间，一般从方圆几千米到几十千米，通常是指城市地区的计算机网络。它可以覆盖一组邻近的公司办公室和一个城市，既可能是私有的也可能是公用的。从网络的层次上看，城域网是广域网和局域网之间的桥接区。城域网的优点是实现了高速通信和信息共享，可能涉及当地的有线电视网。

④接入网。接入网（AN，Access Network），也叫本地接入网或居民接入网，它是近几年来由于用户对高速上网需求的增加而出现的一种网络技术。接入网是局域网和城域网之间的桥接区。接入网提供多种高速接入技术，使用户接入到 Internet 的瓶颈得到某种程度上的解决。

（2）按交换方式可分为线路交换网络、报文交换网络和分组交换网络。

①线路交换网络。线路交换网络（Circuit Switching）最早出现在电话系统中，早期的计算机网络就是采用此方式来传输数据的，数字信号经过变换成为模拟信号后才能在线路上传输。

②报文交换网络。报文交换网络（Message Switching）是一种数字化网络。当通信开始时，源机发出的一个报文被存储在交换器里，交换器根据报文的目的地址选择合适的路径发送报文，这种方式叫作存储 – 转发方式。

③分组交换网络。分组交换网络（Packet Switching）也采用报文传输，但它不是以不定长的报文作为传输的基本单位，而是将一个长的报文划分为许多定长的报文分组，以分组作为传输的基本单位。这不仅大大简化了对计算机存储器的管理，而且也加速了信息在网络中的传播速度。由于分组交换优于线路交换和报文交换，具有许多优点，因此它已成为计算机网络的主流。

（3）按网络使用的目的进行分类，计算机网络可分为共享资源网、数据处理网和数据传输网。

①共享资源网。共享资源网使用者可共享网络中的各种资源，如文件、打印机、扫描仪、绘图仪以及各种服务。Internet 是典型的共享资源网。

②数据处理网。数据处理网是用于处理数据的网络，例如科学计算网络、企业经营管理网络。

③数据传输网。数据传输网是用来收集、交换、传输数据的网络，例如情报检索网络等。

计算机网络还有其他的分类方法，例如，按网络拓扑结构可分为星型网络、树型网络、总线型网络、环型网络和网状网络；按照信号频带占有方式来分，可分为基带网和宽带网；按通信方式进行分类，计算机网络可分为点对点式传输网络和广播式传输网络。

3）计算机网络的功能

计算机网络具有丰富的功能。建立计算机网络的主要目的就是通过计算机之间的互相通信，实现网络资源共享。计算机网络的主要功能有以下几个方面。

（1）数据通信。数据通信是计算机网络最基本的功能。利用计算机网络可实现服务器与客户机、终端与计算机、计算机与计算机之间快速可靠地互相传送数据、进行信息处理，如传真、电子邮件（E-mail）、电子数据交换（EDI）、电子公告牌（BBS）、远程登录（Telnet）与信息浏览等通信服务。利用这一特点，可实现将分散在各个地区的单位或部门用计算机网络联系起来，进行统一的调配、控制和管理，从而可以方便地进行信息交换、收集和处理。

（2）资源共享。充分利用计算机资源是组建计算机网络的重要目的之一。"资源"指的是网络中所有的软件、硬件和数据资源；"共享"指的是网络中的用户都能够部分或全部地享受这些资源。资源共享使得计算机网络中分散在各地的资源可以互通有无、分工协作，资源的利用率大大提高。

（3）均衡负载。当网络内某一计算机负载过重时，可通过网络将部分任务调配给其他的计算机处理，这样处理能均衡各计算机的负载，提高处理问题的实时性。

（4）分布处理。对于一些综合性大型问题，可将问题各部分分散到多个计算机上进行分布式处理，也能使各地的计算机通过网络资源共同协作，进行联合开发、研究等，扩大计算机的处理能力，即增强实用性。另一方面，计算机网络促进了分布式数据处理和分布式数据库的发展。

（5）提高计算机的可靠性。计算机网络系统能实现对差错信息的重发，网络中各计算机还可以通过网络成为彼此的后备机，从而增强了系统的可靠性。

4）计算机网络的通信协议

（1）计算机网络通信协议。计算机网络通信协议就像人与人交流的语言一样，它是计算机网络通信实体之间的语言，是计算机之间交换信息的规则。这种规则对信息的传输顺序、信息格式和信息内容等方面进行约定。不同的网络结构可能使用不同的网络协议，而同样的，不同的网络协议设计也造就了不同的网络结构。

（2）常用的计算机网络通信协议。一台计算机只有在遵守网络协议的前提下，才能在网络上与其他计算机进行正常的通信。常见的通信协议有 TCP/IP 协议、IPX/SPX 协议、NetBEUI 协议、Apple Talk 协议等。

① TCP/IP 协议

TCP/IP 协议是 Internet 的基础，互联网的通信都是靠它来完成的。在 Internet 所使用的各种协议中，TCP/IP 是最重要的和最著名的协议。因此，TCP/IP 被称为 Internet 的语言。

TCP/IP 是一个世界标准的协议组，包括 TCP 协议（Transport Control Protocol，传输控制协议）、IP 协议（Internet Protocol，网际协议）以及其他一些协议，如远程登录（Telnet）、文件传输（FTP）和电子邮件（E-mail）等。其中，TCP 协议用于应用程序间传送数据，IP 协议用于主机之间传送数据，这样就可以保证数据信息的正确传输。TCP/IP 协议的速度并不快，操作也并不容易，但它可以在大范围和复杂的网络里进行路由选择，提供比其他协议更多的出错控制措施，TCP 协议和 IP 协议是保证数据完整传输的两个基本的重要协议。

TCP/IP 协议具有很高的灵活性，支持任意规模的网络，几乎可连接所有的服务器和工作站。但 TCP/IP 协议在使用前首先要进行复杂的设置。TCP/IP 协议是在网络组建中唯一一个不仅需要安装，而且还需要进行配置的通信协议，其他网络协议只要安装即可使计算机之间进行通信。在局域网中 TCP/IP 协议的配置主要包括 IP 地址、子网掩码、网关和主机名等几项内容。

网络中每一台计算机至少需要一个"IP 地址"、一个"子网掩码"、一个"默认网关"和一个"主机名"。TCP/IP 协议是一种可路由的协议，但 TCP/IP 协议的地址是分级的，这样能够很容易确定并找到网络中的其他计算机，同时也提高了网络带宽的利用率。运行 TCP/IP 协议的服务器（如 Windows NT 服务器）还可以被直接配置成 TCP/IP 路由器，这样在网络中就可以不需要使用专门的路由器。

TCP/IP 协议的数据传输过程可分为四层。

● 网络接口层。网络接口层是 TCP/IP 软件的最低层，负责接收准备发送的数据信息。

● 网络层。网络层主要负责相邻计算机之间的通信，其功能包括三个方面。一是处理来自传输层的数据发送请求，收到请求后，先将数据进行分组以便于数据信息的传输，并选择好数据传输目的地的最佳路径，然后将数据发往适当的网络接口；二是处理准备传输的数据信息，首先检查其合法性，然后进行寻径；三是处理数据传输路径、数据流控制、数据传输拥塞等问题。

● 传输层。传输层提供应用程序之间的通信，其功能包括格式化信息流和提供可靠传输，为了实现提供可靠传输，传输层协议规定接收端必须发回确认，如果传输的数据丢失，必须重新发送。

● 应用层。应用层可向用户提供一组常用的应用程序，如电子邮件、文件传输访问、远程登录等。要将数据信息以 TCP/IP 的方式从一台计算机传送到另一台计算机，数据需经过上述四层通信软件的处理才能在物理网络中传输。

② IPX/SPX 及其兼容协议。

IPX/SPX（Internet work Packet Exchange/Sequenced Packet Exchange，网际包交换 / 有序信息包交换协议）包括一个通信协议集，是局部地区网络使用的高性能协议，它比 TCP/IP 更容易实现和管理，具有强大的路由功能，适用于在组建大型的网络，如广域网。IPX/SPX 是 NetWare 网络的最好选择，在非 NetWare 网络环境中，一般不使用 IPX/SPX 协议。

IPX/SPX 及其兼容协议不需要任何配置，直接可通过网络地址来识别自己的身份。在 IPX/SPX 协议中，IPX 协议是网络最底层的协议，只负责数据在网络中的传送，并不保证数据是否传输成功，也不提供纠错服务；IPX 在负责数据传送时，如果接收节点在同一网段内，就直接按该节点的 ID 将数据传给它；如果接收节点是远程的（不在同一网段内，或位于不同的局域网中），数据将交给 NetWare 服务器或路由器中的网络 ID，继续数据的下一步传输。SPX 协议在整个协议中负责对所传输的数据进行无差错处理。

③ NetBEUI 协议。

NetBEUI（Net BIOS Extended User Interface，用户扩展接口）协议具有体积小、效率高、速度快等特点，且占用内存最少，在网络中基本不需要任何配置。NetBEUI 协议是专为几台到百余台计算机所组成的单网段小型局域网而设计，其不具有跨网段工作的功能，即不具备路由功能。对于一个大型综合网络系统，当在一个服务器上安装了多块网卡，或采用路由器等设备进行两个局域网互联时，不能使用 NetBEUI 协议，否则，与不同网卡（每一块网卡连接一个网段）相连的设备之间，以及不同的局域网之间将无法进行通信。

NetBEUI 协议是用于 Windows NT、Windows for Workgroups 或 LAN Manager 服务器之间的连接协议，是客户机 / 服务器网络系统的基本通信协议，由 NetBIOS（Network Basic Input/Output System，网络基本输入 / 输出系统）和 SMB（Server Message Blocks，服务器消息块）两部分组成。其中包含一个网络接口标准 NetBIOS，作为计算机之间相互通信的标准，是专门用于组建小型局域网使用的通信规范。NetBIOS 只是一个网络应用程序的接口规范，是 NetBEUI 协议的基础，并不具有严格的通信协议功能。而 NetBEUI 是建立在 NetBIOS 基础之上的一个网络通信协议。SMB 的主要功能是降低网络的通信堵塞，因此，NetBEUI 协议也被称为 "SMB 协议"。

在 Novell 网络中用得比较多的是 IPX/SPX。用户如果访问 Internet，则必须在网络协议中添加 TCP/IP 协议。具体选择哪一种网络通信协议进行组网，主要取决于网络的规模、网络之间的兼容性和网络管理等几个方面。

④ Apple Talk 协议

Apple Talk 协议是 Macintosh 机器之间联网使用的网络协议，在 Windows NT4/2000 Server 版本的 Windows 操作系统中，集成了 Apple Talk 协议，用于 Mac 机器与 Windows 服务器之间的联网。

值得注意的一点，在由 Windows 2000、Windows NT 和 Windows 98 等组成的对等网中，无法直接使用 IPX/SPX 协议进行通信。

任务 2 Internet 的应用

任务目标

- 学会正确使用 IE 浏览器。
- 熟悉浏览器的相关操作。
- 使用搜索引擎查找资料。

任务描述

将世界范围内的各种局域网和广域网相互连接形成一个庞大的计算机网络系统，即 Internet。可以利用 Internet 实现网页浏览、信息查询、文件上传和下载、即时通信和信息传递等功能。

知识链接

1.IE 基本设置

1）设置主页

打开 Internet Explorer 浏览器，选择 "工具" 菜单下的 "Internet 选项" 命令，打开 "常规" 选项卡，如图 8-10 所示，在主页选项中的 "地址" 栏输入 "http://www..com 并单击右下角的 "应用" 按钮，即可将该网页设置为主页。以后每次打开 IE，就会自动登录该网页。

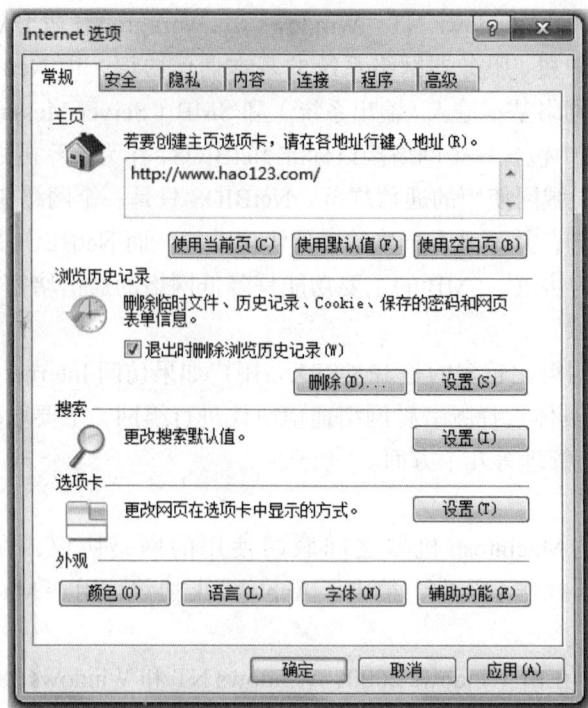

图 8-10 设置默认主页

2）安全设置

单击"安全"选项卡，显示如图 8-11 所示的界面，选择 Internet 区域图标中的"默认级别"按钮，设置移动滑块为不同的安全级别，注意阅读其不同的安全性能。

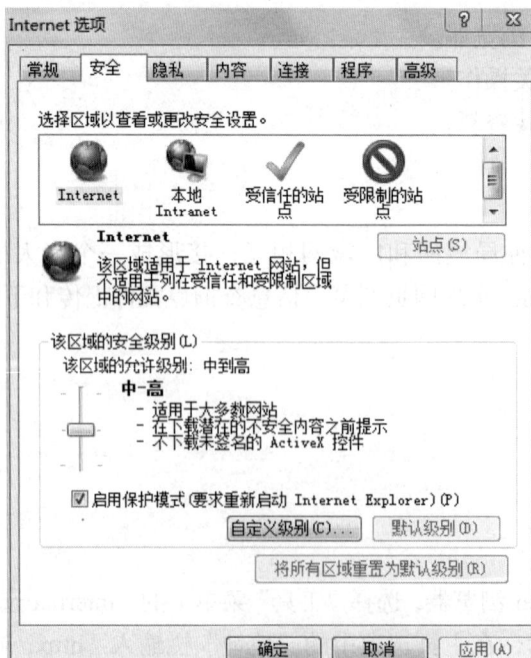

图 8-11 设置安全级别

2.浏览网络信息

启动 Internet Explorer 浏览器，在浏览器窗口地址栏输入"http://www.edu.cn"，回车后就可进入中国教育和科研计算机网（CERNET）网站主页，如图 8-12 所示。

图 8-12   教育科研网主页

在中国教育和科研计算机网主页上，单击"下一代互联网"链接，将进入有关教育信息化的页面。找到自己需要了解知识的标题，单击链接后便可打开具体的页面。

单击"IPv6 校园网"栏目中的"IPv6：校园网积极'吃螃蟹'走在发展前列"链接，打开此网页（注，由于网站内容经常更新，因此，学习时可以尝试其他链接）。

单击网页右上方的"工具" ⚙ 按钮，选择"文件"菜单中的"另存为"命令，将网页保存在桌面上，文件名为"下一代互联网"，文件类型为 .html。

关闭当前窗口，在"下一代互联网"页面中，单击工具栏上"后退"按钮，回退到中国教育和科研计算机网主页上。

提示：

（1）鼠标在页面上移动时，如果指针变成手形，表明它是链接。链接可以是图片、三维图像或彩色文本（通常带下划线）。单击链接便可以打开链接指向的网页（下同）。

（2）直接转到某个网站或网页，可在地址栏中直接输入网址。如"www.sohu.com"，"www.edu.cn/HomePage/zhong_guo_jiao_yu/index.shtml"等。

（3）单击"后退"按钮返回上次看过的 Web 页，单击"前进"按钮可查看在单击"后退"按钮前查看的 Web 页。

（4）单击"主页"按钮可返回每次启动 Internet Explore 时默认的 Web 页，单击"收藏"按钮从收藏夹列表中选择站点，单击"历史"按钮可以从最近访问过的网页列表中选择网页。

（5）如果查看的 Web 页打开速度太慢，可单击"停止"按钮中止。

（6）如果 Web 页无法显示完整信息，或者想获得最新版本的 Web 页，可单击"刷新" ↻ 按钮或按 F5 键。

3. 信息检索

在浏览器窗口地址栏输入网址"http://www.baidu.com"，按回车键后进入百度搜索引擎。在打开的文本框中，输入关键词"中国教育科研网"，并单击"百度一下"按钮，搜索出多条相关信息，如图 8-13 所示。

图 8-13 搜索结果

可以根据自己的需要，单击不同的链接，浏览不同的信息。

如果想要检索专业论文或者成果方面的内容，可以通过专业性质较强的网站进行检索，如中国知网。在地址栏中输入"http://www.cnki.net/"进入知网首页，如图 8-14 所示，通过注册可以享受中国知网会员的权限，可以在本站检索到几乎各专业的相关知识论文，获取相关知识。

图 8-14　中国知网首页

4. 文件下载

启动 IE 浏览器自动进入百度首页，输入关键字"realone player 下载"，检索到 30 多条相关信息，选择其中一条（如 realone player 官方中文版免费下载）单击进入链接，如图 8-15 所示。

图 8-15　realone player 下载页面

然后在众多下载地址中选择"河南南阳联通下载"，单击右键在弹出的菜单中选择"目标另存为"，并为下载软件选择相应的位置。单击"保存"按钮即可开始下载，如图 8-16 所示，可以及时查看下载完成百分比及完成下载剩余时间。

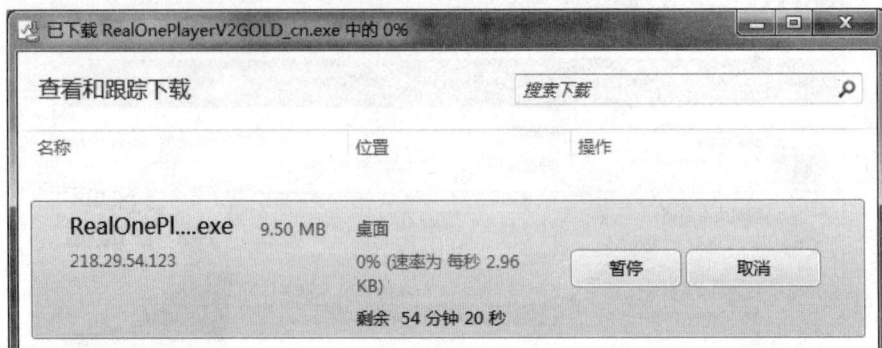

图 8-16 软件下载页面

5. 拓展知识

1）Internet 提供的服务

Internet 提供的服务功能很多，常见的服务有万维网（WWW）、电子邮件（E-mail）、文件传输（FTP）、远程登录（Telnet）、网络新闻（USENET）等。

（1）万维网 WWW。万维网（WWW，World Wide Web），简称 Web，也称 3W 或 W3。它是一个由"超文本"链接方式组成的信息系统，是全球网络资源。它是近年来 Internet 取得的最为激动人心的成就，是 Internet 上最方便、最受用户欢迎的信息服务类型。Web 为人们提供了查找和共享信息的方法，同时也是人们进行动态多媒体交互的最佳手段，最主要的两项功能是读超文本（Hypertext）文件和访问 Internet 资源。

（2）电子邮件。电子邮件（E-mail）服务是一种通过 Internet 与其他用户进行联系的方便、快捷、价廉的现代化通信手段，也是目前用户使用最为频繁的服务功能。通常的 Web 浏览器都有收发电子邮件的功能。

（3）文件传输。在 Internet 上，文件传输（FTP）服务提供了任意两台计算机之间相互传输文件的功能。连接在 Internet 上的许多计算机上都保存有若干有价值的资料，只要它们都支持 FTP 协议，如果需要这些资料，就可以随时相互传送文件。

（4）远程登录。远程登录就是用户通过 Internet 使用远程登录（Telnet）命令，使自己的计算机暂时成为远程计算机的一个仿真终端。远程登录允许任意类型计算机之间进行通信。

使用远程登录（Telnet）命令登录远程主机时，用户必须先申请账号，输入用户名和口令，主机验证无误后，便登录成功。用户的计算机作为远程主机的一个终端，可对远程的主机进行操作。

（5）网络新闻。网络新闻（USENET）是 Internet 的公共布告栏。网络新闻的内容非常丰富，几乎覆盖当今生活全部内容，用户通过 Internet 可参与新闻组进行交流和讨论。值得提醒的是，用户在参与交流和讨论时一定要注意遵守网络礼仪。

（6）其他服务。除上面介绍的 Internet 基本服务程序外，Internet 还有另外一种服务程序，如 Gopher、Archie、WAIS 等。

① ARCHIE 由加拿大 MCGILL 大学开发，可自动并定期地查询大量的 Internet FTP 服务器，将其中的文件索引创建到单一的、可搜索的数据库中。该数据库可定期更新。除了接受联机查询外，许多 ARCHIE 服务还受理用户电子邮件发来的查询。

② GOPHER 是由美国明尼苏达大学研制的基于菜单驱动的信息查询软件。用户可以对 Internet 上的远程联机信息系统进行实时访问。

③广域信息服务器 WAIS 又称为数据库的数据库，是供用户查询分布在 Internet 上的各类数据库的一个通用接口软件。该系统能自动进行远程查询。

2）Internet 的地址管理

在 Internet 中，要访问一个站点或发送电子邮件，必须有明确的地址。Internet 的网络地址有 IP 地址、域名系统、E-mail 地址、URL 地址等几类。

（1）IP 地址。为保证不同网络之间实现计算机的相互通信，Internet 的每个网络和每台主机都必须有相应的地址标识，这个地址标识称为 IP 地址。IP 是 TCP/IP 协议族中网络层的协议，是 TCP/IP 协议族的核心协议。IP 协议的版本有 IPv4 和 IPv6，IPv4 的地址位数为 32 位（二进制），也就是说最多有 2^{32} 个电脑可以连接到 Internet 上。由于互联网的蓬勃发展，IP 地址的需求量愈来愈大，使得 IP 地址的发放愈趋严格，各项资料显示全球 IPv4 地址可能在 2005 至 2008 年间全部发完。为了扩大地址空间，现已试用 IPv6 重新定义地址空间。IPv6 采用 128 位地址长度，几乎可以不受限制地提供地址。据保守方法估算，IPv6 可以分配的地址达到地球上每平方米 1000 多个。

目前使用的仍是 IPv4，IP 地址由网络号和主机号两部分组成，它提供统一的地址格式，由 32 位组成，但由于二进制使用起来不方便，用户使用"点分十进制"方式表示。IP 地址是唯一标识出主机所在的网络和主机在网络中位置的编号，按照网络规模的大小，IP 地址分为 A ~ E 类，其分类和应用如表 8-1 所示。常用的 IP 地址分为 A 类、B 类和 C 类。

表 8-1　IP 地址分类和应用

分　类	第一字节数字范围	应　用
A	0 ~ 127	大型网络
B	128 ~ 191	中型网络
C	192 ~ 223	小型网络
D	224 ~ 239	备用
E	240 ~ 255	实验用

为确保 IP 地址在 Internet 上的唯一性，IP 地址由美国国防数据网的网络信息中心（DDN NIC）分配。对于其他国家和地区的 IP 地址，DDN NIC 又授权给世界各大区的网络信息中心分配。

（2）域名系统。域名系统是使用具有一定含义的字符串来标识网上计算机的一个分层和分布式管理的命名系统，与 IP 存在一种映射关系。用户可用各种方式为自己的计算机命名，为避免重名，Internet 采取了在主机名后加上后缀的方法，这个后缀称为域名，用来标识主机的区域位置，域名是通过申请合法得到的，因此 Internet 上的主机可以用"主机名 . 域名"的方式唯一进行标识。

域名采用分层次的命名方法，每层都有一个子域名，通常采用英文缩写，子域名间用小数点分隔，自右至左分别为最高层域名（顶级或一级域名）、机构名（二级域名）、网络名（三级域名）、主机名（四级域名）。例如，域名"www.bnu.edu.cn"中，cn 是顶级域名，edu 是二级域名。

顶级域名由 ICANN（互联网名称与数字地址分配机构）批准设立，它们是两个英文字母或多个英文字母的缩写。顶级域名分为下面三种。

通用顶级域名。通用顶级域名，如表 8-2 所示，由于历史原因，int、edu、gov、mil 域名限美国专用。

表 8-2　通用顶级域名

域名代码	服务类型	域名代码	服务类型
com	商业机构	edu	教育科研
int	国际组织	net	网络提供商
org	非盈利组织	mil	军事机构
gov	政府机构	org	非营利组织

新增通用顶级域名。新增通用顶级域名有如下几种。

- info：可以替代 com 的通用顶级域名，适用于提供信息服务的企业。
- biz：可以替代 com 的通用顶级域名，适用于商业公司。
- aero：适用于航空运输业的专用顶级域名。
- museum：适用于博物馆的专用顶级域名。
- name：适用于个人的通用顶级域名。
- pro：适用于医生、律师、会计师等专业人员的通用顶级域名。
- coop：适用于商业合作社的专用顶级域名。

国家代码顶级域名。目前有 240 多个国家代码顶级域名，它们用两个字母缩写来表示。如表 8-3 所示列出了一部分国家和地区的域名。

表 8-3　部分国家和地区的域名

国家和地区代码	国家和地区名	国家和地区代码	国家和地区名
cn	中国	kr	韩国
us	美国	jp	日本
de	德国	sg	新加坡
fr	法国	ca	加拿大
uk	英国	au	澳大利亚

我国域名体系分为类别域名和行政区域名两套。类别域名依照申请机构的性质依次分为 ac—科研机构，com—工、商、金融等专业，gov—政府部门，edu—教育机构，net—互联网络、接入网络的信息中心和运行中心，org—各种非盈利性的组织。

行政区域名是按照我国的各个行政区划分而成的，其划分标准依照国家技术监督局发布的国家标准而定，包括"行政区域名"34个，适用于我国的各省、自治区、直辖市。如表 8-4 所示列出了我国部分行政区的域名。

表 8-4　我国部分行政区域名

行政区代码	行政区名	行政区代码	行政区名
bj	北京市	hb	湖北省
sh	上海市	nx	宁夏回族自治区
cq	重庆市	xj	新疆维吾尔自治区
he	河北省	tw	台湾
sx	山西省	hk	香港
ha	河南省	mo	澳门

CN 域名除 edu.cn 由 CernNic（教育网）运行外，其他的均由 CNNIC 运行。

（3）E-mail 地址

电子邮件（E-mail）的传送也需要地址，即电子地址或电子信箱。电子信箱实际上是在邮件服务器上为用户分配的一块存储空间，每个电子信箱对应着一个信箱地址。信箱地址一般由用户名和主机域名组成，其格式为用户名 @ 主机域名，如 pdssxy@hnaccd.com. cn。其中，用户名是用户申请电子信箱时与 ISP（网络服务提供商）协商的字母与数字的组合，域名是 ISP 的邮件服务器地址，中间的字符 @ 是一个固定的字符，读为"at"，意思是"在"。

（4）URL 地址

URL（Uniform Resource Locator，统一资源定位器）用来指出某一项信息在 WWW 上的位置及存取方式。例如要上网访问某个网站，在 IE 或其他浏览器地址一栏中所输入的就是 URL。URL 是 Internet 上用来指定某一个位置（site）或某一个网页（Web Page）的标准方式，它的语法结构如下。

资源类型: // 主机名称［: 端口地址 / 存放目录 / 文件名称］

例如，http://www.microsoft.com:23/exploring/exploring.html

其中各项含义解释如下。http: 资源类型；www.microsoft.com: 主机名称；23: 端口地址；exploring: 资源文件路径；exploring.html: 资源文件名。

目前 URL 资源类型有 http、FTP、Telnet、WAIS、News、Gopher 等，其中 http 是最常用的，表示超文本资源。

综合实训 8

1. 操作题

（1）启动 IE 浏览器，输入"新浪""搜狐"网站的地址，浏览网页信息，并将这两大网站添加到"收藏夹"中。

（2）申请免费的电子邮箱，并用申请的电子邮箱向老师发送电子邮件。

（3）将同一寝室同学的电脑组成一小型局域网。

2. 简答题

（1）简述什么是 WWW 和 URL。

（2）IP 地址被分为哪几类，各类的特征分别是什么？

（3）简述 IE 的使用方法和主要设置。

（4）什么是电子邮件？它的特点是什么？

项目 9　常用工具软件的使用

Windows 操作系统集成了很多软件，方便了用户的使用，但有时对于某些具体功能的实现却会显得捉襟见肘。工具软件由于其功能强大、针对性强、实用性好、使用方便等优点，为系统软件提供了很好的支持。工具软件种类繁多、良莠不齐，为日常的使用带来了很多不便，根据大家经常使用得出了一些很受青睐的软件，也是装机必备的软件。要想计算机用起来得心应手就要熟悉掌握这些必备软件。

教学目标

- 了解并掌握常用工具软件的功能和操作。
- 了解并掌握 360 安全卫士的使用方法。
- 了解并掌握 360 杀毒软件的使用方法。
- 了解并掌握压缩软件 WinRAR 的使用方法。
- 了解并掌握下载软件"迅雷"的使用方法。
- 了解并掌握媒体播放软件"暴风影音"的使用方法。
- 了解并掌握电子图书阅读软件"PDF 文件阅读器"的使用方法。

项目实施

任务 1　360 安全卫士的使用

任务目标

- 了解 360 安全卫士的主要功能。
- 学会通过 360 安全卫士修复系统漏洞、系统优化加速以及修复系统。

任务描述

李强是计算机应用技术专业的新生，为了更好地完成在校学习，也为了给自己创造更广的学习空间，他新买了一台计算机，刚装好了系统，为了今后能安全、轻松、便捷地使用计算机，他选择了几款常用的工具软件，现在很想快速地掌握这些软件的使用方法。

知识链接

1. 认识 360 安全卫士

360 安全卫士的主界面和功能如图 9-1 所示。

菜单栏

显示区

状态栏

图 9-1 "360 安全卫士"主界面

1）360 安全卫士 8.5 主界面介绍

（1）菜单栏：包括九大功能活动菜单"电脑体验""查杀木马""清理插件""修复漏洞""系统修复""电脑清理""优化加速""功能大全""软件管家"，可以单击展开每项菜单应用。

（2）显示区：对应菜单项显示其功能及信息。

（3）状态栏：显示目前软件的版本及相关的信息，还可以单击"检查更新"来查看木马库是否有更新。

2）了解 360 安全卫士的主要功能

（1）电脑体检：全面检查计算机的各项状况，并进行优化。

（2）查杀木马：找出计算机中疑似木马的程序并在允许的情况下进行删除。

（3）清理插件：检查计算机上安装了哪些插件，根据网友对插件的评分有选择地进行插件删除。

（4）修复漏洞：为系统修复高危漏洞，并更新功能。

（5）系统修复：修复常见的上网设置、系统设置。

（6）电脑清理：清理垃圾和操作痕迹。

（7）优化加速：设置开机项目来提高开机速度。

（8）功能大全：8.3 版提供 50 种各式各样的功能。

（9）软件管家：安全下载近万种软件、小工具。

2. 修复系统漏洞

（1）打开 360 安全卫士主界面，单击菜单栏中的"修复漏洞"，系统会自动进行漏洞检查，检查结束后显示出"修复漏洞"的相关内容，如图 9-2 所示。

图 9-2 "修复漏洞"对话框

（2）若有高危漏洞只需单击"立即修复"即可，其实在"电脑体验"中的"一键修复"也同样包含了系统漏洞的修复。也可以单击右下角的"重新扫描"来再次查看进行修复。

3. 系统优化加速

（1）打开 360 安全卫士主界面，单击菜单栏中的"优化加速"，系统自动进行检查，检查结束后显示出相关内容，如图 9-3 所示。

图 9-3 "优化加速"对话框

（2）单击"立即优化"按钮，可对所显示项目进行优化。也可以查看优化的情况，重新进行优化设定。

4. 系统修复

当浏览器主页、开始菜单、桌面图标、文件夹、系统设置等出现异常时，使用系统修复功能，可以找出问题出现的原因并进行修复。"系统修复"的使用方法如下。

（1）单击 360 安全卫士主界面菜单栏中的"系统修复"，显示区就显示"系统修复"相关内容。它主要包含两大功能，"常规修复"及"电脑门诊"。

（2）当系统有异常时，可单击"常规修复"按钮，对计算机进行检查，检查后显示结果。根据提示可以选择需要修复的项，然后单击"立即修复"按钮，便可进行修复。

（3）当计算机出现 IE 主页、开始菜单、桌面图标、文件夹等异常情况时，单击"电脑门诊"按钮，对计算机进行精准修复。

任务 2　360 杀毒软件的使用

任务目标

- 了解 360 杀毒软件的主要功能。
- 学会使用杀毒软件。

〔任务描述〕

360杀毒软件是360安全中心出品的一款免费的云安全杀毒软件。360杀毒具有查杀率高、资源占用率少、升级迅速等优点。同时，360杀毒可以与其他杀毒软件共存，是一个理想杀毒备选方案。

〔知识链接〕

1.360杀毒工具

360杀毒工具的主界面和功能如图9-4所示。

菜单栏

显示区

操作按钮

切换按钮

图9-4　"360杀毒"主界面

1）360杀毒软件主界面

（1）菜单栏。用于进行菜单操作，包含了360杀毒的所有功能。

（2）显示区。对应菜单栏中的项进行内容显示。

（3）操作按钮。包含了三个快捷按钮"快速扫描"、"全盘扫描"、"指定位置扫描"。

（4）切换按钮。单击此处可以进行"专家模式"与"智巧模式"的切换。"智巧模式"就是快捷操作模式，里面仅含有操作按钮中的三个功能按钮。

2）360杀毒软件主要功能

（1）专业级免费杀毒功能。杀毒与杀木马功能相配合，及时解决系统安全威胁。

（2）功能强大的反病毒引擎以及实时保护技术。强大的反病毒引擎，具有全面的病毒特征库和极高的病毒检测率，采用虚拟环境启发式分析技术发现和阻止未知病毒，实时监控并阻止潜在的病毒及后门程序威胁，实时扫描和过滤邮件中的病毒。

（3）快速升级和响应。病毒特征库每小时级升级，确保对爆发性病毒的快速响应，对感染木马强力的查杀，可靠的服务器集群保证升级的速度。

（4）全面的隐私保护和控制功能。可以设置全面的隐私保护规则，阻止恶意软件在上网浏览及收发邮件时窃取并发送用户的隐私信息，支持多种身份信息的保护，自动检测和识别 HTTP 请求和 SMTP 请求中的身份证号码、电话号码、银行卡号、Email 地址等敏感个人信息并予以阻止。

（5）超低系统资源占用，人性化免打扰设置。系统资源占用极低，具有独特的游戏模式。

（6）精准修复各类系统问题。电脑门诊精准修复各类计算机问题，如桌面恶意图标、浏览器主页被篡改等。

（7）网购保镖。全程保护网购及网银交易，拦截可疑程序及网址，使网购安心不受骗。

2.360 杀毒工具的使用

1）病毒查杀

在 360 杀毒主界面上单击菜单栏"病毒查杀"，如图 9-5 所示。在此界面上显示了已开启的病毒防御情况。360 杀毒提供了 4 种手动病毒扫描方式，即快速扫描、全盘扫描、指定位置扫描及右键扫描。

图 9-5 "病毒查杀"对话框

（1）快速扫描：扫描 Windows 系统目录及 Program Files 目录，只需单击"快速扫描"按钮便可进行扫描。

（2）全盘扫描：扫描所有磁盘。只需单击"全盘扫描"按钮即可进行扫描，类似于"快速扫描"。

（3）指定位置扫描：扫描所指定的目录。在"病毒查杀"对话框中单击下面的"指定位置扫描"按钮，弹出"选择扫描目录"对话框。在此对话框中选择所需要扫描的文件，单击"扫描"即可。

（4）右键扫描：集成到右键菜单中，当用户在文件或文件夹上单击鼠标右键时，可以选择"使用 360 杀毒扫描"对选中文件或文件夹进行扫描。

2）实时防护

360 杀毒推出包含入口防御、隔离防御、系统防御的"Pro3D 全面防御体系"，无论联网状态还是断网状态，都可以实时保护用户计算机安全。单击主界面菜单中的"实时防护"选项卡，显示区就显示其相关的内容如图 9-6 所示。由于实时防护功能开启的越多，占用系统资源就越多，可以根据情况酌情地开启或关闭一些选项。

图 9-6　"实时防护"对话框

3）功能设置

每个软件为满足不同用户的需求都设置了对该软件的设置功能，360 杀毒也不例外。右击桌面任务栏右侧的 360 杀毒标志，选择里面的"设置"就打开了如图 9-7 所示的对话框。

在此可根据个人习惯及需要设置。

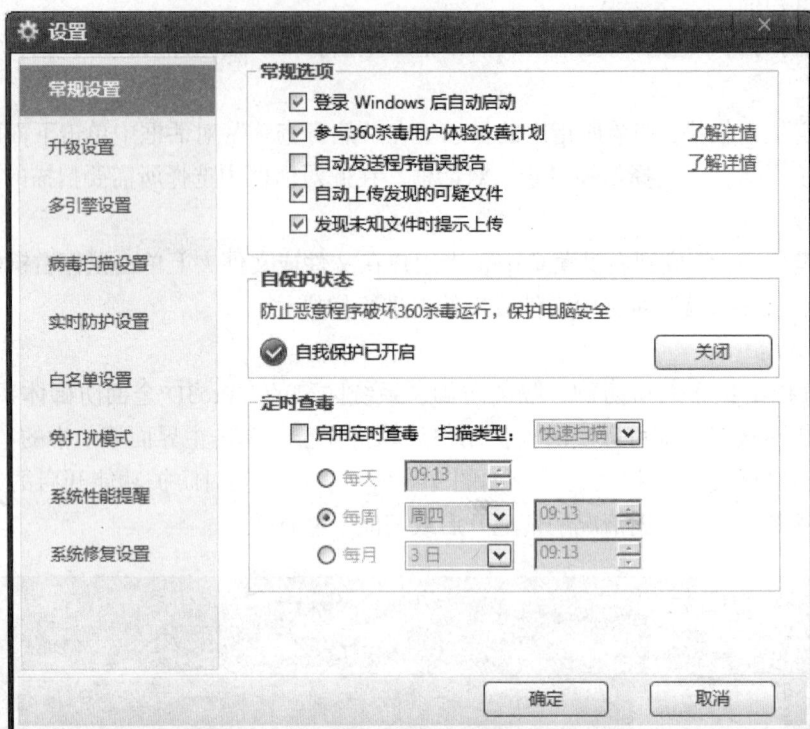

图 9-7 "设置"对话框

任务 3 压缩软件 WinRAR 的使用

(任务目标)

- 了解 WinRAR 的基本功能。
- 掌握使用 WinRAR 压缩与解压文件或文件夹的方法。

(任务描述)

WinRAR 是一款功能强大的压缩包管理器，它是档案工具 RAR 在 Windows 环境下的图形界面软件。该软件可用于备份数据，缩减电子邮件附件的大小，解压缩从 Internet 上下载的 RAR、ZIP 2.0 及其他文件，并且可以新建 RAR 及 ZIP 格式的文件。

(知识链接)

1. 压缩软件 WinRAR

压缩软件 WinRAR 的主界面及功能介绍如图 9-8 所示。

图 9-8 "WinRAR 使用界面"对话框

1）压缩软件 WinRAR 4.02 的主界面

（1）菜单栏。包含了 WinRAR 的所有命令及功能。

（2）工具栏。包含常用命令按钮。

（3）地址栏。显示当前软件操作的位置。

（4）对象列表框。显示压缩及解压缩文件的信息。

2）WinRAR 4.02 的主要功能

具备非常强大的常规和多媒体压缩及解压缩能力，能处理非 RAR 压缩文件，支持长文件名，有建立及解压缩文件（SFX）的能力，能对损坏的压缩文件进行修复和身份验证，能对内含的文件进行注释和加密。

2. 压缩软件 WinRAR 4.02 的使用

1）建立压缩文件

（1）启动 WinRAR，单击地址栏后面的向下小黑三角选择要压缩的文件或文件夹。

（2）单击"添加"按钮，弹出"压缩文件名和参数"对话框，如图 9-9 所示。在"常规"选项卡中"压缩文件名"栏中可以更改压缩文件名，扩展名默认为".rar"。

（3）单击"浏览"按钮可以重新确定压缩文件的存储路径，若不选择将默认与源文件地址相同，在"压缩文件格式"栏中可以选择 RAR 或 ZIP 格式，根据需要在"压缩方式"下拉列表中选择不同的压缩方式，并设置压缩文件的大小及压缩文件过程中所需的时间。

（4）如果压缩文件需要存储在便携式存储器中，例如优盘，则压缩文件的大小不能超过一个优盘的容量。这时可以在"压缩为分卷，大小"下拉列表中对压缩文件进行分段压缩，可以把每一段压缩文件的大小都控制在一个优盘的容量以内，这样做极大地方便了数据的存储与携带。在"压缩选项"栏中可以对压缩文件进行基本的设定。

（5）在"高级""文件"等其他选项卡中还可以对压缩文件进行更加详细的设置，这里就不一一详解了。

图9-9 "压缩文件名和参数"对话框

（6）设定完毕后，单击"确定"按钮，弹出"压缩过程"对话框，当进度条显示为100%时，压缩过程完成。

（7）右键快捷菜单快速设定压缩，WinRAR安装后也可以使用右键快速解压文件。选中需要操作的文件，单击右键弹出快捷菜单，选择"添加到压缩文件"命令后，弹出"压缩文件名和参数"对话框，设置方法同上。如果选择"添加到"命令，系统就自动将压缩文件与源文件名称、地址保持一致。

2）解压缩文件

对于压缩文件，在使用前先要进行"解压缩"操作，将文件还原为原来的大小，否则文件不能被正常使用。WinRAR也提供了简便的解压缩操作方法，具体操作步骤如下。

（1）启动WinRAR软件，在地址栏或对象列表中找到将要进行"解压缩"的文件。

（2）单击"解压到"按钮，弹出"解压路径和选项"对话框，如图9-10所示。"目标路径"地址栏内可以直接输入解压文件存放的路径及位置，也可通过右侧的"显示"按钮指定地址。

（3）在"更新方式""覆盖方式"及"其他"栏中对解压文件进行详细设置，一般使用默认设置。

图 9-10 "解压缩路径和选择"对话框

（4）设置完毕，单击"确定"按钮，弹出"解压过程"对话框，当进度条显示为100%时，解压过程完成，提示框自动消失。

（5）WinRAR 的解压方式和它的压缩方式一样，也有右键快捷方式的使用。选择适当的解压缩命令可以方便快捷地解压文件。

3）给 WinRAR 压缩文件加密

为了文件的安全及保护个人隐私，可以为压缩文件进行安全性的设置。设置了密码的压缩文件在解压的过程中会弹出"输入密码"对话框，若输入密码错误，将不能正常解压文件。操作方法如下。

（1）启动 WinRAR，在"压缩文件和参数"对话框中，单击"高级"选项卡，如图 9-11 所示。

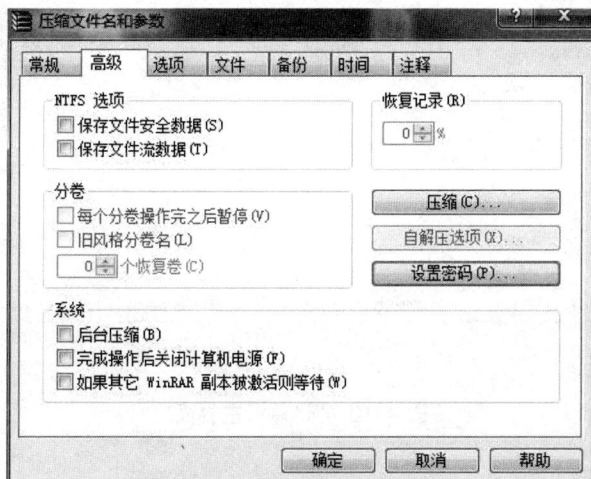

图 9-11 "高级"选项卡

（2）单击"设置密码"按钮，弹出"输入密码"对话框，在此可进行密码的设置，设置好后单击"确定"按钮，便可回到上步进行压缩操作。

任务 4　下载工具迅雷软件的使用

任务目标

- 了解下载软件迅雷的主要特点。
- 学会使用迅雷软件下载文件。

任务描述

迅雷使用的是多资源超线程技术，能够将存在于第三方服务器和计算机上的数据文件进行有效整合，通过这种先进的超线程技术，用户能够以更快的速度从第三方服务器和计算机获取所需的数据文件。这种超线程技术还具有互联网下载负载均衡功能，在不降低用户体验的前提下，迅雷网络可以对服务器资源进行均衡，有效降低了服务器负载。

知识链接

1. 迅雷软件简介

迅雷软件的主界面和功能如图 9-12 所示。

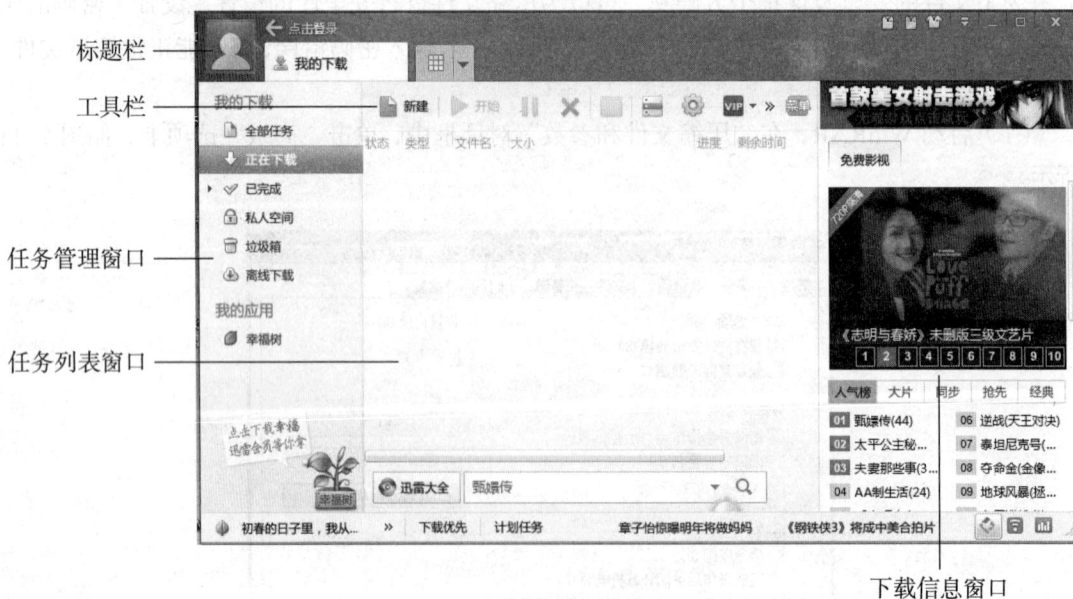

图 9-12　"迅雷"主界面

1）迅雷主界面

（1）工具栏。常用命令的工具按钮。

（2）任务列表窗口。显示"迅雷"内包含的所有任务名称及下载进度、下载速度等。

（3）下载信息窗口。显示下载文件的具体信息。

（4）任务管理窗口。以文件夹的方式分类管理下载文件。

2）迅雷的功能

（1）多点同传镜像下载。采用多资源超线程技术，显著提升下载速度。线程配置可以让用户指定原始 URL 的线程和总线程，并支持断点续传保证下载文件的完整性和成功率。

（2）下载文件分类管理。迅雷具有强大的任务管理功能，可以对不同状态的任务进行分类管理，可以把已经完成的任务和没有完成的任务分类，用户在下载时还可以指定任务类别，可以把同类型的下载任务放到一起进行管理。提供了垃圾箱功能，所有任务都会先被删除到垃圾箱，在垃圾箱中删除任务才是真正的删除，避免了用户因为误操作引起的任务丢失问题。

（3）智能磁盘缓存技术。有效防止了高速下载时对硬盘的损伤。硬盘写入缓存配置可以帮助用户更好地保护自己的硬盘，用户可以根据自身情况配置写入缓存的大小。

（4）智能信息提示。根据用户的操作提供相关的提示和操作建议。

（5）独有的错误诊断功能。帮助用户解决下载失败的问题。

（6）病毒防护。可以和杀毒软件配合保证下载文件的安全性，下载完成后会自动杀毒。

（7）批量下载。可以有选择地大批量下载文件。内建的站点资源搜索器可以轻而易举地浏览 HTTP 和 FTP 站点的目录结构，并支持整个 FTP 目录的下载。

（8）智能管理模式。支持自动拨号，下载完毕后可自动挂断和关机。

（9）支持代理服务器。充分支持代理服务器，解决代理上网的用户无法使用迅雷的问题。

（10）悬浮窗。支持直接拖拽链接地址下载，直观显示下载百分比及线程图示。

（11）速度限制。可以限制下载速度，以保证网络带宽。

2. 工具软件迅雷的使用

1）下载单一文件

（1）打开网站，在网页中找到所需下载的链接，双击就可自动打开迅雷的"新建任务"对话框。在该对话框中可以设置下载文件的存储路径。还可选择下载方式，单击"使用 IE 下载"就会使用 Windows 系统自带的 IE 进行下载；单击"离线下载"迅雷就会提供未上网时，先把文件下载到迅雷服务器上，上网后再从迅雷服务器上转到本地硬盘里。若都没选择直接单击"立即下载"迅雷就使用在线下载文件方式进行下载。

（2）以在线下载为例，单击"立即下载"按钮开始下载。在此可以根据情况对下载进行设置，单击最下面的"下载优先"可以设置优先下载；还可以单击"智能下载"按钮，设置下载完成后自动操作功能。

2）批量下载文件

在下载多个文件时，如果存放的路径相同且文件名是按照一定顺序命名的，则可选用迅雷的批量下载功能进行下载，具体操作步骤如下。

（1）在迅雷主界面中单击工具栏中的"新建"，打开"新建任务"对话框。选择最下面的"按规则添加批量任务"，就会弹出"批量任务"对话框。

（2）针对批量下载，迅雷提供了通配符功能，即利用"*"来代表数字。通配符长度为

1位时，*代表0～9；通配符长度为2位时，*代表0～99。例如，下载http://en.sssccc.net/ 贴图材质 // 石材 / 古老墙壁 / 古老墙壁 091.zip 到 150.zip，利用通配符，可以将下载链接中的数字序号改名为"http://en.sssccc.net/ 贴图材质 // 石材 / 古老墙壁 / 古老墙壁 (*).zip"，*必须用小括号括起来。设置完成后的"批量任务"界面如图9-13所示。

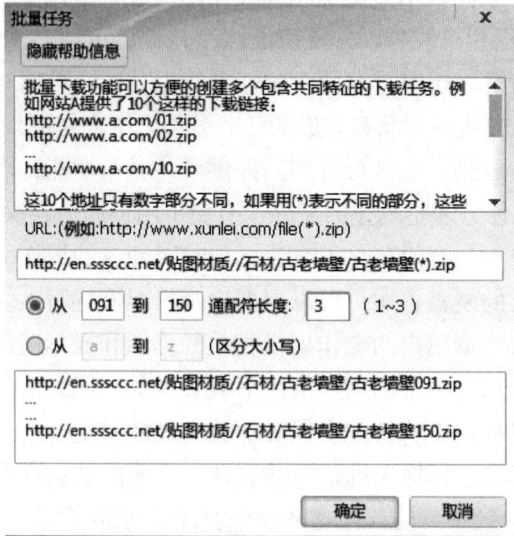

图 9-13　"批量任务"对话框

（3）单击"确定"按钮，弹出"选择要下载的 URL"对话框，在此可以对下载内容设置过滤筛选，设置好后单击"确定"按钮。

（4）自动弹出"新建任务"对话框，如图9-14所示。勾选下方的"使用相同配置"选项来批量下载。单击"立即下载"按钮，便可进行批量下载。下载前一定要注意下载保存的磁盘是否有足够的空间。

图 9-14　"新建任务"对话框

3）高速下载 FTP 上的资源

迅雷还提供了一个相当好用的"资源探测器"功能，它可以将 FTP 站点中的文件用树状目录的方式呈现给用户。利用它可以方便、形象地下载网上资料。

（1）在迅雷主界面中单击工具栏中的"菜单"，"工具"→"FTP 资料探测器"命令，即可打开"FTP 资源探测器"窗口。

（2）在"地址"中输入 FTP 的域名或地址，前面要带上"ftp://"协议，同时在后面输入用户名和密码，回车后即可登录，如图 9-15 所示，找到相应的文件，配合 Shift 和 Ctrl 键选中右击，选择"下载"。

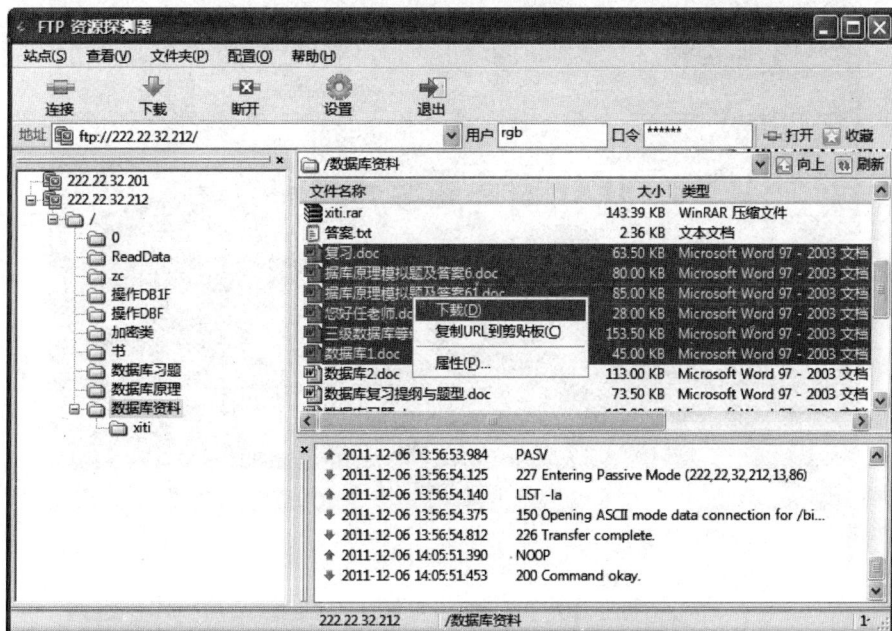

图 9-15 "登陆 FTP 资源探测器"对话框

（3）在弹出的"选择要下载的 URL"对话框中，选择要下载的文件，单击"确定"按钮，便可进入下载状态下载。

任务 5 多媒体工具暴风影音的使用

任务目标

- 了解多媒体工具暴风影音。
- 学会使用暴风影音播放视频文件。

任务描述

暴风影音是暴风网际公司推出的一款视频播放器，该播放器兼容大多数的视频和音频格式，连续获得《电脑报》、《电脑迷》、《电脑爱好者》等权威 IT 专业媒体评选的消费者最喜爱的互联网软件荣誉以及编辑推荐的优秀互联网软件荣誉。

知识链接

1. 暴风影音简介

暴风影音的主界面和功能如图 9-16 所示。

主菜单 ——

视频播放
窗口 ——

——播放列表

左眼键 ——

播放控制区　　　　　　　　工具按钮

图 9-16　"暴风影音主界面"对话框

1）主界面

（1）主菜单。包含了暴风影音的所有命令。

（2）视频播放窗口。播放视频内容的区域。

（3）播放列表栏。通过播放列表可以方便地管理要播放的文件，可以通过模式切换按钮来选择要播放的模式，使播放列表中的文件按顺序播放、循环播放、随机播放等多种播放模式进行播放。

（4）播放控制栏。控制视频文件播放、停止、快进、后退等。

（5）左眼键按钮。可以方面切换使用左眼高清观看视频。

（6）工具按钮。包含关闭播放列表、暴风工具箱、暴风盒子。

2）主要新增功能

（1）增加了皮肤管理功能，用户可以选择自己喜欢的皮肤及颜色。着力推荐极速皮肤，可以为播放速度增添一抹重彩。

（2）在线视频播放列表增加二级列表，同时改变了播放列表的长宽比，采用了明暗交替的斑马线式的文件名显示方式，看起来更加舒适。

（3）开放了高级解码器调节接口，为设备需求较高的用户使用。用于多选择的切换视频和音频解码器，以收到最好的播放效果。

（4）增加 90° 旋转、视频位置移动功能，解决了很多用户录制视频时的视频旋转问题。

（5）优化左眼使用体验，新增"左眼截图分享"功能，增加双字幕功能。

2. 媒体播放软件暴风影音的使用

1）播放视频及音频文件

暴风影音不仅可以播放 DVD/VCD 光盘，还可以播放视频及音频文件，它支持几乎所有流行的视频、音频格式，包括 RealMedia、QuickTime、MPEG2、MPEG4（ASP/AVC）、VP3/6/7、Indeo、FLV 等流行视频格式；AC3/DTS/LPCM/AAC/OGG/MPC/WV/APE/FLAC/TTA 等流行音频格式；3GP/Matroska/MP4/OGM/PMP/XVD 等媒体封装及字幕支持等。使用暴风影音播放视频及音频文件的步骤如下。

（1）启动"暴风影音"播放器，弹出"暴风影音"主界面。

（2）在"暴风影音"主界面中，单击主菜单中的"文件"→"打开文件"或直接单击视频播放窗口中"打开文件"，弹出"打开"对话框，通过"查找范围"及对象窗口，在本地计算机上选择将要播放的视频或音频文件。

提示：

①单击主菜单中的"文件"→"打开 URL"命令，在弹出的"打开 URL 地址"对话框中，输入相应的网址，即可播放网络上的视频或音频文件。

②用暴风影音播放 DVD/VCD 光盘上的视频及音频文件时，先将 DVD/VCD 放入光驱，然后单击主菜单中的"文件"→"打开碟片/DVD"命令，在级联菜单中选择光盘盘符，播放已放入的光盘内容。

③主界面的右侧"在线影院"提供了很多在线的视频影视，可以直接双击打开观看。也可以在"搜索"中输入需要的视频名字搜索查看。

④还可以单击右下角的"暴风盒子"，来查找正在热播的视频。

2）视频转码

对于有些工具如手机仅支持特定的格式进行播放，这时就需要把视频转码使用，暴风影音也提供了这样的功能，步骤如下。

（1）单击主界面中右下角的"暴风工具箱"，选择里面的"转码"。

（2）打开"暴风转码"设置对话框，如图 9-17 所示，单击"添加文件"按钮，打开文件目录对话框，指定要转码的文件。

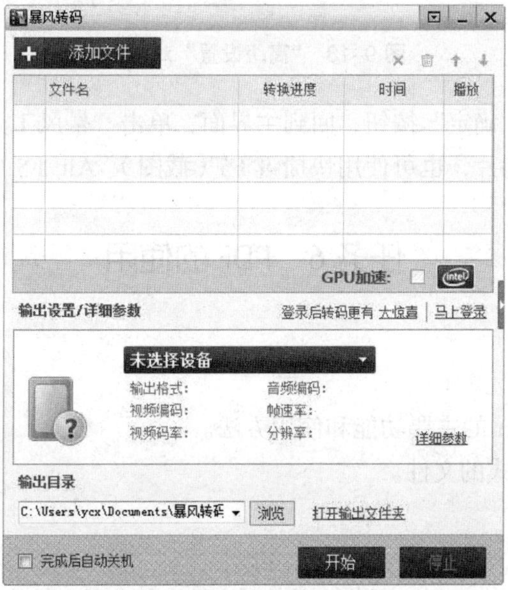

图9-17 "暴风转码"对话框

（3）在下面的"输出设置 / 详细参数"部分可单击中间的长条按钮打开"输出格式"对话框，设置需要转出的格式，设置好后单击"确定"按钮，返回上步操作。

（4）在"暴风转码"对话框下面的"输出目录"中可以设置转码后文件的存放位置。一切都设置好单击"开始"按钮，转码便开始进行。

3）视频截图

有时对正在播放的视频想截取中间的画面，或连拍出一组画面，暴风影音提供了截图、连拍功能，步骤如下。

（1）在截图或连拍前要先做一下设置，单击主界面上的"主菜单"→"高级选项"，打开"高级选项"对话框，单击"截图设置"选项，如图 9-18 所示。可以设置截图的存放路径、图片格式，还可以设置连拍的张数、截图的方式。

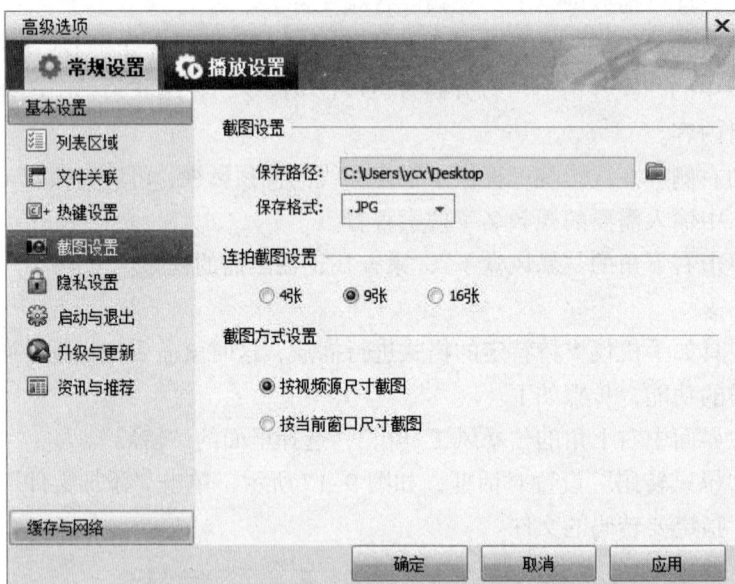

图 9-18　"高级设置"对话框

（2）设置完成单击"确定"按钮，回到主界面，单击"暴风工具箱"→"截图"或"连拍"就可获取所需要的图片，也可使用快捷键 F5（截图）、Alt+F5（连拍）。

任务 6　PDF 的使用

（任务目标）

- 了解 Adobe Reader 的主要功能和使用方法。
- 学会阅读 PDF 格式的文件。

（任务描述）

PDF（Portable Document Format，便携文件格式）是一种电子文件格式，与操作系统平台无关，由 Adobe 公司开发。PDF 文件是以 PostScript 语言图像模型为基础，无论在哪种打印机上都可保证精确的颜色和准确的打印效果，即 PDF 会忠实地再现原稿的每一个字符、颜色以及图像。

（知识链接）

1. 阅读器 Adobe Reader

阅读器 Adobe Reader 9.0 的主界面和功能，如图 9-19 所示。

图 9-19　Adobe Reader 9.0 主界面

1）Adobe Reader 9 的主界面

（1）菜单栏。包含 Adobe Reader 的所有命令。

（2）工具栏。常用命令的工具按钮，可以更改屏幕显示，方便地浏览文档，并可选择文档显示的比例和阅读的页面。

（3）显示区。显示当前文档的内容。

2）Adobe Reader 主要功能

Adobe Reader 在保持打开、阅读 PDF 文档和填写 PDF 表单的原有功能之外，相对前几个版本增强了文件的扩展，主要功能如下。

（1）更新功能。Adobe Reader 9 可以自动检查关键的更新和通知。

（2）查找工具栏功能。可以实现指定一个单词、一系列单词或单词的一部分的查找功能。

（3）自动保存功能。不断保存文件到指定位置，防止在断点情况下丢失的功能（"自动保存"仅对含有附加使用权限的文档可用）。

（4）查看 3D 内容功能。Adobe Reader 9 允许查看和导览嵌入 PDF 文档的 3D 内容。

（5）朗读功能。可以使用"朗读"功能来朗读表单域。

2. 阅读器 Adobe Reader 9 的使用

1）打开 PDF 文档

（1）在主界面中单击"文件"→"打开"命令，弹出"打开"对话框，找到需要查看的文档，选择一个或多个文件名，然后单击"打开"按钮，文章就可以打开阅读了。

（2）拖拽 PDF 文件到 Adobe Reader 窗口中将自动打开。

（3）安装了 Adobe Reader 后，对应格式的文档就会自动改变图标，只需双击文档便可打开阅读。

如果已打开多个文档，则可以从"窗口"菜单中选择文档来进行切换。

2）保存 PDF 文件

可以保存 Adobe PDF 文档的副本，如果文档的创建者添加了附加使用权限，则还可以保存添加的注释、在表单域中输入的内容或添加的数字签名。

（1）保存 Adobe PDF 文档的副本：单击"文件"→"保存副本"命令，打开"保存副本"对话框，输入文件名并指定位置，然后单击"保存"按钮。

（2）保存注释、表单域条目和数字签名：单击"文件"→"保存"命令将更改保存到当前文件，或者单击"文件"→"另存为"命令将更改保存到新文件。

3）将 PDF 文档另存为文本文件

在安装了完整版的 Adobe Reader 之后，还可以用文本格式保存 PDF 文档的内容。使用此功能可以方便地重新使用 PDF 文档的文本并使用屏幕阅读器、屏幕放大器等功能来阅读文档的内容。操作步骤如下。

（1）单击"文件"→"另存为文本"命令，打开"另存为"对话框，在"保存在"下拉列表框中选择文件保存的路径；在"文件名"文本框中输入文件名称；在"保存类型"下拉列表框中选择"文本（*.txt）"项。

（2）单击"保存"按钮，即可将 PDF 文件保存为文本文件。

4）搜索

使用 Adobe Reader 9 提供的搜索功能可以在打开的 Adobe PDF 文档中、指定位置的多个 PDF 文档中、因特网上的 PDF 文档中或已编入索引的 PDF 文档编录中搜索特定的单词或短语。操作步骤如下。

（1）在已打开的 PDF 文档窗口中，单击"编辑"→"搜索"命令，打开"搜索"对话框。"查找"命令的功能和"搜索"很相似，但"搜索"命令可以对没有打开的 PDF 文档进行操作。

（2）在"您要搜索哪些单词或短语"一栏中输入要搜索的内容，并设置搜索路径和搜索条件。

（3）单击"搜索"按钮开始搜索，搜索结果显示在窗口中。

5）文件放大和朗读

使用屏幕显示率实现文档的放大功能，以看清屏幕信息。文件朗读的具体操作步骤如下。

（1）先打开一个 PDF 文档，定位到需要阅读的页面。

（2）单击"视图"→"朗读"→"仅朗读本页"或"朗读到文档结尾处"命令，即可开始朗读功能。

（3）朗读过程中单击"暂停"或"停止"按钮，可暂停或停止朗读。

要确定 PDF 里面的文字是可读的，也就是说它应该是用电子文档生成的（例如 Word），而不是扫描进去的，否则很难实现朗读。

综合实训 9

（1）给你的计算机安装 360 安全卫士、360 杀毒软件。

（2）练习使用 WinRAR 压缩文件或文件夹。

参 考 文 献

［1］张巍 . 计算机应用基础 . 北京：北京理工大学出版社，2012.

［2］刘红敏，唐涛 . 计算机文化基础项目化教程 . 北京：冶金工业出版社，2011.

［3］刘新辉 . 计算机应用案例教程 . 西安：西安电子科技大学出版社，2011.

［4］邓蓓，孙峰 . 新思路计算机应用基础 . 北京：中国铁道出版社，2012.